"十四五"职业教育国家规划教材

"新标准"学前教育专业系列教材

依据《幼儿园教师专业标准（试行）》《中小学和幼儿园教师资格考试标准及大纲（试行）》编写

学前儿童发展与教育

李晓巍◎编　著

华东师范大学出版社
·上海·

图书在版编目（CIP）数据

学前儿童发展与教育 / 李晓巍编著. — 上海：华东师范大学出版社，2018
ISBN 978-7-5675-7593-6

Ⅰ.①学… Ⅱ.①李… Ⅲ.①学前儿童－儿童心理学－发展心理学－职业教育－教材 Ⅳ.①B844.12

中国版本图书馆CIP数据核字（2018）第058530号

学前儿童发展与教育

编　　著　李晓巍
责任编辑　罗　彦
责任校对　朱鹏英
插　　画　何佳蔓
装帧设计　庄玉侠

出版发行　华东师范大学出版社
社　　址　上海市中山北路3663号　邮编 200062
网　　址　www.ecnupress.com.cn
电　　话　021－60821666　行政传真 021－62572105
客服电话　021－62865537　门市（邮购）电话 021－62869887
地　　址　上海市中山北路3663号华东师范大学校内先锋路口
网　　店　http：//hdsdcbs.tmall.com

印 刷 者　常熟市文化印刷有限公司
开　　本　787毫米×1092毫米　1/16
印　　张　19.75
字　　数　449千字
版　　次　2018年8月第1版
印　　次　2025年6月第20次
书　　号　ISBN 978-7-5675-7593-6/G·11028
定　　价　42.00元

出 版 人　王　焰

（如发现本版图书有印订质量问题，请寄回本社客服中心调换或电话021－62865537联系）

前言

QIAN YAN

学前儿童发展心理学是学前教育专业的一门专业必修课和基础理论课，也是幼儿教师教育课程改革的重要组成部分。学习学前儿童心理发展的基本知识，能够帮助学习者树立科学的儿童观、教育观、课程观和教师观，在了解学前儿童心理发展特点的基础上施以适宜的教育，进而获得幼儿园教育教学必需的基本技能。

然而，近年来，在这门课程的教育教学实践中存在着一些较为突出的问题。第一，教材中理论研究的“知”与实践领域的“行”之间存在鸿沟。一些教材只重视对发展心理学知识的介绍，而缺少了如何将这些知识应用于对学前儿童的教育的内容。当然，学前儿童发展心理学作为一门系统的课程，有大量重要的概念和知识需要进行系统的讲解，然而，我们也不能只重视基本概念和理论知识，而忽略学前儿童发展心理学知识在教育实践中的运用。这会人为地割断学习者所学知识与教育实践的联系。第二，一些教材对理论知识讲解得非常透彻，但是没有提供相关案例，这使得学习者难以将心理学专业知识与学前儿童的实际表现联系起来。第三，学前儿童发展心理学的内容专业性强，专业术语较多，不利于学习者理解。

为了有针对性地解决上述问题，本书作者从书名、编写理念、编写体例、内容难度等多方面进行了调整。本书具有如下特点：

第一，为了更好地将发展理论的“知”与教育实践的“行”结合起来，我们将本书命名为《学前儿童发展与教育》。在每一章的内容中，不仅对基本概念和知识点进行了系统的讲解，还将理论联系实践，结合所讲知识点介绍如何对学前儿童进行教育。

第二，秉持“知识点、案例、图解”三位一体的编写理念，本书为知识点配备相关的案例和图示。通过案例和图示，帮助学习者将心理学专业知识与学前儿童的实际表现联系起来，深化对知识的理解，让晦涩难懂的心理学专业术语与知识变得一看就懂、一教就会。

第三，编写体例上的改变。每一章均设有“目标指引”、“内容结构”、“思考与练习”、“推荐资源”等部分，使学习者能够在学习前了解学习目标以及学习内容的逻辑框架，在学习后可以进行思考与练习，并借助文献资源和视频资源进行深入学习。

第四，难度适中，易于理解。在撰写过程中，我们尽量将深奥的发展理论和知识点化繁为简进行介绍，并配以案例帮助学习者理解和运用；同时，在语言表述上，尽量简洁晓畅，不出现艰深晦涩的词语，以便于学习者理解。

本书的内容主要分为四个模块：模块一包括第一章至第三章，涉及学前儿童发展心理学的研究对象与任务、研究方法、科学儿童心理学的诞生和发展，以及学前儿童发展的主要理论流派和学前儿童发展的生物学基础。模块二包括第四章至第九章，涉及学前儿童感知觉、注意、记忆、想象、思维、言语等方面的发展。模块三包括第十章至第十二章，涉及学前儿童情绪、个性与社会性发展。模块四即第十三章的内容，涉及影响学前儿童发展的环境因素，包括家庭、托幼机构、社区、现代传媒等。

另外，值得指出的是，本书可以作为学前教育专业学生的学习用书，同时也适合对学前儿童心理学感兴趣的读者进行自学。丰富的案例和彩图有利于学习者提高学习兴趣，形成自学能力，进而了解、掌握新知识和新信息，也有利于学习者学以致用，解决实际生活和工作中遇到的问题。

本书各章撰写的分工情况如下：第一、二章（李晓巍、吕雅洁）；第三、四章（李晓巍、周思妤）；第五、六章（胡晓晴）；第七、八章（付玉蕊）；第九章（郭媛芳）；第十章（胡晓晴）；第十一章（郭媛芳）；第十二章（刘倩倩）；第十三章（付玉蕊）。由李晓巍负责统稿。在此版本的修订中，李晓巍、周思妤完成了修订工作。作者团队严格对照党的二十大精神进行教材修订，在聚焦新时代我国取得的重大成就、弘扬中华优秀传统文化、加强幼儿劳动教育、增强环境保护意识等方面对相关知识和案例进行了调整。同时紧跟学前儿童心理学研究的新进展，更新了相关内容和参考文献。由于作者水平有限，书中难免出现一些缺点或错误，真诚希望各位专家、同行及广大读者批评指正。

最后，感谢华东师范大学出版社的编辑为本书的撰写和出版所做的大量工作，也感谢其他所有在我们撰写此书过程中给予帮助的朋友们！

李晓巍
北京师范大学

目录

MU LU

第一章 绪　论

目标指引

1. 理解学前儿童发展心理学的研究对象和研究任务。
2. 了解学前儿童发展研究的基本方法。
3. 熟悉科学的儿童心理学诞生及发展的过程。

内容结构

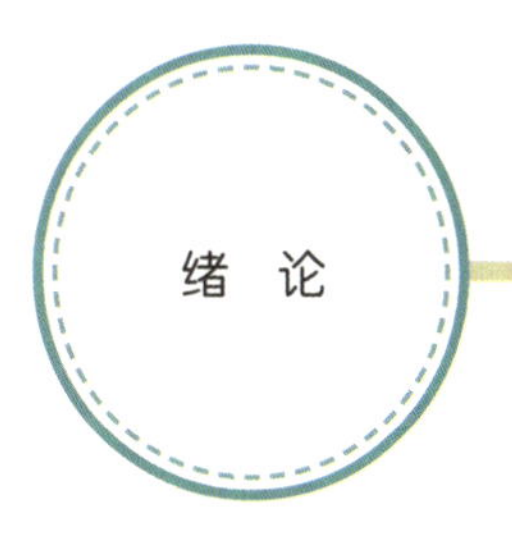

- 认识学前儿童发展
  - 学前儿童发展心理学的研究对象
  - 学前儿童发展心理学的研究任务
- 研究学前儿童发展的方法
  - 研究学前儿童发展的基本方法
  - 学前儿童发展研究中需要遵循的原则
- 科学儿童心理学的诞生和发展
  - 近代西方儿童心理学产生的原因
  - 科学儿童心理学的诞生和发展
  - 中国的儿童发展研究

▲ 图 1-1 斯芬克斯

斯芬克斯是希腊神话中一个有一双翅膀、长着狮子躯干、女人头面的怪兽。它每天坐在忒拜城附近的悬崖上，向过路人出一个谜语：“什么东西早晨用四条腿走路，中午用两条腿走路，晚上用三条腿走路？”如果路人猜错，就会被它害死。一天，路过的俄狄浦斯猜中了谜底是人，斯芬克斯羞愧地跳崖而死。这就是著名的“斯芬克斯之谜”。

俄狄浦斯对“斯芬克斯之谜”的回答是表浅的，他只看到了人外在的生理属性。然而，自我认识至今仍是横亘在人类面前的一个严峻课题。对于处于生命的“早晨”的儿童，我们有许许多多的问题：为什么儿童的个性千差万别？一个生理上和心理上软弱无助的新生儿是怎样一步步生长、变化和发展起来的？……本书将揭开学前儿童发展的神秘面纱。

《“十四五”学前教育发展提升行动计划》提到，我国学前教育始终“坚持以幼儿为本，遵循幼儿学习特点和身心发展规律”。学前儿童发展心理学则是研究学前儿童身心发展规律的学科，学习学前儿童发展心理学可以帮助我们了解当前儿童心理发展的基本知识，培养对学前儿童的兴趣和情感，初步掌握研究当前儿童心理的方法，形成科学的儿童观和教育观。

本章主要介绍学前儿童发展心理学的研究对象、研究任务与研究方法，并简要介绍科学的儿童心理学的诞生和发展，以帮助学习者对学前儿童发展这门学科有基本的了解，熟悉并掌握关于儿童发展的基本知识，为学习者后续章节的学习打下良好的基础。

第一节 认识学前儿童发展

作为个体发展心理学的一部分，学前儿童发展心理学的研究对象是谁？它研究哪些内容？要认识学前儿童发展这门学科，首先需要了解它的研究对象与研究任务。

一、学前儿童发展心理学的研究对象

学前儿童发展是个体发展心理学的一个分支，个体发展心理学探究的是人类个体从受精卵开始到出生、成熟，直至衰老、死亡的生命全程中的生理、心理的发生和发展过程，着重揭示个体各年龄段的心理特征。

从狭义上说，学前儿童是指3—6岁的儿童。然而，从广义上说，学前儿童是指个体从受精卵开始到正式接受小学教育之前（一般为六七岁）的儿童。[①] 本书所关注的是在表1-1

① 顾明远．教育大辞典［M］．上海：上海教育出版社，1999：534.

表 1-1　人的发展时间表

生命发展阶段	大致年龄范围
产前期	从怀孕到出生
婴儿期	从出生到 18 个月
学步儿期	18 个月—3 岁
幼儿期（童年早期）	3—6 岁
童年中期	6—12 岁（青春期开始）
青少年期	12—18 岁
青年期	18—40 岁
中年期	40—65 岁
老年期	65 岁以后

注：以上的年龄范围是一个大致年龄，不同学者对此划分略有不同。

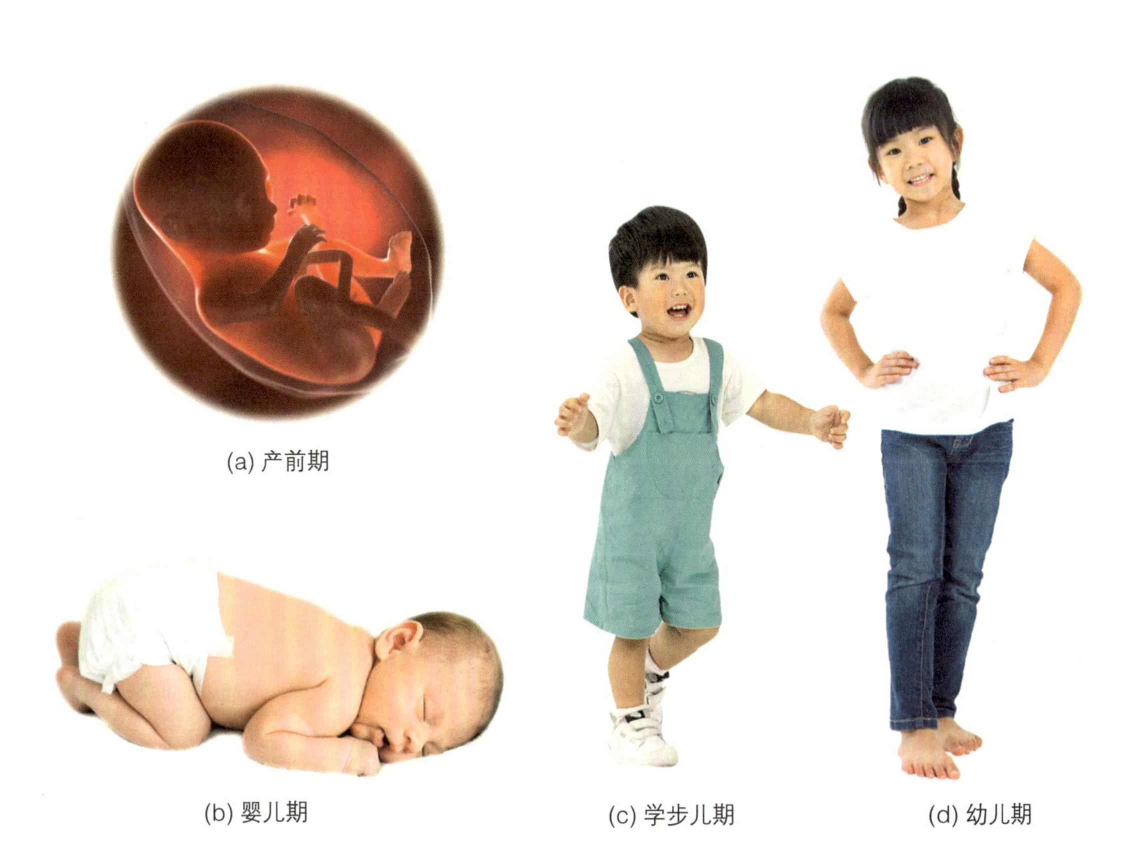

(a) 产前期

(b) 婴儿期

(c) 学步儿期

(d) 幼儿期

▲ 图 1-2　产前期、婴儿期、学步儿期、幼儿期的儿童

中所示的生命前四个时期，即产前期、婴儿期、学步儿期和幼儿期（童年早期）个体的发展状况。所以我们说，学前儿童发展作为个体发展心理学的一部分，探究的是个体从受精卵形成到正式接受小学教育之前这一成长过程中，个体生理、心理的发生和发展规律。

二、学前儿童发展心理学的研究任务

简言之，学前儿童发展心理学的研究任务可以用描述、解释、优化三个词来概括。

（一）描述学前儿童心理发展的普遍规律

一个生理和心理上软弱无助的新生儿是怎样一步步成长、变化和发展起来的，这是儿童发展研究首先要探讨的问题，也是儿童发展心理学得以创立的一个基本前提。儿童的身体动作是怎么发展变化的？儿童是如何学会说话的？儿童的个性是怎样形成的？儿童的道德是如何发展起来的？……研究诸如此类的问题是为了描述学前儿童身心发展在身体动作、认知、语言、情绪、个性、社会性等方面的普遍规律，包括各方面发展发生的时间、发展变化的顺序，各年龄阶段儿童的心理特征、基本规律、发展趋势、性别特征和个体差异等。

在儿童教育实践中，只有了解学前儿童身心发展的基本特征和普遍规律，才能实施适宜的教育。例如，在思维发展中，儿童的年龄特征表现为：0—3 岁的儿童以直觉行动思维为主，具体形象思维开始萌芽；3—7 岁的儿童具体形象思维占主导地位；7—15 岁的儿童抽象逻辑思维开始发展。因此，幼儿期儿童只能通过视觉观看、皮肤触摸等方式了解事物，随着年龄的不断增长，他们才逐渐开始进行较为概括化的联想和想象。这就是为什么在幼儿园的活动中，教师通常通过实物或图片等来帮助儿童认识事物，而在中小学阶段，教师则更多地使用语言和文字来传递知识。了解了儿童发展的普遍规律，我们就知道应当为儿童创设什么样的发展条件，应当采取什么样的方法促进儿童的发展，因此，描述学前儿童心理发展的普遍规律是儿童发展研究的重要任务之一。

（二）解释学前儿童心理发展变化的原因和机制

儿童生活在不同的环境里，家庭、学校、社区等环境会对儿童产生不同的影响，了解儿童生活的环境可以进一步解释儿童心理发展的原因和机制。作为儿童教育工作者，我们除了要能够描述学前儿童心理发展的普遍规律外，还应知道儿童为什么会产生这些发展和变化，从而为儿童的健康成长提供有效支持。引起学前儿童心理发展变化的原因多种多样。研究者通过调查、观察、测验等方法搜集资料、提出假设、验证假设，研究引起儿童心理变化发展的原因，构建多种多样的儿童心理发展理论，这些心理发展理论可以帮助人们揭示儿童发展变化的原因和机制。

（三）提出优化学前儿童发展的有效策略

儿童发展研究不仅要解决发展是什么、为什么的问题，更重要的是要解决怎么办、怎么指导儿童发展的问题。因此，研究者要将理论构建与教育实践相结合，有意识地运用科学的理论提出促进儿童健康发展的有效策略，帮助儿童解决在发展中遇到的各种问题，使其顺利度过每个发展阶段，以达到优化发展的目的。

然而，在应用方面的更加关注，绝不意味着传统的描述和解释的研究目标就不重要了。如果研究者无法对正常和特殊的发展途径进行充分的描述，并予以解释，优化发展的目标是不可能实现的。

总之，儿童要健康地发展，教育是重要的部分，我们必须认识儿童、了解儿童、研究儿童，并采取符合儿童发展实际的教育措施，有效地优化儿童的发展。

第二节 研究学前儿童发展的方法

现代发展心理学之所以被称为科学，是因为研究者在研究发展时采用了科学的方法。不仅专业的学前教育研究者和儿童心理研究者需要对儿童进行研究，包括家长、学前教育工作者在内的每位儿童教育的参与者都应当具有研究意识，学会研究儿童，以准确地了解自己的教育对象，有针对性地对其进行教育和指导。

一、研究学前儿童发展的基本方法

研究学前儿童发展的基本方法有观察法、调查法、临床法、测验法和作品分析法等。研究者可以根据研究目的和内容，科学地选用研究方法。

（一）观察法

作为发展心理学家最常使用的研究方法之一，观察法指的是研究者对观察对象的外部活动进行有系统、有计划、有目的的观察，从中发现个体心理现象产生和发展的规律的一种方法。根据观察情境的不同，可以将观察法分为自然观察法和实验观察法两种。

自然观察法即研究者对观察情境不作任何控制和干预，而是在自然条件下进行观察和记录。由于这一方法旨在揭示儿童在日常生活中的真实行为，而不需要依赖于他们的自我报告，因此对被观察者的语言表达能力没有要求，所以它非常适用于婴幼儿。当然，自然观察法也有局限性。第一，儿童的有些行为是不常发生的（如：说谎）或不被社会赞许的（如：攻击性行为），这些行为不容易被不熟识的观察者在自然环境中观察到。第二，在自然环境中，常常会同时发生很多事件，其中的某一个或几个事件会影响儿童的行为，这使得观察者很难查明被观察者行为发生的原因。第

▲ 图1-3 儿童在观察者面前较为兴奋

三，观察者在场有时会使被观察者表现出与平时不同的行为，儿童可能会有“人来疯”的表现，父母则可能会力图表现得更好。比如，平时儿童犯错时，父母可能会动手打孩子，而有观察者在场时，父母往往会克制住自己。因为上述原因，观察者往往会使用以下办法减小观察误差。其一，把摄像机放在一个隐蔽的地方拍摄观察对象。其二，在正式观察之前，先让观察对象在这个环境中待一段时间，让观察对象习惯观察者的存在，以便正式观察时观察对象表现得更自然。

那么，在自然情境中不常发生的或不被社会赞许的行为如何用观察法加以研究呢？一种方法就是在实验室中进行观察。在实验观察法中，观察者可以有意地控制和干预情境中的某些条件，然后对观察对象进行观察。比如，有研究者让儿童承诺要帮助其完成一项无趣的任务，然后研究者离开房间，让儿童单独待在放置着有趣玩具的房间里继续完成任务。通过这一设计，研究者发现，有的儿童会违背自己的承诺去玩玩具，而另一些儿童依然会坚持完成任务。实验室观察法除了可以研究自然情境中不常出现或不会公开的行为，它还可以保证样本中的每一个被观察者所处的情境是相同的，这在自然观察中比较难以实现。当然，实验观察法的一个主要缺点是被观察者在设计好的实验情境中的反应与他们在自然情境中的反应并不总是一致的。

无论是自然观察法，还是实验观察法，都与我们在日常生活中的观察是不同的。一方面，观察法要求观察者描述所观察的行为活动的事实，从而解释被观察者的心理实质和规律；另一方面，观察法要求观察者的观察是有明确的目的和计划的，并应制订专门的形式来记录所获得的事实和结果。

（二）调查法

调查法是按照一定的目的和计划，间接地搜集研究对象有关的现状及资料，通过分析发现问题，探索发展规律的一种研究方法。常见的调查方式有访谈法、问卷法等。

采用访谈法或问卷法时，研究者会向儿童及儿童的父母等询问一系列有关儿童的行为、情绪、思维方式的特点等发展方面的问题。研究者把问题写在纸上，要求被试也把答案写在纸上，这种方式就是问卷法。而访谈法则是要求被试口头回答研究者的问题。

▲ 图 1-4　使用调查法研究儿童

访谈法和问卷法可以在短期内收集到大量的有用的信息，但是也有其局限性，如它们无法用在不能很好地阅读或理解言语的年幼儿童身上。

（三）临床法

临床法和访谈法很相似。研究者往往会向研究对象提供某个任务或刺激，然后要求研究对象作答。在研究对象回答了第一个问题后，研究者接着问第二个问题或者提出一个新的任务来进一步澄清研究对象一开始的回答。尽管研究者对所有研究对象提出的第一个问题都是相同的，但后来研究者就得根据研究对象的回答来决定接下来要问的问题。可见，临床法是把每个研究对象当作一个独特的个体来研究的，非常灵活。

著名瑞士心理学家皮亚杰（Jean Piaget）就是使用临床法来研究儿童的道德发展和认知发展的。下面是皮亚杰在关于儿童道德发展研究中的一段记录，从中可以看到儿童对撒谎的理解与成人是不同的。

研究者："你知道什么是撒谎吗？"

儿　童："就是说的话不对。"

研究者："说 2+2 等于 5 是说谎吗？"

儿　童："是说谎。"

研究者："为什么？"

儿　童："因为它不对。"

研究者："这个说 2+2 等于 5 的小男孩知道它不对吗？还是只是算错了？"

儿　童："他算错了。"

研究者："那么如果他算错了，他有没有说谎？"

儿　童："他是在说谎。"

从上面的这个例子可以看到，临床法运用的要点是研究者要具有灵活性。研究者对每个儿童所提的基本问题是相同的，但是可以针对每个儿童各具特色的回答作出灵活的反应。研究者根据儿童的回答再提下一个问题，以便深入了解儿童回答的含义。但是研究者不能说太多话，不能暗示或启发答案，而是要善于观察和提出假设，推测隐藏在儿童答案背后的想法和思维方式，分辨儿童答案的真伪，并通过提问来证实或证伪自己原来的设想。然而，这一方法得到的结果部分地依赖于研究者的主观解释，所以比较理想的方式是同时使用其他研究方法验证临床法得到的结果。

（四）测验法

测验法是运用现有的量表和测验程序来了解学前儿童发展水平或现状的研究方法，主要用于了解儿童发展过程中的差异。

国际上已有一些较好的婴幼儿发展测量表，如：格塞尔成熟量表、贝利婴儿发展量表、韦氏幼儿智力量表。以韦氏幼儿智力量表为例，它是用以评估 2 岁半至 7 岁儿童智力水平的智力测验工具，是当今使用最为广泛的智力测验工具之一。韦氏幼儿智力量表根据儿童的年龄分为不同的分测验，用不同的方式对儿童的智力进行评估。2 岁半至 3 岁 11 个月的儿童的总智商由言语理解、知觉组织和工作记忆三个合成分数构成，而 4 岁至 7 岁半的儿童的总智商则由言语理解、知觉组织、流体推理、工作记忆和加工速度五个合成分数构成。这样的结构被认为是对儿童认知能力的最好测量。[①] 作为经典的智力测验工具，韦氏幼儿智力量表在儿童智力鉴定机构、学校及其他教育机构以及医疗和

---

① 李毓秋．韦氏幼儿智力量表（WPPSI-IV）的最新发展［A］．中国心理学会．第十五届全国心理学学术会议论文摘要集［C］．中国心理学会，2012：1.

特殊教育机构中都发挥着重要的作用。

测验法一般逐个进行，需要取得儿童的信任和合作，测验人员需要受过专门的训练，以使儿童在测验过程中表现出真实的水平。但是，由于学前儿童的心理特征在发展过程中存在着极大的不稳定性，因此任何一次测验结果都不能作为评定的唯一依据。

（五）作品分析法

作品分析法通过分析儿童的艺术作品、作业、日记或试卷来了解他们的心理特点，这种方法在学前儿童发展研究中具有较为广泛的应用。以绘人测验为例，它要求儿童尽量细致地画出一个正面人像，根据儿童所画的细节，研究者按已有的标准计分，以得分多少作为儿童智力发展的一种指标。

由于学前儿童在作品创作的过程中会受到很多因素的影响，且在创作过程中往往伴随着语言和动作行为，这些在作品中都无法被分析出来，因此作品分析法常常会出现分析偏差或过度分析等问题，具有较大的局限性。

以上介绍的各种研究方法之间并不是孤立的，在一项具体的教育研究中，研究者往往会综合使用几种研究方法，这就要求研究者要根据不同的研究目的和内容以及研究的具体条件，科学恰当地选用研究方法。

二、学前儿童发展研究中需要遵循的原则

学前期作为人类发展中的特殊时期，具有人类发展的共性，同时也具有作为学前儿童的特性。在研究中，我们既应当保证研究的科学性和有效性，同时也要考虑研究中的伦理性和道德性。在进行学前儿童发展研究的过程中，我们必须从儿童出发，在研究中遵循客观性、发展性、系统性、教育性和保护性等基本原则。

（一）客观性原则

在研究学前儿童发展时，应该如实地记录儿童的行为，做到全面和完整，避免片面性。例如，在运用观察法的过程中，观察者应当对观察数据进行客观的记录，不应当掺杂个人感情色彩，更不能够编造数据、弄虚作假。另外，对研究结果的分析和解释也要切实准确，不能够随意发挥或夸大其词。

（二）发展性原则

儿童是处于发展中的人，所以在进行学前儿童发展研究时，我们必须用发展的眼光看待儿童的发展。一方面，我们在研究儿童时不仅要注意其已经形成的心理特点，更要注意新的特点及其发展趋势，研究儿童的发展的同时让研究为儿童发展服务；另一方面，我们要注意到学前儿童是发展中的人，不能仅根据一次实验或测验就得出最终的结果，从而对儿童的发展问题作出武断的结论。

（三）系统性原则

人的生理和心理都是由多个成分组成的复杂的系统结构，在研究学前儿童发展时，我们既要考虑到儿童心理和生理各个成分之间的相互关系，也应当考虑其外在的教育和社会环境对其发展的影响，不能孤立地看待问题。也就是说，在研究中，我们一方面要

考虑个体本身的整体性，另一方面也要考虑其心理与家庭环境、学校环境、社会环境等因素的相互关系，以及遗传因素对其产生的影响。

（四）教育性原则

儿童处于迅速成长和接受教育的时期，一切儿童心理的研究都必须符合教育的要求，在学前儿童的研究中遵循教育性的原则是研究者必须遵守的职业道德。研究者必须对儿童的身心发展负责，在研究过程中要充分考虑到研究本身对儿童心理可能产生的影响，不允许进行任何损害儿童身心健康的研究。

研究工作对学前儿童心理总会产生影响，从某种意义上讲，研究过程本身往往就是教育过程。这就要求我们在进行学前儿童发展研究的过程中，所使用的研究方法和手段一定要是经过仔细甄选的，研究者也应当注意自己的言行举止，不能为了得到自己想要的结论，从而影响儿童的身心发展。

（五）保护性原则

学前儿童发展研究必须遵循一定的伦理道德规范，因为学前儿童发展研究的对象是人，并且是生理和心理发展并不成熟的儿童，所以我们在进行研究时，应当注意儿童的感受，尊重儿童，保护儿童，不能强迫他们参与研究，更不能对他们的身心造成伤害。

例如，华生（Watson John Broadus）在研究儿童恐惧情绪的发生与发展时，从孤儿院找来一名 11 个月大的婴儿作为被试，每当婴儿伸手触摸大白鼠时，华生便敲击钢棍，婴儿就会猛然跳起然后跌倒。实验重复多次之后，婴儿不但惧怕大白鼠，而且害怕兔子、用海豹皮做的衣服和棉花等一切毛茸茸的物体。最终，由于种种原因这个婴儿长大后带着恐惧离开了孤儿院。华生的实验第一次将生物上的条件反射理论运用于儿童心理，是个成功的开创，但是其研究对于被试的身心有一定的伤害，因此这个研究在心理学研究史上存在很大的争议。

第三节 科学儿童心理学的诞生和发展

不同的时代背景与社会制度催生了不同的社会意识形态，也促进了儿童观的持续变化与发展，近代西方社会的发展及新的儿童观的产生诚然是推动儿童心理学产生的首要原因。随着时代的变迁、社会需求的变化、学科的融合、研究技术的更新，儿童心理学在中西方文化的背景下都取得了令人瞩目的进展。

一、近代西方儿童心理学产生的原因

儿童心理学的诞生离不开近代自然科学、近代教育发展的影响。辩证的自然观促进了科学从发展变化上来研究事物的本质和规律，西方近代教育领域强调教育应以心理学的规律作为依据。

▲ 图1-5 拉斐尔《圣母子》（15世纪）

（一）社会的发展和新儿童观的产生

欧洲中世纪时，宗教统治着一切，教育被教会垄断，儿童通常被看作是小大人，人们并不把儿童作为生命中的一个独立阶段来看待。这从西方封建社会绘画中的儿童形象就可见一斑（如图 1-5 所示），绘画中所出现的儿童大都是配角，是为了衬托圣母的光辉形象、发扬宗教主义思想而存在的，绘画中儿童形象的身材比例都是依据成人的身材比例来画的，从而头显得非常小，像一个缩小版的成人。这个时期人们普遍认为儿童是无知无能、需要教训的，所以并没有人研究儿童，更不会产生关于儿童发展的研究。

随着西方社会的发展，文艺复兴时期，新兴资产阶级发起了反封建和反教会的斗争。新兴资产阶级全面批判了腐朽的封建势力和教会，反对禁欲和宗教束缚，提倡尊重人的价值、尊严和力量，强调个人自由和个性解放。这改变了人们的思维方式和价值观念，使得这个时期的意识形态发生了前所未有的变革。

新兴资产阶级思想的发展促生了人文主义的教育思想，一些进步思想家们开始提出自然主义教育思想，新的儿童观应运而生。自然主义教育思想认为儿童是甜蜜的、天真的、纯洁无瑕的，主张人人平等，强调要重视教育，发展儿童的个性，对儿童的教育要遵循自然的原则。儿童观的变化使得人们开始关注儿童，研究儿童。

人文主义思想在 17 世纪至 18 世纪得到了进一步的发展，近代资产阶级思想的先驱、捷克教育家夸美纽斯（John Amos Comenius）提出了自然适应原则；英国唯物主义、经验主义哲学家洛克（John Locke）提出了白板说；法国启蒙教育家卢梭（Jean-Jacques Rousseau）提出了自然教育论。他们一致认为，要尊重儿童，对儿童进行教育，就要依据儿童的天性。但是，儿童的天性是什么呢？如何依据儿童的天性进行自然主义教育呢？为了回答这些问题，研究儿童心理的序幕从此打开了。

拓展阅读

洛克的白板说

约翰·洛克（John Locke，1632—1704），英国著名的哲学家，经验主义的开创人。他的教育学著作《教育漫话》集中反映了欧洲文艺复兴时期新兴资产阶级的教育观。在书中，洛克论述了他的白板说。

洛克认为，能力是天赋的，知识是后得的。他假定人的心灵如同一块白板，上面原本没有任何标记，后来，通过经验在上面印上了印痕，形成了观念和知识。这就是洛克的白板说。

▲ 图1-6 约翰·洛克

由于认为人类的一切知识都来自经验，因此洛克对教育的作用的评价很高，他充分肯定了教育在人的个性形成中的决定性作用。他认为，教育上的错误正如医生配错了药一样，第一次弄错了，决不能借第二次、第三次去补救，它们的影响是终身洗刷不掉的。

卢梭与《爱弥儿》

让-雅克·卢梭（Jean-Jacques Rousseau，1712—1778），法国18世纪伟大的启蒙思想家、哲学家、教育家、文学家，18世纪法国大革命的思想先驱，杰出的民主政论家和浪漫主义文学流派的开创者，启蒙运动最卓越的代表人物之一。

卢梭在其著作的《爱弥儿》中，全面阐释了他的自然主义教育思想。卢梭的自然教育思想，就是教育要服从自然的永恒法则，听任人的身心的自由发展。自然教育的手段就是生活和实践，卢梭主张采用实物教学和直观教学的方法，让儿童从生活和实践的切身体验中，通过感官的感受去获得他们所需要的知识。

▲ 图1-7　卢梭

在自然主义教育思想的影响下，近代西方教育领域一直强调要了解儿童、尊重儿童，出现了教育心理学化的主张，这种主张强调教育应当以心理学的研究结果为依据。瑞士教育家裴斯泰洛齐（Johann Heinrich Pestalozzi）通过观察研究自己的孩子，首先提出了教育心理学化的概念，强调教育要以心理学，特别是儿童心理学为依据。德国学前教育家福禄贝尔（Friedrich Wilhelm Frobel）根据自己开设幼儿园和创设游戏玩具的教育实践，建立起了具有一定特色的儿童发展理论，为儿童心理学的建立提供了实践和理论基础。德国教育家、哲学家赫尔巴特（Johann Friedrich Herbert），是教育史上明确提出要将心理学作为教育学理论基础的第一人，他将教学过程根据心理发展的规律分为清楚、联想、系统和方法四个阶段。教育心理学化的思想为科学的儿童心理学的建立提供了思想和实践基础。

拓展阅读

▲ 图1-8　裴斯泰洛齐

裴斯泰洛齐

裴斯泰洛齐（Johann Heinrich Pestalozzi，1746—1827），19世纪初期瑞士著名的民主主义教育实践家和教育理论家。他首先提出教育心理学化，并在教育实践中探索以心理学为基础来发展人的能力的方法，还提出了著名的要素教育论。

在裴斯泰洛齐1800年发表的《论教学方法》一文中，他首次明确地提出了教育心理学化。第二年，裴斯泰洛齐在其《葛笃德怎样教育她的孩子们》一书中又重申这一思想。他认为，应当将教育的目的和教育的理论指导置于儿童本性发展的自然法则的基础之上，教学内容的选择和编制要适合儿童的学习心理规律，教育者应当调动儿童的自我能动性和积极性，培养他们独立思考的能力，让他们学会自己教育自己。

根据教学内容的心理学化的观点，裴斯泰洛齐提出了要素教育理论，即人的道德活动最关键的要素是爱，人的认识活动最关键的要素是数目、形状和语言，人的身体活动最关键的要素是关节活动，教育就是要在这些要素的基础上进行教学和设计，从而促进儿童的心理发展。

（二）近代自然科学的发展

细胞、能量转化和进化论作为近代自然科学的三大发现，促使科学用联系和发展的观点看待周围的世界。随着自然科学的发展，人们对事物的认识也发生了根本性的变化。

19 世纪英国生物学家达尔文（C. R. Darwin）的进化论不仅阐释了从猿到人的进化理论，而且还探讨了人与动物在心理发展上的连续性和差异性，从种系演化和个体变化的途径研究了人的个体心理的发生与发展。达尔文根据长期对自己孩子心理发展的观察和研究的记录，于 1876 年发表了最早的儿童心理发展的观察报告《一个婴儿的传略》，这是儿童心理学早期专题研究成果之一，他也因此被认为是科学地研究儿童的先驱。

二、科学儿童心理学的诞生和发展

（一）科学儿童心理学的诞生

在社会发展和自然科学发展的背景以及众多儿童心理发展研究的基础上，19 世纪后半期，科学儿童心理学诞生了。德国生理学家和实验心理学家普莱尔（William Thierry Preyer）被认为是科学儿童心理学的创始人。普莱尔为了了解心理功能的起因，对自己的孩子从出生到 3 岁每天都进行系统观察，有时也进行一些实验性的观察，最后把这些观察记录整理成了一部有名的著作——《儿童心理》。普莱尔于 1882 年出版的著作《儿童心理》被公认为是世界上第一部科学的、系统的儿童心理学著作。因此，这本书的出版被视为近代科学儿童心理学诞生的标志。作为儿童心理学的基础，普莱尔的《儿童心理》具有划时代的意义。普莱尔所使用的研究方法，如系统研究方法、比较研究方法以及观察法中的实验观察法等为儿童心理研究提供了有益的尝试。此后，心理学家们开始用观察和实验的方法来研究儿童心理发展。

（二）科学儿童心理学的发展

西方科学儿童心理学的发展变迁，大致可以分为以下三个时期。

1. 形成时期

从 1882 年至第一次世界大战期间，是西方儿童心理学的形成时期。这个时期，在欧洲和美国出现了一批心理学家，他们开始用观察和实验方法研究儿童心理发展。继普莱尔之后，有一些先驱者和开创者，如美国的霍尔（Granvile Stanley Hall）、鲍德温（J. M. Baldwin）、杜威（John Dewey）、卡特尔（R. B. Cattell），法国的比奈（A. Binet）和德国的施太伦（W. Stern）等，都以他们的出色成就为这门学科的建立和发展做出了自己的贡献。

（1）霍尔和复演说。霍尔（Granville Stanley Hall，1844—1924）是美国历史上第一位心理学哲学博士，他在美国创建了第一个心理实验室，是推动美国儿童心理学研究最重要的人物。霍尔认为，胎儿在胎内的发育复演了动物进化的过程，而人类儿童时期的心理发展复演了人类进化的过程，因此他提出了儿童心理学上的复演说，这在心理学界引发了很大的讨论。

另外，霍尔首创了问卷法，用于研究儿童青少年的行为、态度、兴趣等，这掀起了一股儿童研究运动。时至今日，问卷法仍然是社会科学领域的重要研究方法之一。

（2）鲍德温的融合理论。鲍德温（James Baldwin，1861—1934）曾任美国第四届心理学会主席、国际心理学联合会主席。他的著作主要有《心理学手册》等。

鲍德温的儿童心理学的主要观点为融合理论，他将发展分为儿童认知的发展、人格的社会和认识基础、行为的个体发生与种系发生的关系三个部分，三者相互交织、密不可分。

（3）杜威的儿童中心思想。美国实用主义教育家杜威（John Dewey，1859—1952）是19世纪美国传统教育的改造者和新教育的拓荒者，他提倡从儿童的天性出发，促进儿童的个性发展。

杜威将心理学、教育学和哲学三者结合起来，提出了以儿童为中心的教育原则。杜威认为，教育就是儿童现在生活的过程，而不是将来生活的预备；教育是一种社会生活，学校是社会生活的一种形式；杜威批判传统的学校教育，认为儿童应当从活动和经验中进行学习，儿童是教育的目的而非手段，教育措施一定要围绕儿童来实施。杜威的思想可以归结为：教育即生活、学校即社会、教育即经验的继续不断的改组或改造。

▲ 图1-9 杜威

（4）比奈和西蒙的智力测验。1905年，比奈（A. Binet）和西蒙（T. Simon）合作设计了由30个测验项目构成的世界上第一个测验儿童智力的标准量表——比奈—西蒙智力量表。这个量表的测验项目多，可以测量智力多方面的表现，同时其测验项目的排列由浅而深，可以测量智力高低不同的儿童。此量表于1905年发布，在1908年和1911年经过了两次修订。

在当时，日记法和传记法一次只能记录一个或少数儿童，问卷法虽然能够用于较多的儿童，但是科学性差。测验法出现后，对于用比较精确的测量方法研究较多儿童的心理发展，特别是智力发展开辟了新的道路。但是，需要注意的是，如果贸然用一次测验的结果来反映儿童的心理发展水平是有失偏颇的。

2. 分化和发展时期

第一次世界大战和第二次世界大战期间，是西方儿童心理学分化和发展的时期。儿童心理学的研究著作在数量和质量上都有了飞跃发展，出现了精神分析学派、行为主义学派、格式塔学派等各种儿童发展的理论流派，皮亚杰、格塞尔（Gesell）等著名的儿童心理学家也相继出现。各理论流派不断发展，不断为儿童发展研究注入新的力量。

3. 演变和新增时期

第二次世界大战后的一段时期，是西方儿童心理学的演变和新增时期，主要表现在两个方面：一是儿童心理学的理论观点发生了演变，出现了新精神分析、新行为主义等理论流派；二是关于儿童发展的研究方法也不断现代化，研究者开始将现代的科技手段（如：眼动仪、脑电波成像仪等）运用到儿童发展的研究中，并将儿童心理学研究与社会实践相结合，丰富了儿童发展的理论和内容。

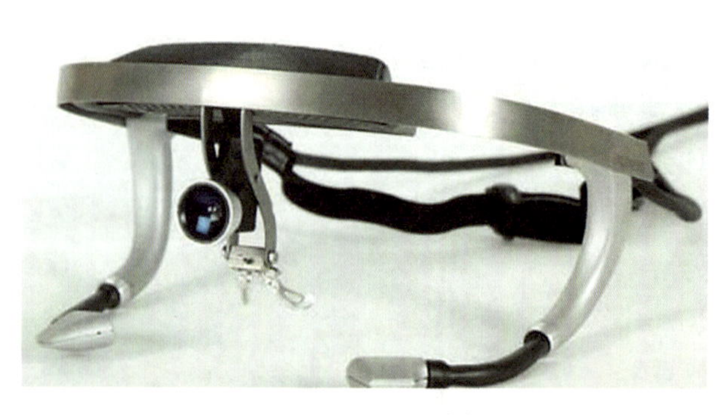

▲ 图 1-10　眼动仪

时至今日，随着时代的变迁、研究技术的更新、学科的融合、社会的需求，西方发展心理学呈现出了五个方面的新发展。① 第一，生态系统发展观普遍得到重视。布朗芬布伦纳（Urie Bronfenbrenner）关于发展的生物生态模型是生态发展观的代表，对情境如何影响儿童发展做出了最细致、最彻底的解释。第二，将儿童发展的视角伸展到了个体毕生的发展中，认为心理结构和功能在一生中都会经历获得、保持、转换和衰退的过程。第三，重视核心领域的认知发展研究，认为许多认知能力只能专门用于处理特定类型的信息，人类的许多认知能力具有领域特殊性，发展是以某种领域特殊的方式出现的。第四，发展神经科学研究大量出现。发展认知神经科学关注的主要问题是神经，尤其是脑发育与个体认知发展之间的关系。第五，应用发展心理学蓬勃兴起。通过研究与应用的结合，应用发展心理学家们不仅将有关发展的知识和信息传递给儿童的父母、职业人员和政策制定者，同时还将这些成员的观点和经验整合到他们的理论中以及研究和干预的设计中。

进入 21 世纪后，科学和社会都有了新的发展和变化。新的社会需要为学前儿童发展研究者提出了新的挑战，儿童发展科学的研究必将在新的发展观的推动下继续蓬勃发展。

三、中国的儿童发展研究

在西方心理学传入中国之前，我国早就有了心理学、儿童发展心理学的思想。例如，在对人性的善恶和先天与后天因素对心理发展作用的看法上，孔子主张性善论，强调环境、教育因素对个体发展的影响，认为“人之初，性本善”；荀子主张性恶论，认

---

① 张向葵，桑标．发展心理学［M］．北京：教育科学出版社，2012：15—23.

为“人之性恶，其善者伪也”，教育应当起到化性起伪的作用；而墨子提出了中国的“白板说”，他认为“染于苍则苍，染于黄则黄，故染不可不慎”，这是墨子看见染坊染丝，发出的慨叹：丝原本是白色的，把它放到青色的染缸中，白丝就变成了青丝，把它放到黄色的染缸中，就变成了黄丝，染丝的颜料变了，丝的颜色也会随即改变，白丝如此，人又何尝不是如此呢？

但是，中国近代儿童心理学同中国近代科学一样，是由西方输入的。20 世纪 20 年代，科学儿童心理学传入我国。中华人民共和国成立前，我国的儿童发展研究深受欧美儿童心理学的影响，这一时期我国的儿童心理学家主要的工作是学习和传播西方的儿童心理学。最早讲授和研究儿童心理学的是陈鹤琴，他对国内的儿童心理学进行了开拓性的研究工作，因此被誉为中国儿童心理学的开拓者和最早的儿童心理学家。陈鹤琴用儿童传记法每天观察和记录自己儿子的身心发展状况并将此结集成书，出版了《儿童心理之研究》，这是我国一本较早的儿童心理学教科书。

拓展阅读

陈鹤琴和活教育

陈鹤琴（1892—1982），浙江省人，中国著名儿童教育家、儿童心理学家，中国现代幼儿教育的奠基人。陈鹤琴早年毕业于清华学校，留学美国五年。

陈鹤琴重视科学实验，主张中国儿童教育的发展要适合国情，要符合儿童身心发展规律。他呼吁建立儿童教育师资培训体系，编写了幼儿园、小学课本及儿童课外读物数十种，并设计与推广了玩具、教具和幼儿园设备。

陈鹤琴认为，传统的教育内容固定，教材呆板，因此提出了著名的“活教育”理论。他认为，活教育的目的是培养儿童“做人，做中国人，做现代中国人”，教育应当到大自然、大社会中去寻找活教材，教育过程应当是“做中学，做中教，做中求进步”。他将活教育的内容具体化为“五指活动”，即健康活动、社会活动、科学活动、艺术活动和文学活动，其目的是培养儿童理想的生活。

陈鹤琴作为中国现代儿童教育之父，创立了中国化的幼儿教育和幼儿师范教育的完整体系，被誉为“儿童教育的圣人”。

▲ 图 1–11　陈鹤琴

中华人民共和国成立后，我国开始学习苏联，在儿童发展领域的教学和研究上都照搬苏联，因此对西方心理学进行学术批判，对心理测验和心理健康进行了全盘否定。但是这一时期确立了以辩证唯物主义为指导思想，坚持理论联系实际的路线。

20 世纪 50 年代后期到 60 年代中期，我国儿童发展研究迎来了第一个繁荣时期，数以百计的儿童心理学研究论文提交到了历届心理学学术年会上。其中贡献较大的是

▲ 图 1–12 朱智贤

儿童心理学家朱智贤等人在总结科研成果的基础上，结合我国实际编写了中华人民共和国成立以来的第一批儿童心理学领域的教科书，为推动我国儿童心理学的教学起到了积极的推动作用。朱智贤在 1962 年出版的《儿童心理学》标志着中国儿童心理学科学体系的确立。《儿童心理学》是我国第一部贯彻马克思主义的观点，吸收国内外的科学成果并联系我国实际的综合大学和高等师范院校的儿童心理学的教科书。

改革开放以来，我国儿童发展研究又迎来了一个空前繁荣的时期，在儿童发展的基础研究和应用研究方面都取得了令人瞩目的成就，儿童心理学研究的范围也得到了很大的扩展。近十年来，我国儿童心理学的研究出现了多学科交叉融合的新局面，不少研究者将儿童心理学的研究与脑科学、人工智能等相联系，使儿童心理学的研究不断深化和拓展。目前，我国儿童发展研究基本上跟上了国际儿童发展研究的步伐，并出现了与国际儿童发展研究并驾齐驱发展的趋势。

思考与练习

1. 简述学前儿童发展的研究对象。
2. 研究学前儿童发展有哪些基本的方法?
3. 请试着选择一种方法研究学前儿童的攻击性行为。
4. 简要说一说科学儿童心理学诞生的过程。
5. 说一说儿童发展研究在中国的发展历程。

推荐资源

1. 纸质资源:

(1) 江峰:《专题: 教育学视角的儿童研究》,《教育学报》2015 年第 04 期。

(2) W. Damon、R. M. Lerner 著，林崇德、董奇译:《儿童心理学手册》，华东师范大学出版社 2009 年版。

(3) 陈秀云、陈一飞编:《陈鹤琴文集》，江苏教育出版社 2007 年版。

2. 视频资源:

纪录片《大师——陈鹤琴》，上海纪实频道。

第二章 学前儿童发展的主要理论流派

目标指引

1. 了解精神分析理论的儿童心理发展观。
2. 理解行为主义理论关于儿童心理发展的主要观点。
3. 掌握皮亚杰认知发展阶段论的四个阶段及其特点。
4. 熟悉皮亚杰的经典实验。
5. 理解维果斯基的最近发展区思想。
6. 理解布朗芬布伦纳的生态系统理论的嵌套模型。

内容结构

- 精神分析理论
  - 弗洛伊德的发展心理学理论
  - 埃里克森的社会心理发展理论
- 行为主义理论
  - 旧行为主义发展观
  - 新行为主义发展观
- 皮亚杰的认知发展理论
  - 发生认识论
  - 认知发展阶段论
- 维果斯基的社会文化观
  - 心理发展的实质
  - 最近发展区思想
- 布朗芬布伦纳的生态系统理论

理论是对事实的一种解释，是描述、解释和预测行为的一整套有序的、整合的陈述。在儿童发展研究中，理论既能为研究儿童提供各种有组织的框架，又是实践活动的坚实基础。理论是重要的工具，古往今来，许多理论都对我们了解发展中的儿童做出了贡献。尽管某些理论也许比其他理论在揭示发展的特定领域时更加确切，但是我们也必须认识到，人类的发展非常复杂，多种理论并存是非常重要的，不同的理论强调了发展的不同方面，我们不能确信某种理论观点是最好的，所有的理论都应当被予以同样的尊重。

在儿童发展这一领域，精神分析理论、行为主义理论以及皮亚杰的认知发展理论、维果斯基的社会文化观和布朗芬布伦纳的生态系统理论等都在长期内持续引起人们的关注和支持，具有很强的应用价值。本章将逐一介绍以上理论。

第一节 精神分析理论

精神分析理论是20世纪上半叶西方现代心理学的主要流派之一，是奥地利精神病临床医生弗洛伊德在对神经症的治疗实践中提出并加以利用的理论体系。精神分析理论广泛涉及心理学、生物学、哲学、教育学等众多学科，影响深远。在精神分析理论的心理发展观中，最具代表性的是弗洛伊德和埃里克森的观点。

一、弗洛伊德的发展心理学理论

19世纪末至20世纪初，战争频发，欧洲的社会、文化与经济处于激烈的变动之中，社会的矛盾尖锐，人们在精神上倍感不安和沮丧，神经症和精神病患者日益增多。作为治疗神经症的一种理论、方法和技术的弗洛伊德的精神分析理论，正是适应这一迫切的社会需要而产生的。弗洛伊德的精神分析理论在教育学、心理学、哲学、人类学、文学、艺术、伦理学等领域都产生了重大影响。弗洛伊德对人类无意识过程的揭示为心理学的发展做出了巨大贡献，他提出的精神层次论、人格结构论、心理发展阶段论等至今仍影响着社会生活的各个领域。

拓展阅读

西格蒙德·弗洛伊德

西格蒙德·弗洛伊德（Sigmund Freud，1856—1939），是奥地利知名的医生、精神分析学家，精神分析理论的创始人，作为20世纪最伟大的心理学家之一，他被誉为“精神分析之父”。

弗洛伊德天生聪明勤奋，读书时成绩出类拔萃，17岁时考入了维也纳大学医学院，1881年获得博士学位后，弗洛伊德开始行医，并终生从事精神病的临床治疗工作。

▲ 图2-1 西格蒙德·弗洛伊德

（一）精神层次论

▲ 图2-2　弗洛伊德的冰山模型

弗洛伊德在《潜意识》一文中详细描述了精神层次论。弗洛伊德在治疗患有癔症与神经症的病人时发现，通过催眠暗示和宣泄法让病人重新回忆过去的经历，体验和宣泄被压抑的情绪或将产生症状的原因讲出来后，病人的症状就消失了。通过这些发现，弗洛伊德根据“心理地形学”的观点，把人的精神划分为表层的意识、深层的潜意识和介于两者之间的前意识三个区域。弗洛伊德认为，以漂浮在海上的冰山作为比喻，人的精神活动，包括欲望、冲动、思维、幻想、判断、情感等会在不同的意识层次里发生和进行，而精神分析者着重研究藏于“海水”下面的，看不见的、无法意识到的潜意识部分。

1. 意识

意识即自觉，属于心理结构的表层，直接与外部世界接触。弗洛伊德认为，意识源于潜意识，是人的心理结构中很微小的一部分，意识等同于知觉，不论从内部还是外部接受的知觉，一开始都是意识。意识感知着外界环境和刺激，用语言来反映和概括事物的理性内容。

弗洛伊德认为，心理生活的意识方面并不是在出生或婴儿期以成熟和最终的状态突然出现的，而是随着人格受到日益增长的内部成熟和对外部世界不断拓展的经验的影响中不断发展的。

2. 前意识

前意识是一种可以被回忆起来的、能被召唤到清醒意识中的意识，位于心理结构最表层的意识和最深层的潜意识之间，是两者之间的过渡领域，是调节意识和潜意识的中介机制。前意识的内容有两部分：一部分是暂时潜伏的意识的内容，在某些特定的条件下很容易变成意识的对象，例如暂时遗忘但是可以随时想起来的记忆；另一部分是为了躲过前意识的“审察”而产生的一种潜意识的衍生物，前意识具有检查作用，当其觉察出潜意识衍生物时，会将其再驱逐回潜意识。

弗洛伊德认为，前意识在心理结构中具有非常重要的作用。前意识系统像是一个筛子，担负着检查的作用，阻止潜意识的本能和欲望潜入意识之中。但是，当前意识丧失警惕时，有时被压抑的本能或欲望也会通过伪装而迂回地渗入意识当中。

3. 潜意识

潜意识即无意识，是在意识和前意识之下受到压抑的没有被意识到的心理活动，代表着人类更深层、更隐秘、更原始、更根本的心理能量。潜意识处于心理结构的最底层，由各种原始的本能和欲望组成，聚集了人类数百万年来的遗传基因层次的信息。

弗洛伊德认为，精神分析学的三大基石包括潜意识的心理机制、阻抗和压抑机制及性的重要性，可见潜意识在弗洛伊德的理论中至关重要。潜意识有原始性、冲动性、非逻辑性、非时间性、非道德性和非语言性六个特征，弗洛伊德将潜意识的核心内容概括为生的本能，认为潜意识是人类生物性本能能量的仓库，是人类一切活动的动力源泉。

（二）人格结构论

弗洛伊德在《自我与本我》一书中提出了人格结构由本我、自我和超我三个部分组成，这三个部分分别表征人格或人性中的不同层面：本我代表人类的本能冲动，超我代表道德标准和人类生活的高级方向，自我则平衡本我与超我之间的矛盾冲突。弗洛伊德将自我与本我比喻为骑手与马之间的关系，认为自我驾驭着本我这匹桀骜不驯的马，约束着它前进的方向，但有时候骑手也不得不沿着马想走的路行进。

1. 本我

本我是人格系统中最原始、最隐私的部分，处于潜意识的深层，是无意识的、非道德的。本我是个体通过种族遗传继承的，与外界并不发生联系，不知善恶、好坏，不管是否应该和合适，只求得到立刻的满足，所以本我遵循快乐原则，以趋乐避苦为目的，趋向于寻找即时的满足。本我的冲动隐藏于无意识中，主要与性和攻击两个主题有关。弗洛伊德认为，本我的冲动一直存在，它们必须被健康人格的其他部分所制约。一个本我力量过强甚至泛滥的人，将会发展成一个为所欲为、失去控制的人。

在儿童的发展过程中，年龄越小，本我的作用越重要。人出生时只有本我一个人格结构，新生的婴儿几乎全部处于本我状态，以一种压倒一切的力量追求自我欲望的满足。例如，一个处于饥饿中的婴儿不会等待，马上就要吃奶。这时儿童会用尽全身力气哭闹来追求本我的满足。

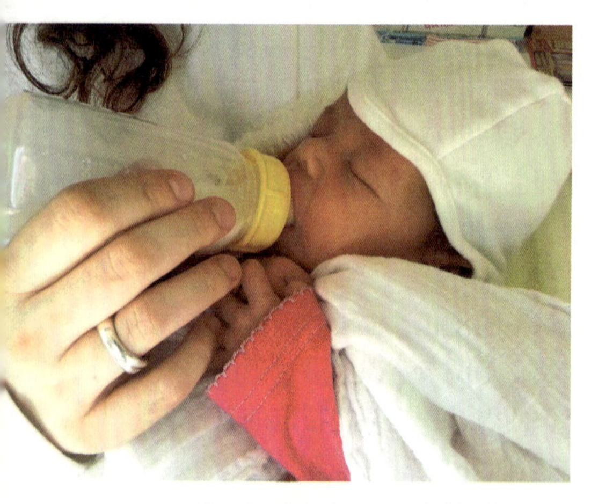

▲ 图2-3　处于饥饿中的婴儿不会等待

2. 自我

自我是个体出生以后在外部环境的作用下逐渐形成的。儿童的需要在很多时候不能得到及时的满足，于是逐渐形成了自我这种人格结构。自我代表人们生活中理性和常识的东西，与含有性欲成分的本我形成对照。自我一方面要调节或延迟本我欲望的满足，另一方面要协调本我与超我的关系。自我的主要功能是满足本我为现实社会所允许的冲动，同时将本我不被允许的冲动控制在无意识之中。因此，自我遵循现实原则。例如，当一个儿童拿起笔想要往墙上画时，他想到老师的要求，于是开始在画板上画了起来。这就是儿童的本我想画画，而超我告知儿童不可以往墙上画，自我考察了现实条件，使儿童在画板上画画。

弗洛伊德认为自我是在生命的最初两年出现和发展起来的。一个人格健康的人应当具有强大的自我力量，这样才能避免本我或超我过分地掌控其人格。如果自我的力量不够强大甚至处于弱势，则会引起个体的焦虑情绪。

3. 超我

超我是人格结构中的上层部分，是在社会道德规范下，特别是父母的管教下将社会道德观念内化而形成的。超我代表着人各种高级的、道德的和超越自我的结构，是人格结构中的社会成分，因此超我遵循至善原则。超我的形成是人类文明的一个重要标志，超我的主要功能是为自我提供榜样，用以判断行为是否恰当，是否值得赞扬，同时对违反道德准则的行为进行惩罚。例如，当一个儿童看到电视上正在演小偷偷东西的情节时，他立刻会说："这样做是不对的，应该把他关进监狱！"这就是儿童的超我判定小偷的行为违反了道德准则，因此他认为这个行为应当被惩罚。

超我包含良心和自我理想两个系统：儿童由于畏惧成人的惩罚而不得不接受他们的规则，将教导转变为自身行为的内部规则并自觉遵守，这就是良心；通过父母奖励形成的雄心、抱负、价值观等就是自我理想。

超我大约从儿童 5 岁时开始形成，儿童逐渐开始控制和引导本能的冲动，说服自我以道德目的替代现实目的并力求完美。随着儿童的成长，其良心和自我系统渐渐由超我取代，超我扮演了惩罚和奖励的角色。如果一个人遵守了自己的道德价值，就会用自我正义、自我赞扬和自豪感来奖励自己，如果违背了自己内化的价值观，则会用内疚、羞愧和恐惧来惩罚自己。如果一个人在儿童时期没有建立起充分的超我，长大后就会对攻击、偷盗等行为缺乏内控机制。但是，如果一个人超我的力量过于强大，也会使人追求难以实现的道德完美，从而不断体验到道德焦虑。

（三）儿童心理发展阶段论

为说明患者所描述的关于童年的梦和记忆的种类，弗洛伊德创建了一个以一系列成长阶段为特征的儿童发展模型。人在不同的年龄，其力比多（libido），即性的能量会投向身体的不同部位，弗洛伊德以身体不同部位获得性冲动的满足为划分标准，将人格发展分为五个时期。弗洛伊德认为，每个儿童都要经历这五个先后有序的发展阶段，儿童在这些阶段中获得的经验决定了他们的人格特征。

1. 口唇期

0—1 岁为儿童的口唇期。处于口唇期的儿童主要通过吸吮、吞咽、咬等口腔刺激获得食物和快感，口唇和舌是这一时期力比多最集中的区域，也是性敏感区。口唇期的快感需求会一直延续到成人阶段，接吻、嚼东西、饮酒等都是口唇期快感的发展。

如果口唇期婴儿的力比多得到了满足，就会形成正面的口腔人格，主要表现为乐观开朗。如果这一时期的满足过多或过少，就会在这一水平上产生固着，成年后可能会形成口唇期人格。如果满足过多，就会发展成依赖人格，即在心理上过度依赖他人；而满足过少，就会形成一种紧张与不信任的人格，如：悲观、猜忌等。

▲ 图2-4 处于口唇期的儿童

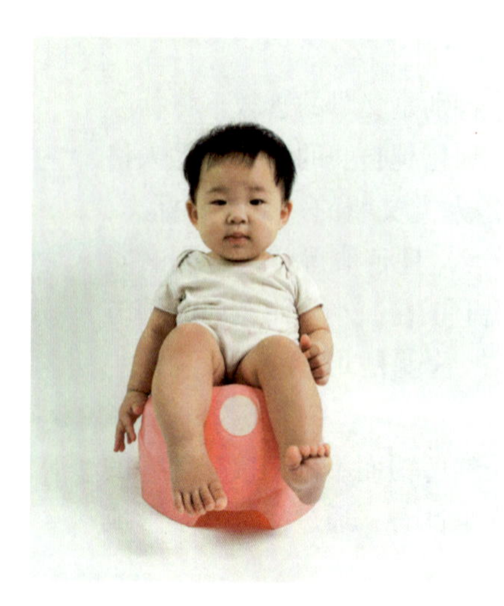

▲ 图2-5　处于肛门期的儿童

2. 肛门期

1—3 岁为儿童的肛门期。这个时期儿童通过排泄粪便解除内急压力获得快感体验，力比多集中在肛门区域。排泄时产生的轻松与快感，使儿童体验到了操纵与控制的感受。

这个时期是对儿童进行排泄训练的关键期，如果父母对儿童的要求符合其控制能力，儿童就能建立良好的习惯并在长大后具有较高的效率。但是如果对儿童进行过早或过于严格的训练，则会导致儿童在成人后形成肛门型人格。主要表现为以邋遢、浪费、无条理、凶暴等为特征的肛门排放型性格及以过分干净、过分注意条理和小节、固执、小气、忍耐等为特征的肛门便秘型人格。因此，弗洛伊德建议父母对儿童大小便的训练不宜过早、过严。

3. 性器期

3—7 岁为儿童的性器期。这一时期的儿童喜欢抚摸和显露生殖器和进行性幻想，力比多集中在外生殖器。这个阶段，儿童最显著的两个行为现象是“俄狄浦斯情结”和认同作用。“俄狄浦斯情结”即“恋父情结”或“恋母情结”，主要表现为男孩对母亲亲近，女孩与父亲亲密。以男孩为例，在性器期，男孩会对母亲产生一种爱恋的心理和欲求，同时有消除父亲以便独占母亲的心理倾向。但是，男孩又会因为害怕父亲惩罚自己而产生冲突和焦虑，从而抑制对母亲的占有欲，并与自己的父亲产生认同作用，即学习男性的行为方式。

拓展阅读

俄狄浦斯情结

俄狄浦斯是希腊神话中忒拜的国王拉伊俄斯和王后约卡斯塔的儿子。拉伊俄斯年轻时曾经劫走国王佩洛普斯的儿子克律西波斯，因此遭到诅咒，他的儿子俄狄浦斯出生时，神谕表示他会被自己的儿子杀死，同时他的儿子会娶他的妻子。为了逃避命运，拉伊俄斯将俄狄浦斯丢弃在野外。

但是，科林斯的国王发现了俄狄浦斯，并把他收为养子。俄狄浦斯长大成人后，知道了自己将会弑父娶母的可怕命运，他以为科林斯的国王与王后是自己的亲生父母，于是他为了让自己逃离命运的掌控，逃离了科林斯。俄狄浦斯在逃离科林斯的路上回答对了狮身人面怪物的问题，恰好当上了忒拜的国王，还娶了前王的妻子（她的母亲）。

后来，忒拜城里发生了瘟疫，死了很多人，弄得人心慌慌。神说只有找出杀害前王的凶手，瘟疫才能停止。而当地的预言家说凶手就是俄狄浦斯，俄狄浦斯不信，认为是有人陷害他。王后告诉他，前王是在一个三岔路口被人杀害的，俄狄浦斯想起自己确实在一个三岔路口杀害过一个老人。后来，经过调查，事情真相大白，应了神的预言，俄狄浦斯最终还是受到了命运的惩罚。

俄狄浦斯情结又称“恋母情结”，描述了男孩对母亲发生的一种特殊的柔情，视母亲为自己的所有物，而把父亲看成是争得此所有物的敌人，并想取代父亲在父母关系中的地位的性本能。现在，俄狄浦斯情结被广泛地指代女孩的“恋父情结”和男孩的“恋母情结”。

弗洛伊德认为，性器期是儿童人格发展的最重要的时期，因为这个时期儿童所建立的本我、自我和超我三者的关系决定着个体人格发展的基本方向。但是，这个阶段很容易发生停滞，导致个体后来出现攻击、性偏离等许多行为问题。

4. 潜伏期

5—12 岁为儿童发展的潜伏期。在这个阶段，性冲动进入了暂时停止活动的时期，在儿童身体中几乎找不到一个力比多集中的区域。这一时期儿童倾向于与同伴交往，性冲动有目的地转向学习、体育等社会允许的各种活动中，并获得各种行为规范和社会价值观，促进超我的发展。

潜伏期的儿童性别界限非常清楚，通常都分开做游戏。这个时期是一个相当平静的时期，儿童在前三个时期形成的感觉、情结和各种关于性的记忆都被逐渐遗忘，被压抑的性感觉也不复存在。

5. 青春期

12—20 岁是儿童的青春期，也叫作生殖期。这一时期力比多又重新在身体中活跃起来，并集中在身体的生殖器官上。这一时期异性的爱的倾向占优势。

弗洛伊德认为，这个时期性需求从两性关系中获得满足。如果个体发展顺利进入青春期，个体就具有成人成熟的性心理机能，就会自然而然地寻找异性配偶，娶妻嫁夫，生儿育女。相反，如果个体的性生活受到外部干扰或停滞，可能导致各种性变态甚至会形成病态人格。

表 2–1 弗洛伊德的儿童心理发展阶段

阶　段	年　龄	性敏感区	主要发展任务	性活动会导致的成人性格特点
口唇期	0—1 岁	口、唇、舌、牙齿	断奶	嘴部行为，如抽烟、过度饮食；被动型和易上当
肛门期	1—3 岁	肛门、屁股	如厕训练	杂乱无章、吝啬、固执或相反
性器期	3—7 岁	生殖器	俄狄浦斯情结	虚荣、莽撞或相反
潜伏期	5—12 岁	无特定区域	防御机制的发展	无
青春期	12—20 岁	生殖器	成熟的亲密行为	成功完成早期阶段的人，会对他人产生真诚的兴趣并具有成熟的性特征

（四）评价

20 世纪以来，凡是与人类精神生活有关的科学文化活动以及探讨人的本质的形形色色的理论学说，或多或少都烙上了弗洛伊德的印记。弗洛伊德的精神分析理论对心理学的发展产生了巨大的影响。

第一，弗洛伊德的精神分析理论开辟了潜意识心理学研究的先河，这是他最重要的历史功绩。弗洛伊德不仅研究心理学现象的表面价值，而且力图探求在心理现象背后所隐匿的精神作用。这比以往的心理学家对人的内心认识更加深刻。美国著名心理学家霍尔曾说："从心理学的历史发展来看，现代心理学创始人冯特（Wilhelm Wundt）所忽视的潜意识问题，正是弗洛伊德所重视的问题。"

第二，弗洛伊德的精神分析理论强调儿童的早期经验对人格发展的重大意义，这对成人的儿童抚养观产生了重要影响。这一理论特别强调人格的形成与儿童早期经验有关，与父母对儿童的教养有关，儿童人格发展受到阻碍，多是因为成人对儿童的教育和训练不当所致，所以应当关注个体早期经历对于其日后发展的影响。比如，父母认识到，在儿童发展的口唇期应该给予儿童大量的机会使其得到拥抱并满足他们吮吸的需要；再如，在儿童发展的肛门期，不应该太早尝试如厕训练，也不应该以惩罚的方式进行。

第三，弗洛伊德重视人类情感发展的研究，提倡利用宣泄等方式减轻儿童的压力，对儿童实施正确的性教育，并将唯乐原则与现实原则应用于教育领域，这在今天的教育中仍旧发挥着重要影响。

然而，也有人对弗洛伊德的精神分析理论提出疑问，一方面认为其过于强调早期的本能冲动，有泛性论的倾向，即他把人类的所有行为都视为由性本能驱使，贬低了人类理智的价值；另一方面，弗洛伊德的精神分析理论的客观性和科学性有待商榷，因为其许多观点是出于主观臆想和逻辑演绎的，既没有事实依据，也无从加以客观的验证。

二、埃里克森的社会心理发展理论

（一）埃里克森的社会心理发展理论

埃里克森认为人的本性最初既不好也不坏，有向任何方向发展的可能性。他认为个体人格的发展既是连续的也是分阶段的，每个阶段都包含两个对立的受文化制约的特定发展任务，他强调每一个阶段都是发展的关键期，但是如果某一阶段的发展任务没有解决好，到后面的阶段还可以通过适当的途径进行补偿。

拓展阅读

埃里克·H·埃里克森

埃里克·H·埃里克森（Erik H. Erikson，1902—1994）是美国著名的精神病医生，是当代著名的精神分析学家，是精神分析与人类发展学科的领袖人物之一。埃里克森师从弗洛伊德的女儿安娜·弗洛伊德（Anna Freud），他学习了弗洛伊德的理论和当时的新精神分析学派的理论，并在此基础上形成了自己的社会心理发展阶段论。一方面，埃里克森吸收了弗洛伊德精神分析学说的精华和营养，另一方面，他又根据自己临床研究和人种学研究的经验发展了弗洛伊德的理论，提出了自己独特的见解。埃里克森的心理社会发展阶段论为心理学、神经精神病学等学科领域的发展做出了重大贡献。

▲ 图2-6 埃里克·H·埃里克森

埃里克森强调自我在人格结构中的作用，认为自我在人格发展中的作用不亚于本我。他认为，自我不仅扮演本我冲动与超我要求之间调解者的角色，自我本身也在发展，它能克服本我，控制性欲的方向。

埃里克森强调在人的发展过程中自我与社会环境的相互作用，他认为人的发展是自我同一性渐成的过程。自我同一性是指个体对自己的本质、信仰和一生中的重要方面前后一致及较完善的意识，个人的内部状态与外部环境的整合和协调一致。他把个体从出生到临终的一生称为生命周期，在这个周期中始终贯穿自我同一性的形成。自我同一性的形成在个体成长过程中遵循着渐成的原则，即任何生长的东西都有一个基本方案，各个部分从这个方案中发生，每一部分在某一时间各具有其特殊优势，直到所有部分都发生，进而形成一个有功能的整体。埃里克森根据这一原则详细分析了个体一生的人格发展过程，将人格发展分为八个阶段，并认为在个体人格发展的每一个阶段，社会对个体的自我都提出了新的适应性要求，这一要求反映到个体内部就构成了人格发展每一阶段的独特的心理冲突，即情绪危机。自我矛盾冲突的两极所处的位置决定了危机以何种方式解决，如果矛盾积极的一方占上风则自我会健康发展，反之则产生正常人格的偏离。

埃里克森将人的一生分为八个阶段，每个阶段都面临一对危机或冲突，要想顺利进入下一个发展阶段，就必须先解决好当前所面临的危机。这八个阶段如表 2–2 所示。

表 2–2　埃里克森的心理发展阶段

年　龄	面临的发展危机	充分解决危机	不充分解决危机
0—1 岁	基本信任对不信任	基本信任感	不安全感、焦虑
1—3 岁	自主对羞怯和疑虑	感到自己的力量，获得自主性，体验意志的实现	自认为无能耐，产生羞耻感
4—6 岁	主动对内疚	相信自己是发起者、创造者	感到自己没有价值
7—12 岁	勤奋对自卑	丰富的社会技能和认知技能，体验能力的实现	缺乏自信心，有失败感
13—18 岁	同一性对角色混乱	自我认同感形成，明白自己是谁，接受并欣赏自己	感到充满混乱，变化不定，不清楚自己是谁
19—24 岁	亲密对孤独	有能力与他人建立亲密的、需要承诺的关系，体验爱情的实现	感到孤独、隔绝；否认需要亲密感
25—65 岁	繁殖对停滞	更关注家庭、社会和后代，体验关怀的实现	过分自我关注，缺乏未来的定向
65 岁之后	自我实现对失望	完善感，对自己一生感到满足，体验智慧的实现	感到无用和沮丧

（二）埃里克森与弗洛伊德心理发展理论的比较

埃里克森的新精神分析理论与弗洛伊德的精神分析理论相比，主要有以下几个突出的特点：

第一，埃里克森将心理发展放在了社会发展的背景下。埃里克森不再将心理发展局限于心理性欲的范围，而是认为发展是内在本能与外部文化和社会要求相互作用的结果，他将自我放在心理与社会相互作用中，更多强调社会因素（如：同伴、教师、学校和文化）的影响。

第二，埃里克森将弗洛伊德的心理发展阶段扩展到了老年。埃里克森认为人格的发展并非止于青春期，而是终其一生的，每个阶段都有相应的发展任务。他坚信人类在成年期将会继续发展，并认为发展健康的人格特征才是人类发展应追求的目标，因此他的理论是基于健康人格特征而非异常者的治疗和成长。

第三，埃里克森强调理性的自我。埃里克森对人本性持有更为积极的观点，认为人在发展中是主动的，在很大程度上是理性的，儿童并不是被动地受环境的影响，而是主动的探索者，能够适应环境并希望控制环境，而且能够克服有害的早期经验的影响。

第二节 行为主义理论

与精神分析理论一样，行为主义理论也是20世纪上半叶在西方盛极一时的现代心理学理论。行为主义反对心理学研究意识和心灵，主张把人的行为作为心理学的研究对象，突出特点是强调环境对人行为的影响。行为主义理论的创始人是美国心理学家华生（John Broadus Watson），代表人物还有斯金纳（Burrhus Frederic Skinner）、班杜拉（A. Bandura）等。本节根据不同的刺激到反应的过程是否要经过有机体内部行为活动这一中介的观点的发展，将行为主义理论分为旧行为主义发展观和新行为主义发展观两个部分，并依次展开介绍。

一、旧行为主义发展观

旧行为主义发展观的代表人物是行为主义理论的创始人华生。他曾经有一句非常著名的话："给我一打健全的婴儿，我可以保证，在其中随机选出一个，都可以训练成为我所选定的任何类型的人物——医生、律师、艺术家、商人，甚至乞丐、小偷，不用考虑他的天赋、倾向、能力，祖先的职业与种族。"这句话集中体现了其行为主义理论的心理发展的环境决定论的观点。

（一）华生和行为主义理论

华生研究行为主义理论的基本出发点是反对传统心理学的内省，提倡研究外显的行为，提倡将心理学客观化，这是华生创造的行为主义心理学的最基本的理论。在研究对象上，华生批判了当时将研究重心放在意识、经验、精神等一些内在的、不可见的对象上的传统心理学，而是主张将重心转移到外在的、可见的外显行为上。在研究方法上，华生抛弃内省法，采用可量化、可操作的客观观察和实验等科学的研究方法。华生行为主义理论的核心观点是环境决定论。

拓展阅读

约翰·华生

▲ 图2-7 约翰·华生

约翰·华生（J. B. Watson，1878—1958），出生于美国南卡罗来纳州的格林维尔。华生小时候并不是个好学生，他有点懒、不听话、好争斗并且学业成绩不好，只能勉强升级。在大学阶段华生开始刻苦学习，1903年在芝加哥大学获得哲学博士学位后，华生成为约翰·霍普金斯大学的教授，在这里他开始做大量的动物行为实验，开始酝酿他的行为主义理论。1914年，华生接触到巴甫洛夫（Ivan P. Pavolov）的著作，把巴甫洛夫提出的条件反射行为作为行为主义理论的基石。两年后，华生开始研究儿童心理，并于1928年出版了《儿童的心理护理》一书，在书中华生坚持自己的行为主义立场，强调环境对儿童心理发展的绝对影响。

巴甫洛夫的经典条件反射理论

俄国生理学家巴甫洛夫于1904年在研究消化现象时，观察了狗的唾液分泌，注意到狗听到饲养员的脚步声时就会分泌唾液，但饲养员的脚步声并不是引起狗唾液分泌的自然刺激物，而是因为饲养员与食物之间建立起了联系，从而使狗分泌唾液。于是，巴甫洛夫开始对此进行实验研究。

▲ 图2-8 巴甫洛夫

实验中，巴甫洛夫向饥饿的狗呈现一个肉团，我们可以将肉团称为无条件刺激（unconditioned stimulus，UCS），狗开始分泌唾液，我们可以将这个反应称为无条件反应（unconditioned response，UR），然后巴甫洛夫经常在呈现肉团之前反复使用节拍器制造滴答声作为中性刺激（neutral stimulus，NS）。实验开始时，节拍器的声音并不能引起狗唾液的分泌，但是当实验快要结束时，狗对节拍器发出的声音作出反应，在肉团出现之前就开始分泌唾液。这时，节拍器变成了条件刺激，引起了和无条件反应类似的条件反应。实验程序如表2-3所示。

表2-3 实验程序

阶段	刺　激	反　应
1	无条件刺激（UCS）（肉团）	无条件反应（UR）（分泌唾液）
2	条件刺激（CS）（节拍器），然后呈现无条件刺激（肉团）	无条件反应（分泌唾液）
3	条件刺激（节拍器）	条件反应（CR）（分泌唾液）

巴甫洛夫的实验具有重要意义，行为主义学派的创始人华生主张一切行为都应当以巴甫洛夫的经典条件反射为基础。

（二）环境决定论

从某种意义上说，华生是一名极端的环境论决定者，正如他自己所说的，他可以将一打健全的婴儿训练成其所选定的任何类型的人物。华生否认遗传的作用，将环境和教育作为人类发展的唯一条件。

华生认为，一切行为的习得都可以用刺激（stimulus，S）—反应（response，R）公式来解释。刺激即外部环境及机体内部环境发生的一切变化，反应指的是机体内部环境发生的一切变化，分为外显的反应（可通过外部观察到的行为反应）和内隐的反应（需要通过仪器才能测查到的机体内部的反应）。华生认可机体中肌肉、器官等外在的遗传，但是完全否认行为的遗传。他认为儿童的行为习得与先天的遗传没有任何关系，后天的环境和教育才是儿童行为习得的关键。同时，他将这一观点推进到了情绪的习得上，认为情绪是后天习得的，复杂的情绪反应是简单情绪反应经过条件反射的作用形成的。

拓展阅读

华生的儿童恐惧情绪形成实验[①]

华生首次用条件反射法研究了儿童恐惧情绪的发生与发展。这就是著名的儿童恐惧形成实验。

华生从孤儿院里找来一个刚刚出生 11 个月名叫阿尔伯特（Albert）的婴儿作为实验的被试。他的第一个实验是想使阿尔伯特对小白鼠产生恐惧反应。实验之前，华生发现孩子听到大的声音和失去支持时，便会产生恐惧反应，还发现不管是什么东西，只要距离他在 12 英寸之内，阿尔伯特就会想方设法得到它，得到之后便摆弄它玩儿。华生还发现，这个孩子对巨大声响的反应同其他孩子的反应是一样的。华生找来一根直径 1 英寸，长 3 英尺的钢棍，当他用锤子敲击这根钢棍时，孩子便产生明显的恐惧反应。

▲ 图2-9　儿童恐惧情绪形成实验

在做完上述预备实验之后，华生便开始进行正式的实验。他先让阿尔伯特玩弄一只小白鼠，孩子玩得很高兴，几周之内毫无惧怕的迹象。有一天，正当阿尔伯特伸手去触摸那只小白鼠时，华生用锤子猛敲那根钢棍，发出很强的噪声，使阿尔伯特产生了很不愉快的感觉。以后，华生便重复地这样做，每当孩子伸手触摸小白鼠时，华生便敲击钢棍，孩子则猛然跳起然后跌倒，继而哭泣。这种做法显然给阿尔伯特留下

① 张厚粲．行为主义心理学［M］．杭州：浙江教育出版社，2003：67—68.

了很深的印象。一周之后华生又让阿尔伯特玩弄小白鼠，这时孩子对动物不怎么感兴趣，看起来有点胆怯。在进行本实验之前，阿尔伯特是不怕小白鼠的，而这一实验重复多次之后，他不但惧怕小白鼠，而且害怕兔子，害怕用海豹皮做的衣服外套和棉花等一切带毛的物品。

非常遗憾的是，当华生意图通过另一项实验来消除阿尔伯特对小白鼠及一切带毛物体的恐惧时，阿尔伯特离开了孤儿院。

（三）评价

华生的行为主义心理发展观的主要贡献体现在以下两个方面：

第一，将心理学研究客观化。华生的理论非常简洁，并且可以通过实验证明。他不承认意识的存在，重视观察和实验，将研究对象和研究方法都进行了客观化处理，对心理学的发展做出了巨大贡献，推动了心理学科学化的发展。

第二，重视环境与教育的作用。华生的理论反对统一的教育标准，为儿童学习理论的发展打下了良好的理论基础，对教育有着积极的意义。直到今天，华生的行为主义理论仍然在课堂教学和学校教育中发挥着重要作用。

但是，华生的理论也存在着局限性，主要体现在以下几点：

首先，华生采用实验法在实验室进行研究，缺乏生态效度。华生使用了很多实验室实验的结果来证明他的理论，而儿童在生活中所受到的各种复杂影响是很难通过实验来模拟的。另外，华生在实验室实验中的道德问题也值得深思。

其次，华生很少关注儿童认知的发展。认知发展心理学家认为，儿童对于环境的反应和其所受到的影响在很大程度上依赖于他们的认知发展水平，处于不同认知发展水平的儿童所受到的影响是不同的，而华生完全忽略了这一点。

再者，华生过分夸大了环境与教育的作用，几乎完全否认了遗传的影响。华生将儿童的个体差异完全归因于他们所处的成长环境，这是典型的教育万能论的观点。

最后，华生否定了儿童的主动性、能动性和创造性。华生将儿童放在被动的位置上加以教育，认为儿童的教育只是被动的接受，忽视了儿童内心的发展，否认了人的主观世界，片面强调环境决定论。

二、新行为主义发展观

在华生旧行为主义发展观的基础上，新行为主义发展观逐渐发展起来。与旧行为主义发展观不同，新行为主义发展观认为行为不由刺激决定，而是经过有机体的内部行为活动这一中介引发，因而强化了儿童在行为习得过程中的重要作用。新行为主义发展观的代表人物主要有斯金纳和班杜拉。

（一）斯金纳的操作性条件反射理论

斯金纳是美国行为主义心理学家，新行为主义的创始人，操作性条件反射理论的奠基者。

▲ 图2-10 斯金纳

与华生相比，斯金纳更强调操作性条件反射在儿童心理发展中的作用。斯金纳将人的行为划分为两种：应答性行为（respondents）和操作性行为（operants）。应答性行为是指由某种特定的刺激所引起的行为，如食物引起唾液分泌等；操作性行为是指自发的行为，如跑步、绘画等。斯金纳认为，人类的大部分行为都是操作性行为，这些行为与即时强化有关。相应地，条件作用也被分为应答性条件作用和操作性条件作用两类，应答性条件作用是指反应是由刺激引起的，遵循 S—R 公式，而操作性条件作用注重行为之后的强化，属于 S—R—S 模型。20 世纪 30 年代，斯金纳发明了一种叫作斯金纳箱的仪器，用来研究动物学习活动。

拓展阅读

斯金纳箱

斯金纳自制了一套自由压杆箱来研究动物的行为。斯金纳在箱子中设置了一根杠杆，每压动一次杠杆，就有一枚食物从箱外落入箱中。经典的小白鼠与自由压杆箱实验就是在斯金纳箱中进行的。

斯金纳将一只饥饿的小白鼠关入箱中，初入压杆箱的小白鼠并不知道压杆箱的作用，只是在箱中随意跑动寻找食物，如果小白鼠一不小心碰到压杆获得了食物，这一行为就得到了一次强化。之后小白鼠进行了若干次错误的尝试，并且每次碰到压杆都获得了食物，于是碰到压杆获得食物这一行为被不断强化，最终小白鼠在饥饿的时候就会直接去碰杠杆获得食物，习得了碰杠杆获取食物的这一行为。

我们将小白鼠自由地压杠杆的这一行为称为操作，每次压动杠杆获得的食物我们称其为强化物，目的是增强反应行为。斯金纳把这种操作性行为形成的规律叫作操作性条件强化作用，即在一个行为产生以后，若紧接着出现强化刺激，那么这个行为发生的概率就会增加。通过条件作用习得的行为，如果出现后不再有强化刺激尾随，那么这个行为发生的概率就会逐渐减弱，甚至完全消失，这就是反应的消退。

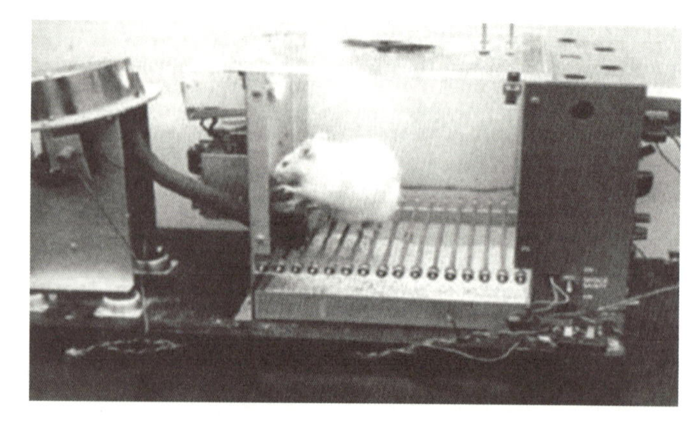

▲ 图2-11 斯金纳箱

斯金纳将强化物分为一级强化物和二级强化物，食物、水、安全等刺激是基本的生存条件，满足人和动物基本的生理需要，属于一级强化物。二级强化物是指任何一个中性刺激与一级强化物反复联合后获得自身的强化性质的刺激物。

在强化理论中，斯金纳强调强化是儿童行为塑造的基础，不实行强化，儿童的行为会渐渐消退。他根据强化物的性质将强化分为正强化、负强化和惩罚。

正强化（positive reinforcement）是指通过呈现对个体有益或愉快的刺激，增强某种反应发生的概率；负强化（negative reinforcement）是指通过撤销对个体有害或厌恶的刺激来增强反应发生的概率。无论正强化和负强化，其结果都是为了增加反应发生的概率，只是采取的方式不同。需要注意的是，负强化不同于惩罚，惩罚（punish）是通过呈现厌恶刺激或撤销愉快刺激来降低或消除行为发生的概率。

斯金纳的操作性条件理论运用在儿童发展中，不仅适用于对儿童新行为的塑造，而且可以用于对儿童不良行为的矫正。但是，斯金纳强调在抚养儿童方面的正强化的力量，不提倡采用身体惩罚的方式。在斯金纳看来，儿童的不良行为主要是由于控制不良、强化不当尤其是惩罚过度造成的，因此，要矫正儿童的不良行为，最好的方式是对这些行为给予漠视和不理睬。不过，对一些严重违规的行为，斯金纳也认为需要给予一定程度的惩罚，并给出了惩罚有效的条件，如：犯错之后立即实行；在每一次犯错误之后始终如一地实行；不过于苛刻；伴随着解释；由一个有深厚感情的人来实行；伴随着对更令人满意行为的强化等。

在儿童教育方面，斯金纳依据尽可能避免外界一切不良刺激，创造适宜儿童发展的一切良好环境的思想，提出了育婴箱（baby in a box）的设想。

拓展阅读

斯金纳的育婴箱

当斯金纳的第一个孩子出生时，他决定做一个新的经过改进的摇篮，这就是斯金纳的育婴箱（如图 2-12 所示）。

斯金纳是这样描述他的育婴箱的：光线可以直接透过宽大的玻璃窗照射到箱内，箱内干燥并可以自动调温，无菌、无毒、隔音，箱内的活动范围大，除尿布外无多余衣布，婴儿可以在里面睡觉、游戏，箱壁安全，挂有玩具等刺激物，可以不必担心婴儿着凉和患上湿疹一类的疾病。

斯金纳的育婴箱是斯金纳研究操作性条件反射作用的又一杰作。这种设计的思想是要尽可能避免外界一切不良刺激，创造适宜儿童发展的行为环境，养育身心健康的儿童。

▲ 图2-12　斯金纳的育婴箱

（二）班杜拉的社会学习理论

拓展阅读

阿尔伯特・班杜拉

阿尔伯特・班杜拉（Albert Bandura，1925—2021）是新行为主义的主要代表人物之一，社会学习理论的创始人，认知理论之父，是美国当代著名心理学家。班杜拉坚持行为主义的客观性原则，不仅从个体的经验及结果方面研究学习的过程，更注重社会因素、社会规范、榜样作用在行为控制中的作用。

▲ 图2-13　阿尔伯特・班杜拉

班杜拉的社会学习理论中的一个基本概念是观察学习。他将观察学习界定为通过对他人的行为及其强化性结果的观察而获得的某些新的行为或将现存的行为进行矫正。1961 年，班杜拉及其助手在斯坦福大学进行了著名的"波比娃娃"（一种充气娃娃）实验（如图 2-14 所示）。实验者把儿童分为两组，分别观看电影中的成人榜样对波比娃娃表现出踢、打等攻击行为的情节。甲组儿童看到的电影结尾是成人榜样受到奖励，乙组儿童看到的电影结尾是成人榜样受到惩罚。随后，实验者让儿童进入一间有与电影中同样的充气娃娃的游戏室自由游戏，实验者通过单向玻璃对儿童进行观察。结果发现，甲组儿童比乙组儿童表现出更多的攻

▲ 图2-14　"波比娃娃"实验中儿童的攻击行为

击行为。根据实验结果，班杜拉认为，个体可以只通过观察他人行为就习得新的反应，儿童从动作的模仿到语言的掌握及人格的形成都可以通过观察学习来完成。

班杜拉提出，学习过程有四个阶段，分别是：第一，注意过程，这是观察学习的第一步，是对榜样的探索和感知的过程；第二，保持过程，即暂时的经验以符号的形式保持在记忆系统中；第三，运动再现过程，即观察者组织各种技能以生成新的反应模式；第四，动机过程，即激发和维持人的观察学习活动的过程。注意过程是观察学习的第一步，运动再现过程是观察学习的中心环节，而动机过程贯穿观察学习的始终，决定着观察者是否将观察所学到的能力付诸实践。

观察学习不同于经典行为主义的“刺激—反应”学习，即学习者先有行为反应随后获得直接强化而完成，观察学习可以不必直接作出反应，也无须亲自体验强化，它只是通过观察他人在一定环境中的行为以及行为所受到的强化，从而完成学习的过程。即行为的习得不一定需要强化，特别是不一定需要直接强化，而是通过观察他人的行为和替代强化来获得。

因此，班杜拉将强化分为三种，分别是直接强化、替代强化和自我强化。直接强化是指通过外界因素对学习者的行为进行干预，如：奖励、赞扬或者批评。替代强化是学习者看到他人的成功和赞扬行为，就会增强产生同样行为的倾向，看到失败或受罚的行为，就会削弱和抑制发生这种行为的倾向。自我强化是指个体达到自己设定的标准时，以自己能支配的报酬来增强、维持自己行为的过程，如：自豪感、羞耻感和胜任感等。

与旧行为主义的环境决定论不同，班杜拉的新行为主义推崇双向决定论，认为社会学习是双向决定的过程，人的发展反映了人、人的行为和环境间的交互作用，人、行为和环境之间的关系是双向的，儿童可以通过自己的行为来影响环境。

表 2-4　行为主义理论小结

理　论	主要观点	优　点	局　限
华生的经典条件反射理论	学习的发生是因为中性刺激和自然刺激产生紧密联系，以致产生同样的反应模式	有助于解释情绪发生，如恐惧的习得	对行为变化的解释用于揭示人类发展十分有限
斯金纳的操作性条件反射理论	发展意味着行为的改变，其主要由强化和惩罚造成	为理解、控制个体行为提供了很多有用的策略	人类并不像斯金纳认为的那么被动；该理论忽略了发展中还存在的遗传、认知、情绪以及社会因素
班杜拉的社会学习理论	学习来自榜样这一过程依赖于个体对情境的认知和情绪上的解释	解释了模仿是如何影响个体行为的，和其他学习理论相比，加入了认知、情绪等因素后，对发展的解释更加深入	该理论并不能对发展进行全面的描述

第三节 皮亚杰的认知发展理论

拓展阅读

让·皮亚杰

让·皮亚杰（Jean Piaget，1896—1980），瑞士儿童心理学家，是迄今为止在儿童心理发展史上最具影响力的理论家之一。他一生留给后人六十多本专著、五百多篇论文，获得几十个名誉博士、荣誉教授和荣誉科学院士的称号。皮亚杰关注儿童的认知发展，用实验的方法研究认识的起源，通过儿童心理学把生物学与认识论、逻辑学结合起来，从而将传统的认识论改造成为一门实证的实验科学，创立了发生认识论这一新的学科。

▲ 图2-15 让·皮亚杰

皮亚杰的研究始于对自己三个孩子的婴儿期的仔细观察。他观察孩子们如何探索新的玩具、提出简单的问题以及如何逐渐认识自己和外部世界，从而得出研究结论。后来，皮亚杰开始运用临床谈话法对更大样本的儿童进行研究。临床谈话法是一种灵活的问答技术，皮亚杰运用这种方法揭示不同年龄的儿童如何解决每天产生的各种各样的问题和想法。从对儿童的游戏规则到物理法则等活动主题的自然观察中，皮亚杰建构了他的发生认识论和认知发展阶段论。

拓展阅读

皮亚杰的临床谈话法

单纯的观察法虽具有“真实性”的优点，但它不可能保证为我们提供对某一问题深入研究所需要的足够信息。皮亚杰首创的临床谈话法是在单纯观察法的基础上，汲取实验法的长处而创造出来的对儿童智慧进行研究的方法。它的最终目的是要求研究者通过谈话和观察能抓住隐藏在儿童言行表面现象之后的本质东西。下面是皮亚杰（P）和6岁的Van（V）之间交流的片段：

P：为什么夜晚是黑的？

V：因为我们要睡得更好，所以屋子里应该是黑的。

P：黑暗是从哪里来的？

V：因为天空变得灰暗。

P：是什么使天空变得灰暗？

V：云变黑了。

P：怎样变的？

V：上帝使云变黑了。

一、发生认识论

发生认识论由皮亚杰创立，是皮亚杰根据对儿童心理发展的研究和其他学科有关认识论的研究，使用实验的方法研究认知的起源，从而提出的一种关于认识论的理论。皮亚杰主要是从生物学出发，通过心理学的桥梁来达到认识论的结论。因此，发生认识论是跨学科的理论。

皮亚杰受自己动物学背景的影响，将智力定义为帮助有机体适应环境的一种基本生命功能。他认为智力是所有认知结构趋于平衡的状态，这种平衡的状态就是认知平衡。而达到这种平衡的过程称为平衡化。皮亚杰认为，儿童的思维模式和环境间的不平衡促使他们进行心理调适，以解决面临的新困惑，并恢复认知平衡。皮亚杰将儿童看作一个建构者，儿童对事物的理解依赖于其所获取的有关知识的多少。儿童的认知系统越不成熟，对事件的解释就越有限。皮亚杰的发生认识论主要回答我们如何获取知识的问题。

皮亚杰认为，儿童的认知是通过心理结构或者图式的改进和转换得以发展的。图式是无法观察到的心理系统，是智力的基础，一个图式就是一种思维或者活动的模式，常常被看作是儿童用于理解周围世界的一些基础知识。因此，皮亚杰认为认知发展就是图式或者结构的发展，而所有的图式都是通过两种天生的智力加工过程得到的，即组织和适应。

组织是一种加工过程，儿童通过组织已有图式，合成新的更为复杂的图式。儿童不断地将自己已有的各种图式转化为更为复杂和更具适应性的结构。

组织的目的是促进有机体的适应，即通过调整以适应环境需求。皮亚杰认为，适应是通过两个互补的活动实现的，即同化和顺应。同化是主体将新鲜的知识或刺激纳入已有图式中的过程，通过同化，个体原有的图式会得到扩充和丰富。例如，儿童认为有翅膀、会飞的动物是鸟，于是当看到自己从未见过的有翅膀的喜鹊、鸽子，他们都可以归入已有经验，将它们定义为鸟。但是，单靠同化是不足以解释所有新鲜事物的，还需要顺应。顺应是指主体改变已有的图式来吸收和理解新经验的过程。例如，当儿童看到鸵鸟，鸵鸟有翅膀但是不会飞，却还是鸟，这时候儿童就需要改变原有的图式，将原有的图式变成新的图式，即鸟类有翅膀和羽毛，但是不一定会飞。同化是图式数量上的变化，而顺应是图式质量上的变化。

皮亚杰的发生认识论强调，认知发展是一个主动建构的过程。儿童常常寻求且同化着新的经验，并调整原有的图式去顺应新的经验，将原有的图式建构成新的、更为复杂的图式。

表 2-5　皮亚杰发生认识论中的几个关键概念①

概念	定　　义	举　　例
平衡	个人图式和经验之间的和谐状态	只见过鸟的学步儿会认为所有会飞的东西都是鸟
同化	根据已有图式解释新的经验，从而适应新经验	儿童把天空中的飞机也叫作小鸟

① David R. Shaffer, Katherine Kipp. 发展心理学（第九版）[M]. 邹泓，等译. 北京：中国轻工业出版社，2017：208.

续 表

概念	定　义	举　例
顺应	改变已有图式来更好地理解新经验	当学步儿意识到这种新的鸟既没有羽毛也不能拍打翅膀时，内心就会体验到冲突或不平衡。于是他得出结论，这不是鸟，并给它起了一个新的名字（或询问："这是什么？"），至少在当时，他能够成功地通过顺应达到平衡
组织	重组已有图式，形成新的、更复杂的结构	形成一个层级图式，包括一个上位概念（飞行物体）和两个下位概念（鸟和飞机）

根据发生认识论的观点，影响儿童发展的主要因素有四点，分别是为儿童发展提供可能性的成熟因素，物理经验及数理逻辑经验，社会传递即文化的影响和平衡化。

二、认知发展阶段论

皮亚杰把认知发展划分为四个阶段：感知运动阶段（0—2岁）、前运算阶段（2—7岁）、具体运算阶段（7—11岁）和形式运算阶段（11岁以后）。这些发展阶段代表了存在质的不同的认知功能和形式的水平，即所有的儿童都严格按照同样的顺序发展，每一个阶段都建立在前一阶段发展完成的基础上，是不可能逾越的。但是，尽管这些阶段是不可逾越的，不同儿童个体之间也有很大的差异，文化及其他环境因素的影响可以促进或延缓儿童智力的发展速度。

（一）感知运动阶段（0—2岁）

在感知运动阶段，由于语言和表象尚未产生，儿童主要靠感知和动作来接触和适应外界环境。儿童通过不断地与外界交往，动作慢慢地协调起来，并逐渐知道自己的动作及其对外物所引起的效果之间的关系，开始有意识地做某个活动。这一阶段是儿童思维的萌芽阶段。感知运动阶段的标志是客体永久性的出现。这个阶段儿童的发展主要有三个特点：

第一，逐渐形成客体永久性的意识。当一个物体在儿童面前时，他知道这个物体是存在的；而当这个物体不在眼前时，他能意识到这个物体仍然是存在的。

拓展阅读

客体永久性

客体永久性是指脱离了对物体的感知后，婴儿仍然相信该物体持续存在。皮亚杰认为，婴儿在出生后的头几个月里不存在客体永久性的概念，具体表现为当一个原先存在于婴儿视野中的物体从他们的视野中消失后，婴儿就不会再去寻找或抓握，表明他们以为物体消失了，就不存在了。如图2-16所示，把婴儿前面的大象用白纸板遮挡住以后（a），婴儿望向别处，不再寻找了（b）。“客体永久性”的获得则恰恰相反，它表明即使物体不在眼前，看不见、摸不着，但儿童也依然知道这个物体还是继续存在的，会继续寻找从他们视线中消失的物体（如图 2-17 所示）。“捉迷藏”是婴儿获得“客体永久性”概念后的游戏见证（如图 2-18 所示）。

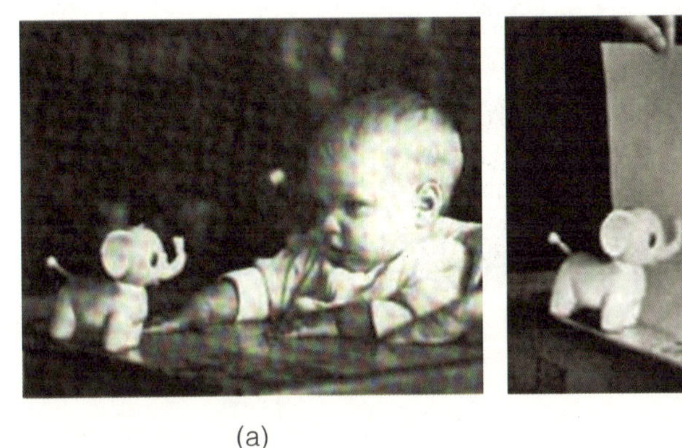
(a)

(b)

▲ 图2-16 尚未获得客体永久性观念的婴儿不会继续寻找眼前消失的物体

(a)

(b)

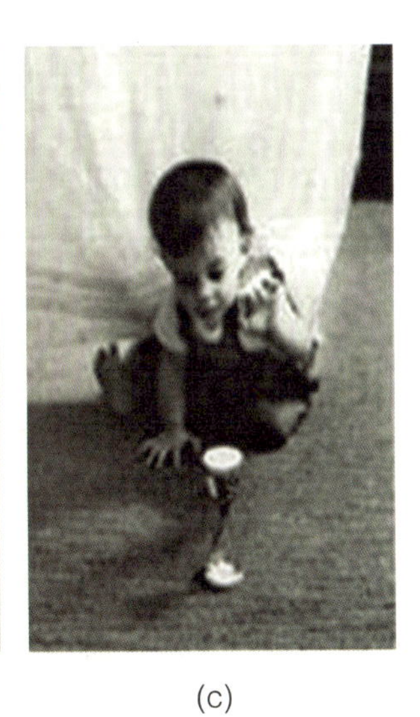
(c)

▲ 图2-17 已经获得客体永久性观念的婴儿会继续追寻眼前遮盖的物体

第二，“空间—时间”组织达到一定水平。儿童在建立客体永久性寻找物体时，必须通过在空间上定位来找到它，又由于这种定位总是遵循一定的顺序发生的，故儿童还会同时建构时间的连续性。

第三，出现了因果性认识的萌芽。这与儿童客体永久性意识的建立及“空间—时间”组织达到一定的水平密不可分。儿童最初的因果性认识产生于自己的动作与动作结果的分化，然后扩及客体之间的运动关系。当儿童能运用一系列协调的动作实现某个目的时，就意味着因果性认识已经产生了。

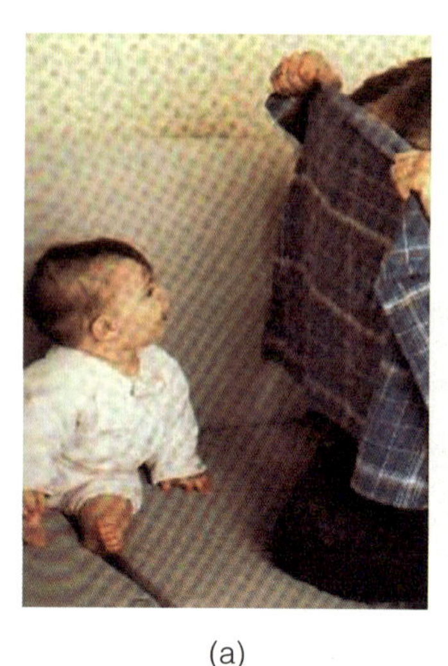
(a)

(b)

图 2-18　捉迷藏是婴儿获得客体永久性观念后的游戏见证

（二）前运算阶段（2—7 岁）

这一阶段的标志是符号功能的出现，即儿童已经能使用语言及符号等表征外在事物。他们开始从有很强的好奇心、凡事都要动手操作的婴幼儿，转变为使用符号且有思维能力的儿童，这是一件非常了不起的事情。例如，由于 2—3 岁的儿童能够使用词汇和表象表征经验，所以他们完全能够重建过去的经验，并对不在眼前的事物进行思考甚至比较。

尽管皮亚杰把符号的使用视为儿童思维的一个非常重要的新的优势，但是他对前运算阶段智力的描述还主要集中在儿童思维的局限上。实际上，皮亚杰之所以把这一阶段称为“前运算”，是因为他认为学前儿童还没有获得能够进行逻辑思维的运算图式。前运算阶段指的是儿童处于运算之前并为运算做准备的阶段。皮亚杰所说的运算，并不是我们日常生活中所说的加减乘除四则运算，而是一个特定的概念，指的是内化的、可逆的动作，即外部动作在头脑内部进行的一种具有可逆性的心理操作。此阶段的儿童思维不具可逆性，是以自我为中心的表征活动阶段。

皮亚杰把前运算阶段儿童的思维叫作自我中心思维。自我中心思维是指儿童只能从自己的角度看问题，而意识不到他人的观点。皮亚杰通过著名的三山实验说明了这一点。

拓展阅读

三山实验

皮亚杰对于儿童去自我中心化何时出现的观点是建立在三山实验任务的基础上的。

实验是这样进行的：实验者在一个立体沙丘模型上错落摆放了三座山丘，首先让儿童从前后、左右不同方位观察这座模型，然后让儿童看四张从前后、左右四个方位所拍摄的沙丘的照片，让他指出和自己站在不同方位的另外一人（实验者或娃娃）所看到的沙丘情景与哪张照片一样。

实验证明，前运算阶段的儿童无一例外地认为别人在另一个角度看到的沙丘和自己所站的角度看到的沙丘是一样的。

但是，后来有学者对皮亚杰的三山实验提出疑问，认为让儿童将实物和照片相对应需要进行双重编码，即需要儿童理解以实物（立体的、三维的）和照片（平面的、二维的）两种形式来表征事物，这对儿童来说是很困难的，因此任务的难度不在于找到对面的人看到的山，而变成了将山这个实物与照片相对应。后来学者设计了新的实验证明，3 岁左右儿童的思维已经有了非自我中心性。

▲ 图2-19　三山实验

处于前运算阶段的儿童尚未获得守恒概念。皮亚杰经过一系列守恒实验，发现学前儿童是不具备守恒概念的，儿童会认为将一个高而细的容器中的所有水倒入矮而粗的容器中后，水就变少了。皮亚杰认为，这与儿童不能同时关注问题的多个方面和不具有可逆性思维有关。

(a)

(b)

(c)

▲ 图2-20　容积守恒实验

拓展阅读

守恒实验

1. 数量守恒实验

皮亚杰将 7 个鸡蛋与 7 个玻璃杯一一对应地排列着，问年幼儿童鸡蛋和杯子是否一样多，儿童回答“一样多”。然后，当面将杯子间的距离拉开，使杯子的排列在空间上延长，这时儿童认为杯子比鸡蛋多。这表现为数量不守恒。

2. 质量守恒实验

皮亚杰把一团橡皮泥先搓成圆球形，然后当着儿童的面将圆球形搓成香肠形状，问儿童“圆球”和“香肠”哪一个用的橡皮泥多。一部分儿童认为圆球形状用得多，因为圆球大，而另一部分儿童认为香肠形状用得多，因为它长。这表现为质量不守恒。

3. 容积守恒实验

将两杯同样容积的玻璃杯盛满水，然后当着儿童的面将其中一杯倒入一个细高的量筒内，问儿童哪个里边的水多。一部分儿童认为量筒里的水多，因为它水面高，一部分儿童认为原来杯子里的水多，因为杯子比量筒粗，这表现为容积不守恒。

此外，年幼儿童还表现出对重量、面积、体积、长度的不守恒。实验表明，当物体的量的表现形式改变后，年幼儿童就认为量变化了。这表现出了不守恒现象。

前运算阶段的儿童还表现出泛灵论的逻辑，即认为一切都有生命及生命特征，都是围绕他而存在的。例如，儿童会认为微风吹是因为微风看到自己出汗所以为他带来了凉爽。

（三）具体运算阶段（7—11岁）

具体运算阶段的儿童形成了初步的运算结构，运算获得了可逆性。这一阶段的儿童去自我中心能力得到发展。在同一时间内，儿童已不再局限于集中注意情境或问题的一个方面，而能注意到几个方面，并且也不只注意事物的静止状态，还能注意到动态的转变。正是由于可逆性的出现和去自我中心的发展，儿童出现了守恒的概念。守恒概念是运算结构是否形成的重要指标。一般说来，6—7岁的儿童能掌握连续量守恒（把一个容器内的液体倒入另一个形状不同的容器之中，其量不变）和物质守恒（物质的量不因分割而变化）。9—10岁的儿童能掌握重量守恒（如将泥球捣烂，浸在液体里，所占体积与泥球一样）、长度守恒和面积守恒等。

随着去自我中心能力的发展，儿童开始能站在别人的视角上看问题了，能利用别人的观点来纠正自己的观点，并检查自己解决问题的方法是否正确。然而，虽然儿童去自我中心化的能力得到发展，他们也能将自己的看法和他人的看法调和起来，但并不是都客观化了。事实上，有些成人的思维方式仍是自我中心化的。

（四）形式运算阶段（11岁以后）

形式运算阶段的标志是儿童能够进行假设演绎推理。这一阶段的儿童开始从具体事物中解放出来，能在头脑中将形式与内容区分开来，不需要考虑特定的事物，甚至不需要真实物体的名称，而能运用词语或其他符号进行抽象逻辑思维，能根据假设或命题进行逻辑演绎推理。这标志儿童头脑中的认知结构已经完整地建立起来了，他们的智慧发展趋于成熟。

这一阶段儿童的思维与具体运算阶段相比具有更大的灵活性和可逆性。儿童能自由地支配整个系统进行复杂而完备的推理，而且能根据某些或所有可能的组合去推论一个问题。儿童能对一个问题提出各种可能的假设，并详尽而系统地交换有关因素，逐个论证所提的假设，从而得出一个恰当的结论。这样，他们开始能评价自己和别人的运算，而且能将不同的运算整合成更大范围问题的高一级运算。

处于形式运算阶段的儿童的另外一个特征就是青春期自我中心。青少年会非常关注自己，而且觉得他人也同样关注自己。他们还认为自己的思想具有无穷的力量，自己是无所不能的，完全有能力按照自己的计划来改造社会和改造世界，从而达到理想的境界。

形式运算阶段，是智慧发展的最高阶段，但由于个别差异和教育的限制，许多人达不到这一阶段，或只能在特定的（如熟悉的或经过良好训练的）范围内达到这一阶段。新近的研究发现，当今的青少年比过去的青少年能更快地获得形式运算。

皮亚杰认为，在经过前述这四个连续发展的阶段后，儿童的智力就基本达到了成熟。

三、评价

贝林（Harry Beilin）曾引用一位学者的话说：“评价皮亚杰对发展心理学的影响就如同评价莎士比亚对英国文学、亚里士多德对哲学的影响一样——是别人无法企及的。”

首先，皮亚杰开创性地发明了临床谈话法，用以探索儿童思维发展的内在机制和规律。

其次，在皮亚杰的认知发展理论中，其通过一些经典的概念，描述了儿童认知发展的整个过程，这不仅揭示了个体认知发展的某些规律，同时也证实了儿童心智发展的主动性和内发性。

再次，皮亚杰关于认知发展阶段的划分不是按照个体的实际年龄，而是按照其认知发展的差异进行划分的。根据皮亚杰的认知发展理论，不同认知发展阶段的儿童认知发展水平差异较大，即使处于同一认知发展阶段内的儿童，在认知发展水平上也存在一定差异，这为教育教学实践中的因材施教原则提供了理论依据。

最后，皮亚杰提出“发展是一种建构的过程”、“适应和建构是认知发展的两种机制”的建构主义发展观，由此成为建构主义理论的开创者。

但是，皮亚杰的理论也存在局限性。

第一，皮亚杰忽视了社会生活，特别是文化和教育在认知发展中的作用。皮亚杰的理论重视个体对周围事物的建构以及对发展阶段本身的探讨，没有对人类认知过程如何受到社会文化环境的影响和实践活动进行深入的探讨。

第二，皮亚杰的理论缺少积极的教育意义。皮亚杰认为发展先于学习，不主张通过学习和训练加速儿童的认知发展过程，忽视教育的价值。同时，皮亚杰忽视了成人阶段思维进一步成熟的事实。

第三，越来越多的研究表明，皮亚杰在一定程度上低估了儿童的综合能力。

第四，皮亚杰未能区分儿童的能力和表现。皮亚杰忽略了个体对动机、任务的熟悉性和其他影响表现的因素，而把任务表现和能力等价起来，这种倾向是造成他提出的各种认知发展里程碑的年龄常模经常偏离实际的主要原因。

第四节 维果斯基的社会文化观

拓展阅读

利维·维果斯基

利维·维果斯基（Lev Semenovich Vygotsky，1896—1934），苏联卓越的心理学家，他主要研究儿童发展与教育心理，着重探讨思维与语言、教学与发展的关系问题。由于维果斯基在心理学领域做出的重要贡献，他被誉为“心理学界的莫扎特”，其所创立的文化历史理论不仅对苏联，而且对西方心理学产生了广泛的影响。

▲ 图2-21 利维·维果斯基

维果斯基与皮亚杰是同时期的人物，但是他认为社会环境对学习有关键性的作用，认为社会因素与个人因素的整合促成了学习，提出了与皮亚杰不同的认知发展理论体系。

维果斯基的社会文化观的基本核心是认为人类存在低级心理机能和高级心理机能，低级心理机能受到个体的生物成熟的制约，高级心理机能受到社会文化和历史的制约，人类心理本质上有别于动物的根本原因是人类具有高级心理机能。

一、心理发展的实质

维果斯基从种系发展和个体发展的角度分析了心理发展的实质，提出了文化历史发展理论，来说明人的高级心理机能的社会历史发生问题。

维果斯基认为，心理发展是指个体从出生到成年，在环境与教育的影响下，从低级心理机能逐渐向高级心理机能转化的过程。

低级心理机能是个体作为动物而产生的进化结果，是个体早期以直接的方式与外界相互作用时表现出来的特征，如基本的知觉加工和自动化过程；高级心理机能是作为历史产物的进化结果，即以符号系统为中介的心理机能，如记忆的精细加工系统。高级心理机能是人类在本质上区别于动物的特征。

维果斯基用“内化说”来揭示人类高级心理机能的形成。他认为，一切高级心理机能都是内化了的社会关系，人类的高级心理机能起源于外部互动，然后才内化为个人内部的心理机能。由此，维果斯基清楚地阐明了人类心理活动的社会制约性。

为什么低级心理机能能够发展为高级心理机能？关于心理机能发展的动因，维果斯基强调了三点：其一，高级心理机能的发展起源于社会文化和历史的发展，受到社会规律的制约；其二，儿童在与成人交往的过程中掌握了高级的心理机能的工具，如语言、符号等，使其在低级心理机能的基础上形成了各种新质的心理机能；其三，高级心理机能是外部活动不断内化的结果。

二、最近发展区思想

在教与学的发展关系上，维果斯基提出了最近发展区的思想（如图 2-22 所示）。他认为儿童的发展有两种水平，一种是儿童的现有水平，即独立活动时所能达到的解决问题的水平；另一种是儿童可能的发展水平，也就是通过教学所获得的潜力。两者之间的差距就是最近发展区。儿童的发展主要是通过与成人或更有经验的同伴的社会交往而获得的，如果儿童在最近发展区接受新的学习，其发展会更有成果。在这个区域内，如能得到成人的帮助，儿童比较容易吸收单靠自己无法吸收的东西。成人或是同伴对儿童帮助的实际形式是多样

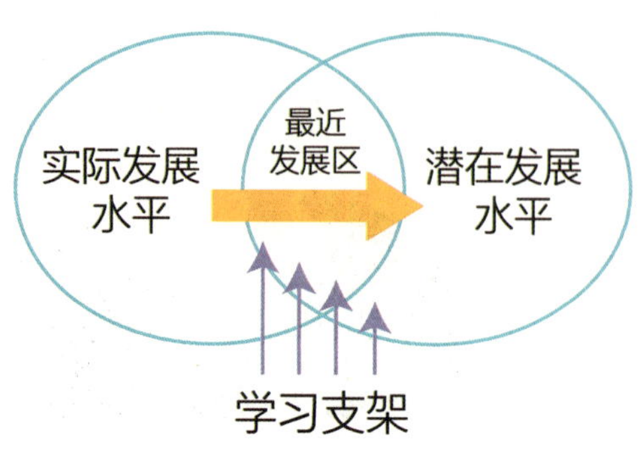

▲ 图2-22　最近发展区理论模型

的，如示范、列举实例、启发式提问、集体活动等。

根据最近发展区思想，维果斯基认为，教学应该走在发展的前面。也就是说，教学应着眼于儿童的最近发展区，为儿童搭建有效的学习支架，提供带有一定难度的学习内容，调动儿童的积极性，发挥其潜能，超越其最近发展区而达到下一发展阶段的水平，然后在此基础上进行下一个最近发展区的发展。

▲ 图2-23 儿童因得到成人的指导和鼓励而更易获得新技能

另外，维果斯基提出了教学最佳期限的概念。最近发展区是教学发展的最佳期限，也是学习的最佳期限，在最佳期限内进行的教学是促进儿童发展最佳的教学。由维果斯基的最近发展区理论付诸实践的支架式教学，至今仍被认为是有效的教学手段。

拓展阅读

支架式教学

建构主义者从维果斯基的思想出发，借用建筑行业中使用的“脚手架”作为概念框架的形象化比喻。该框架按照儿童智力的“最近发展区”来建立，因而可通过这种“脚手架”的支撑作用不断地把儿童的智力从一个水平提升到另一个新的、更高的水平，真正地做到使教学走在发展的前面。

支架式教学由以下几个环节组成：

（1）搭脚手架：围绕当前学习主题，按“最近发展区”的要求建立概念框架。

（2）进入情境：将儿童引入一定的问题情境。

（3）独立探索：让儿童独立探索、分析。探索过程中教师要适时提示，帮助儿童沿概念框架逐步攀升。起初的引导、帮助可以多一些，以后逐渐减少，愈来愈多地放手让儿童自己探索；最后要争取做到没有教师的引导，儿童自己能在概念框架中继续攀升。

（4）协作学习：进行小组协商、讨论。

（5）效果评价：对学习效果的评价包括儿童个人的自我评价和学习小组对个人的学习评价。

三、评价

维果斯基的社会文化观的全新视角对心理学众多分支学科的发展都产生了积极而深远的影响，开创了以唯物主义为指导思想的心理学理论体系，较为全面地阐述了教学与发展的辩证关系。

维果斯基解决了人的心理本身是怎样发展起来的这一问题，引发了社会建构主义思想的兴起。他认为，人的心理发展有两种截然不同的过程：一是天然的、自然的发展过程，即心理的种系发展过程；二是历史文化的发展过程，即心理的“人化”过程。在这个阶段上，心理的发展基本上不受生物进化规律的制约，而是受社会文化发展规律的制约。维果斯基对人的心理的历史观与他的活动观、内化观紧密地联系在一起。

另一方面，维果斯基提出的支架教学、合作学习、教育社区等教学理念和模式，已经为越来越多的研究者和教育人员所接受和重视，直接影响了当代的教学理念与教学模式。对现代知识观、学习观、教学观和课程观的变革都产生了深刻的影响。

但是，维果斯基的社会文化观对自然成熟论的批判过于激进，忽视了对个体心理形成中心理因素的研究，这是其理论中值得商榷的地方。

四、维果斯基与皮亚杰认知发展理论的比较

如表 2–6 所示，维果斯基的社会文化观对皮亚杰的认知发展观的许多基本假设都提出了挑战，并引起了西方发展心理学家的极大关注，他们的研究也倾向于支持维果斯基的观点。然而，维果斯基的许多著作直到近些年来才从俄语翻译成其他语言，他的理论还没有像皮亚杰的理论那样受到诸多检验。另外，皮亚杰提出了很多可以被验证或被反驳的假设，而维果斯基的理论更像是用于指导研究和解释儿童认知发展的一般性观点。社会文化观告诉我们背景的重要性——即儿童成长的环境会影响他们如何思考和行动，这个观点在今天看来仍是普遍的真理。

表 2–6　维果斯基与皮亚杰认知发展理论的比较

维果斯基的社会文化观	皮亚杰的认知发展理论
1. 认知发展在不同的社会和历史背景下是不同的	1. 认知发展在很大程度上是普遍的
2. 个体发展的社会、文化和历史背景是分析的单元	2. 个体是分析的单元
3. 认知发展是社会交互作用的结果（在最近发展区指导教学）	3. 认知发展是儿童独自探索世界的结果
4. 儿童和他们的父母共同建构知识	4. 每个孩子独自建构知识
5. 社会过程变成个体心理过程（例如，社会言语转化成内部言语）	5. 个体的、自我中心的过程变得更加社会化（例如，自我中心言语变为社会言语）
6. 成人是非常重要的（因为他们熟悉思维文化工具）	6. 同伴是尤其重要的（因为儿童必须学会考虑同伴的观点）
7. 学习先于发展（通过成人的帮助，儿童的外部活动不断内化为高级心理机能）	7. 发展先于学习（只有儿童掌握了必备的认知结构，才能够做某些事情）

第五节 布朗芬布伦纳的生态系统理论

▲ 图2-24 尤瑞·布朗芬布伦纳

尤瑞·布朗芬布伦纳（Urie Bronfenbrenner，1917—2005）提出了著名的生态系统理论。这一理论承认生物因素和环境因素交互影响着人的发展，并对环境的影响作出了详细分析。

布朗芬布伦纳的理论改变了发展学家思考儿童发展环境的方式。他认为，自然环境是人类发展的主要影响源，这一点往往被人为设计的实验室里研究发展的学者所忽视。他认为，环境是一组嵌套结构，每一个都嵌套在下一个中，即发展的个体处在从直接环境到间接环境的几个环境系统的中间或嵌套于其中，就像俄罗斯套娃一样。同时，每一系统都与其他系统以及个体交互作用，影响着发展的许多重要方面。

布朗芬布伦纳提出了生态系统理论的一系列嵌套模型（如图 2-25 所示），包括了四种环境系统，分别是微系统、中间系统、外系统以及宏系统。从微系统到宏系统，对儿童的影响是从直接到间接的。

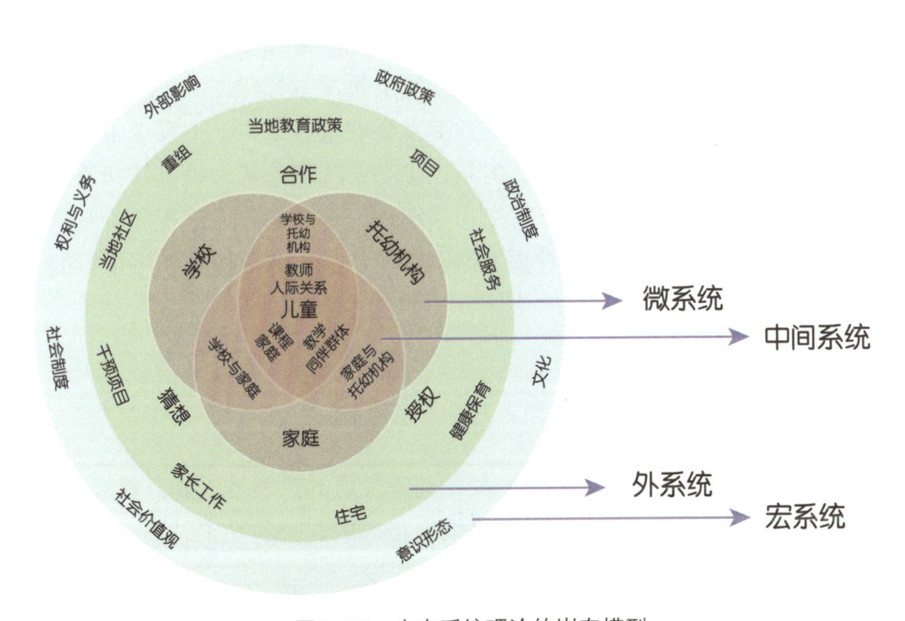

▲ 图2-25 生态系统理论的嵌套模型

嵌套模型的最里层是微系统，是指个体活动和交往的直接环境（包括角色关系和活动），这个环境是不断变化和发展的。对大多数儿童来说，微系统仅限于家庭。随着儿童的不断成长，其活动范围不断扩展，幼儿园、同伴关系等不断被纳入儿童的微系统中。布朗芬布伦纳强调，为认识这个层次儿童的发展，必须看到所有关系是双向的，即成人影响着儿童的发展，儿童的气质、人格和能力也影响着成人的行为。同时，当成人与儿童之间的关系受到第三方影响时，如果第三方的影响是积极的，那么成人与儿童之间的关系会更进一步发展，相反，儿童与成人之间的关系就会遭到破坏。可见，微系统是一个动态的发展背景，生活于其中的每个人既影响着他人，同时也受他人的影响。

中间系统是指各微系统之间的联系。布朗芬布伦纳认为，如果微系统之间有较强的积极联系，发展就可能实现最优化。相反，微系统间的非积极的联系会产生消极的后果。例如，儿童在家庭中，其与兄弟姐妹的相处模式会影响到他在学校中与同学间的相处模式。

外系统处于第三个层次。外系统是指那些儿童并未直接参与但却对他们的发展产生影响的系统。例如，儿童在家庭的情感关系可能会受到父母的工作时间以及是否喜欢其工作的影响。

第四个环境系统是宏系统。宏系统指的是存在于以上三个系统中的文化、亚文化和社会环境。宏系统实际上是一个广阔的意识形态系统。它规定应该如何对待儿童，教给儿童什么以及儿童应该努力的目标。在不同的文化中，这些观念是不同的，但是这些观念存在于微系统、中间系统和外系统中，直接或间接地影响着儿童知识经验的获得。

布朗芬布伦纳的模型还包括了时间维度，即把时间作为研究个体成长中心理变化的参照体系。他强调了儿童的变化或者发展是将时间和环境相结合来考察儿童发展的动态过程。随着时间的推移，儿童生存的微系统环境不断发生着变化。

布朗芬布伦纳的生态系统理论强调了人类发展的重要事实——发展是生物和环境力量在一个复杂系统中相互作用的产物。但是，生态系统理论从未提供任何连贯的、一致的发展理论，所以目前需要提出一个将生态系统理论和发展普遍进程的阶段论的最佳特性联系起来的理论，这样我们才能看到人类发展是在某些方面按照顺序进行的，我们也能理解在不同社会背景中发展进程的差异。

思考与练习

1. 简述精神分析理论关于儿童发展的代表性人物及其观点。

2. 说一说华生的儿童恐惧情绪形成实验的主要过程。

3. 简述皮亚杰的认知发展阶段论。

4. 什么是最近发展区？

5. 试着描述一下皮亚杰想象中的幼儿园和维果斯基想象中的幼儿园。他们在如何评估孩子、教孩子什么内容和如何教等方面有哪些不同之处？

6. 请简单画一画生态系统理论的嵌套模型。

推荐资源

1. 纸质资源：

（1）熊哲宏，李其维：《论儿童的文化发展与个体发展的统一——维果斯基与皮亚杰认知发展理论的整合研究论纲》，《华东师范大学学报（教育科学版）》2002 年第 01 期。

（2）西格蒙德·弗洛伊德著，方厚生译：《梦的解析》，文艺出版社 2016 年版。

（3）埃里克森著，罗一静等译：《童年与社会》，学林出版社 1992 年版。

（4）让·皮亚杰著，卢濬译：《皮亚杰教育论著选（第二版）》，人民教育出版社 2015 年版。

2. 视频资源：

纪录片《成长的秘密》，中国教育电视台。

第三章 学前儿童发展的生物学基础

目标指引

1. 了解胎儿宫内发育的过程。
2. 掌握影响胎儿健康发育的因素。
3. 把握各年龄阶段儿童身体、大脑和动作发展的特点和影响因素。
4. 理解儿童动作发展的心理学意义。
5. 能够运用不同方法促进儿童的动作发展。

内容结构

- 胎儿的发育与影响因素
  - 胎儿宫内发育分期
  - 胎儿神经系统的发育和心理机能的形成
  - 胎儿发育的影响因素
- 学前儿童的生理发展
  - 学前儿童身体的发育
  - 学前儿童大脑的发育
  - 学前儿童动作的发展

早上起床时，妈妈一边给3岁的豆豆穿衣服，一边高兴地说："我家豆豆又长高了，刚买的衣服袖子又短了一截。"豆豆听到妈妈的话，看了看短了一截的袖子说："老师说我是大孩子了，我要自己穿衣服。"说着便自己试着扣起衣服的扣子来，妈妈要动手帮忙，豆豆还把妈妈的手推开，说："我要自己穿……"

从受精卵到幼儿园里活蹦乱跳的小朋友，学前儿童的生理正经历着一生中最迅速的发展阶段。随着身体的不断发育，儿童逐渐掌握愈来愈复杂的肢体动作，心理活动也因此产生。可以说，人一生的发展必然是以生理发展为基础的。

第一节 胎儿的发育与影响因素

个体的生理发育从妊娠阶段就开始了，心理和行为的发展也随之出现。因此，胎儿在子宫内的发育是个体一生生理与心理发展的最早阶段。胎儿经过胚芽期、胚胎期、胎儿期三个阶段，身体逐渐发育，大脑与神经系统迅速发展，心理机能初步形成。在这一过程中，遗传因素、环境因素、母体因素很大程度上决定了胎儿是否能够健康发育。

一、胎儿宫内发育分期

生命从精子和卵子在母亲体内相遇结合，形成受精卵的一瞬间便开始了。从此以后，胎儿——这个从受孕到从子宫娩出前的小儿，就开始了他一生漫长的生理和心理的发展。胎儿的胎龄从孕妇末次月经的第一天算起，通常共经历40孕周（约280天）。胎儿宫内发育可以分为胚芽期（0—2周）、胚胎期（3—8周）和胎儿期（9—40周）三个阶段。①

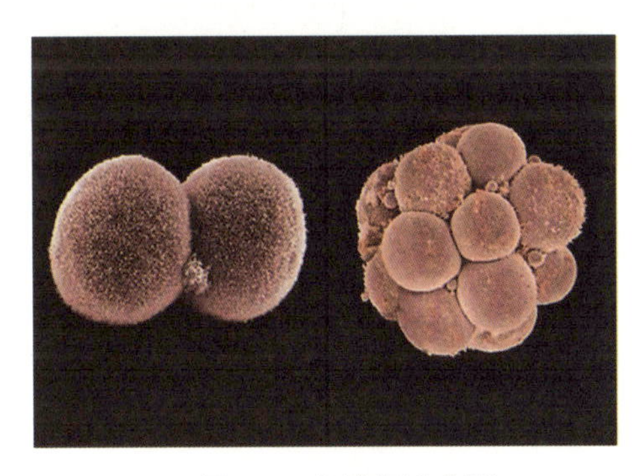

▲ 图3-1 细胞迅速分裂

（一）胚芽期

胚芽期是胎儿发育的第一个阶段，也称作细胞和组织分化前期。胚芽期始于受精卵形成的瞬间，卵细胞受精后24小时（或36小时）开始第一次分裂，此后细胞一边迅速分裂，一边向子宫移动。在此期间，胚芽的营养来自卵细胞自带的卵黄。胚芽在第8天（或第9天）进入子宫并植入在子宫壁上，此后，胚芽的营养来自母体的供给。胚芽期约持续两周，在胚泡的内细胞群形成胚胎时结束，这时的胚芽长度为5毫米至10毫米，肉眼可以勉强看见，重量不足1克。

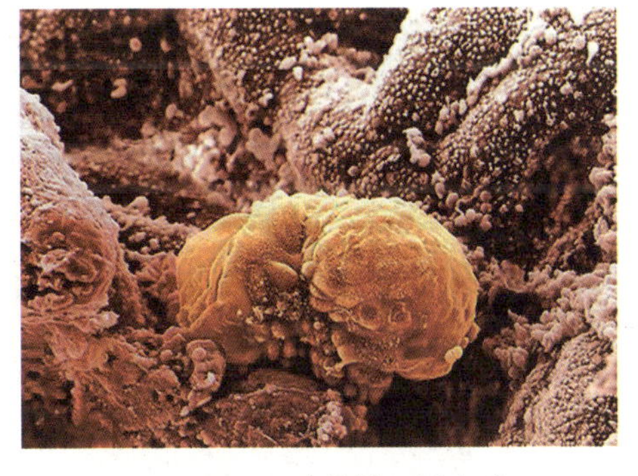

▲ 图3-2 胚芽植入子宫壁

① R. J. 斯滕伯格. 心理学：探索人类的心灵［M］. 李锐，等译. 南京：江苏教育出版社，2005：436.

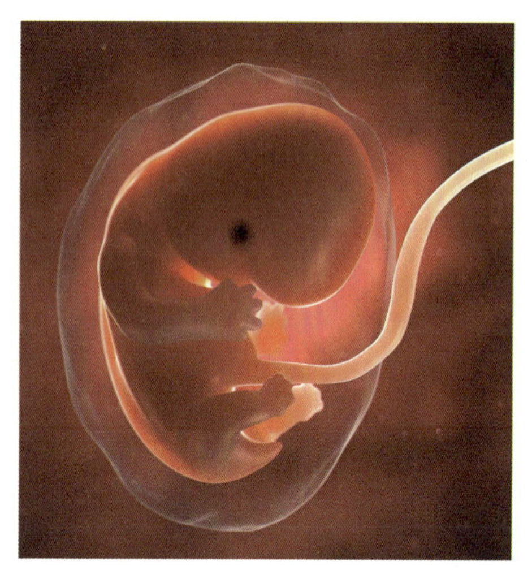
▲ 图3-3　孕11周胎儿子宫内影像

（二）胚胎期

胚胎期也称细胞和组织分化期，从怀孕后的第3周持续到怀孕后的两个月（第8周）。这一时期是人一生中发展最为迅速的阶段。胚胎期一开始，胚胎便分化出三层细胞层：内胚层、中胚层、外胚层。外胚层是形成皮肤和中枢神经、周围神经系统的基础；中胚层分化为肌肉、骨骼、结缔组织和循环、生殖、泌尿三个系统；内胚层则产生消化系统和其他内部器官与腺体。在胚胎期结束时，除大脑外，胚胎的所有器官系统已经存在，胚胎已长成人形，四肢获得了相当的发育，手指足趾、五官清晰可见，可以看到心脏的跳动，神经系统有了初步的反应能力。然而，胚胎期同样也是胎儿发育过程中最易受环境影响、最为敏感的时期。受孕后两个月之内的胚胎最易受放射性物质、药物、感染以及代谢性产物或胎内某些病变等不利因素的影响而导致胎儿畸形、早产甚至流产，约有30%的胚胎在此阶段死亡。

（三）胎儿期

从怀孕后的第3个月开始到胎儿出生都是胎儿期，也称为器官和功能分化期。胎儿的生长在胎儿期早期达到高峰，之后有所下降。在此期间，已成形的组织与器官进一步分化：5个月左右的胎儿的内部器官和神经系统发育已大致完成并开始发挥作用；7个月时，胎儿呼吸系统发育完善，具备了子宫外存活的能力（在此之前的早产儿主要靠先进的医疗技术存活）。在胎儿出生前3个月，胎儿进一步发展出对生命至关重要的机能，如：吞咽、便溺、消化道的肌肉运动等。另外，胎儿动作也在胎儿期开始出现，主要表现为胎动和反射活动。

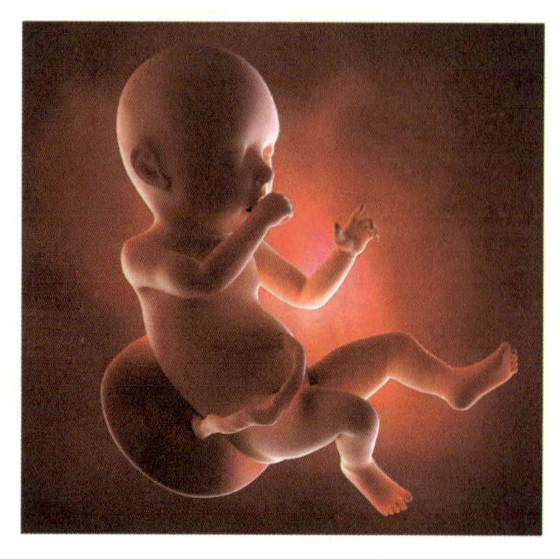
▲ 图3-4　胎儿期

▲ 图3-5　胎儿宫内发育的过程

拓展阅读

胎动：胎儿与母亲的最早互动

胎动是指胎儿在子宫腔里的活动冲击到子宫壁的动作。怀孕中期开始，母体可明显感到胎儿的活动，胎儿在子宫内伸手、踢腿、冲击子宫壁，这就是胎动。胎动的次数多少、快慢、强弱等表示胎儿的安危。

胎儿可以通过胎动与母亲交流。比如，在母亲吃饭、洗澡之后，可能会感到肚子里的宝宝像海浪一样柔和地蠕动，代表着宝宝吃饱了、睡够了，感觉很舒适，心情很愉快。

对母亲来说，在胎动出现之前，可能感觉自己与宝宝分别在两个世界里，一旦感受到胎动，母亲可以通过自己的身体感觉感知宝宝的存在，感受到宝宝用独特的方式向自己打招呼。

二、胎儿神经系统的发育和心理机能的形成

神经系统既支配了人类的身体活动，也是心理活动的主要物质基础。胎儿在被母体孕育的过程中，神经元细胞不断分裂和分化，神经组织逐渐形成，周围神经系统开始发挥作用，脊髓和脑功能日趋复杂。而随着神经系统的发育，胎儿的反射活动增加，感觉、记忆和思维等心理机能开始出现。

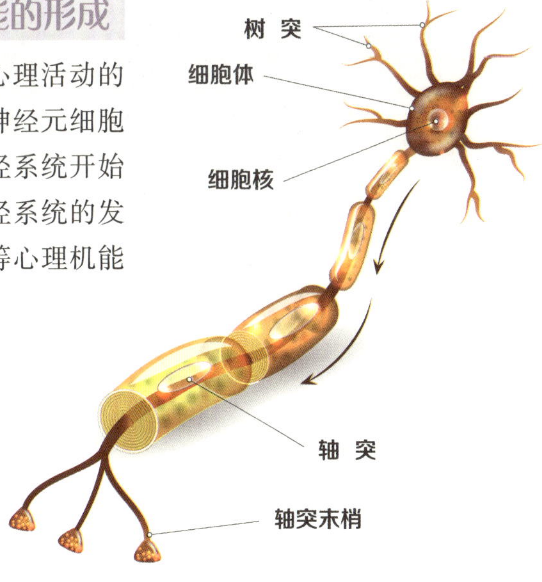

▲ 图3-6　神经元结构图

（一）神经系统的形成和发育

神经系统的形成从神经元开始。神经元又称神经细胞，主要结构包括细胞体、树突和轴突三部分（如图 3-6 所示），具有兴奋和传导神经冲动两种功能。神经元受到刺激后，细胞内外发生电位变化，表现为神经冲动。神经冲动沿神经纤维传导，将信息从一个神经元传至下一个神经元。神经细胞周围还分布着众多的胶质细胞，为神经细胞提供结构支持和营养，运送代谢废物并将神经细胞与其他细胞分隔开。胎儿的神经细胞增殖、分化、移行高峰在妊娠的第 3 至第 5 个月。

▼ 图3-7　神经元

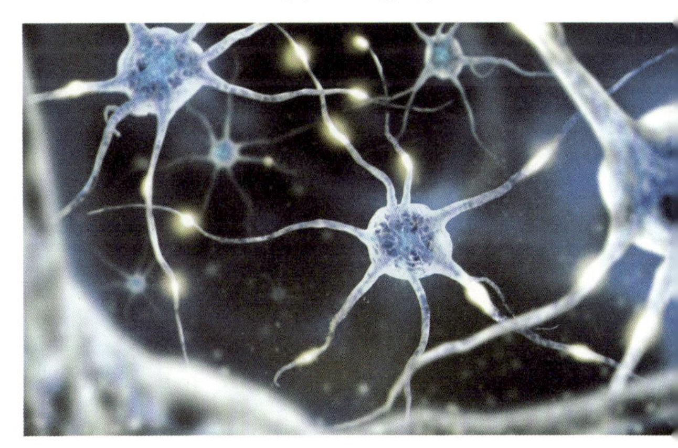

众多的神经元和神经胶质细胞一起形成了神经组织，由结缔组织将其包捆在一起，在人体内负责传达知觉和运动。众多的神经组织构成神经系统。

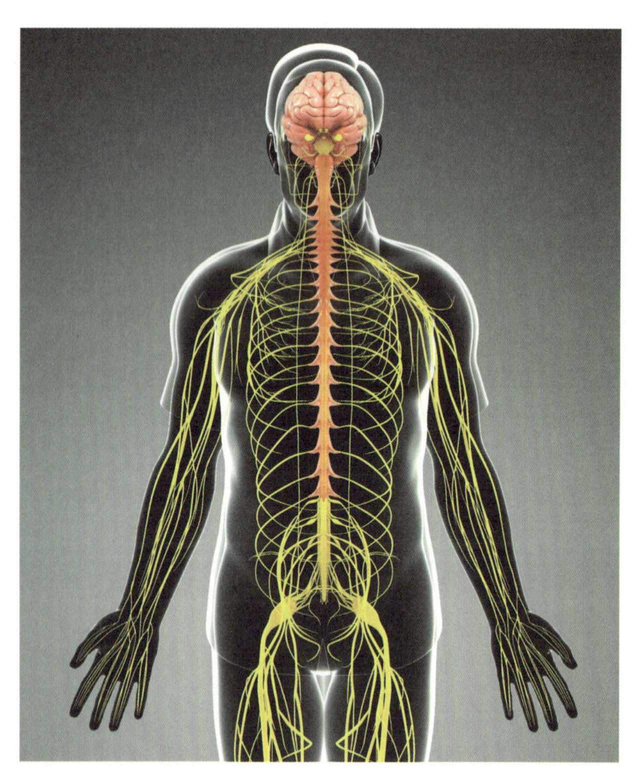
▲ 图3-8　神经系统

人体的神经系统分为周围神经系统和中枢神经系统两部分。周围神经系统分布全身，与脑、脊髓和全身器官相连来接受、传达刺激信息，包括躯体神经系统（12 对从脑部发出的脑神经和 31 对从脊髓发出的脊神经）和自主神经系统（不受意志支配，支配平滑肌、心肌运动以及调控腺体分泌）。中枢神经系统主要包括脊髓和脑。脊髓是脑神经传入和传出的中转站以及简单的反射控制中心，在孕 4 周已基本形成。脑则是人体中枢神经系统最重要的部分，一方面调节身体器官的生理平衡，维持人的基本动力和行为反应，另一方面加工和处理人所接受的复杂信息。其中，大脑皮层是脑的最高级部分，是人类高级思维活动的物质载体。

（二）反射机能的形成和发育

反射是指在中枢神经系统的参与下，有机体对内外环境刺激作出的适应性、规律性反应，是神经系统最基本的活动方式。通过反射，神经系统将物质刺激转化为心理活动。因此，反射也是心理活动产生的基本方式。

根据产生的不同条件，反射分为无条件反射和条件反射。条件反射是后天习得的，因此胎儿的反射只涉及无条件反射。无条件反射是有机体在种系发展过程中形成并遗传下来的反射，下面介绍几种常见的婴儿无条件反射。

（1）觅食反射：婴儿在面部受触时能把头转向刺激侧，并张嘴寻找食物。这一反射在出生后 0—3 个月形成，3 个月后逐渐消失。

（2）吸吮反射：将东西放到婴儿嘴里，婴儿会开始吸吮。这一反射在出生后 0—3 个月形成，3 个月后消失。

（3）抓握反射：当物体接触到婴儿手掌时，他会抓住不放。这一反射在出生后 2 周开始消失。

（4）巴宾斯基反射：婴儿脚底受触时，脚趾先呈扇形张开，然后再向里弯曲起来。这一反射在出生后 6 个月才消失。

（5）行走反射：用手撑在婴儿腋下，使其处于直立状态，并让婴儿的脚接触地板且身体轻微前倾，此时，婴儿就会出现双脚左右交互行走的动作，就好像走路一般。这一反射约在出生 2 个月后逐渐消失。

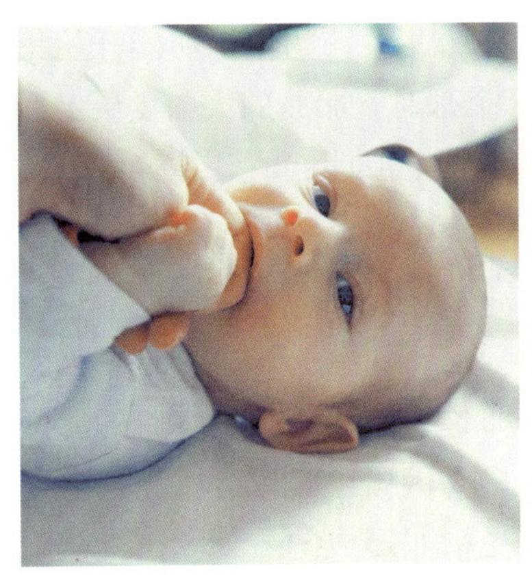

▲ 图3-9　吸吮反射

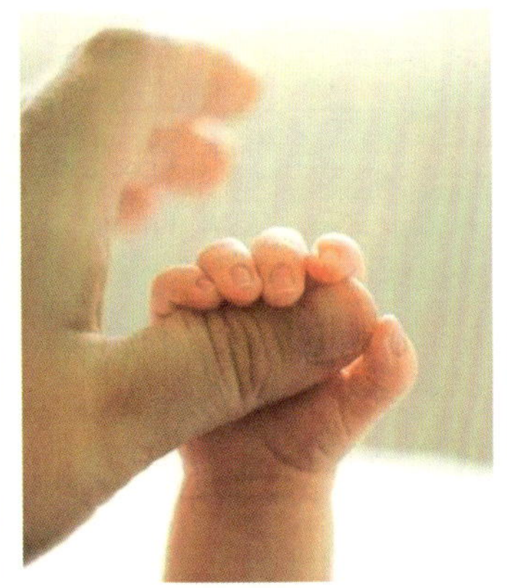

▲ 图3-10　抓握反射

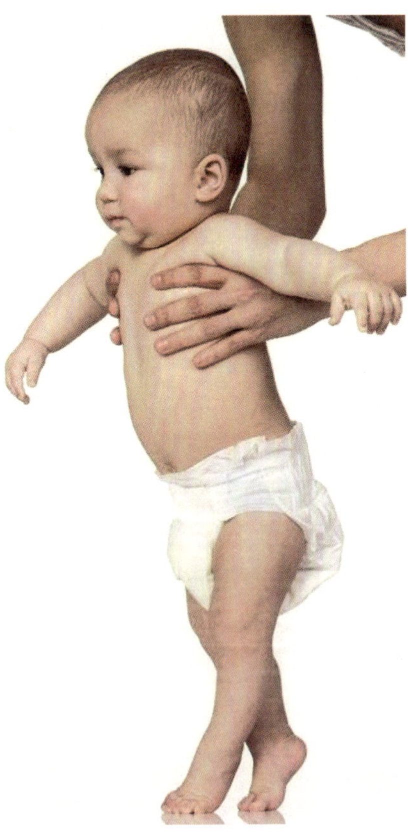

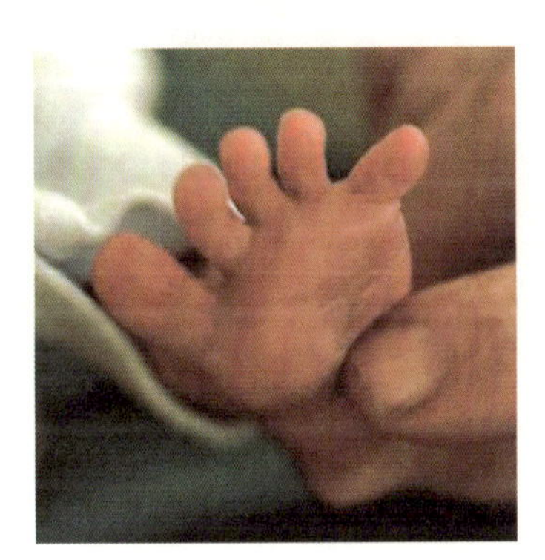

▲ 图3-11　巴宾斯基反射

▲ 图3-12　行走反射

（三）心理机能的形成

1. 感觉的形成

感觉是大脑对直接作用于感觉器官的客观事物的个别属性的反映，是以生理作用为基础的简单心理活动。感觉包括视觉、听觉、嗅觉、味觉和皮肤觉，是人类认识世界的窗口。

（1）视觉。眼睛形成于妊娠第7周，眼睑在第28周打开。4—5个月的胎儿对光线已非常敏感。当用手电筒照射孕妇腹部时，胎儿能感受到光线变化，胎心率立即加快。

（2）听觉。胎儿的听觉系统在妊娠4个月的时候已经建立，此时的胎儿不仅能听到母亲体内消化、呼吸、心跳的声音，还能听到宫外的声音。孕28周后，胎儿的听觉已经发育得较好，对外界的声音刺激较为敏感，并表现出偏好，最喜欢的声音是母亲的心跳。孕8个月时，胎儿开始能够分辨音调的强弱高低以及声音的种类。这意味着胎儿已经能够分辨父亲和母亲的声音，并对父亲较低频的声音更为敏感。

（3）嗅觉。嗅觉感受器位于上鼻道及鼻中隔后上部的嗅上皮，在孕6个月时开始发育。在这一过程中，胎儿能够嗅到母亲的气味并记忆在脑中。

（4）味觉。胎儿的味蕾在孕12周出现，但味觉在孕26周才会形成。到孕30周时，胎儿已经有了发达的味觉，对羊水的味道有了一定的辨别力。

（5）皮肤觉。刺激物作用于皮肤引起的感觉叫皮肤觉。胎儿的皮肤于妊娠6周形成，孕2个月的胎儿已经有了皮肤感觉。

2. 思维和记忆的形成

胎儿的大脑在孕20周左右形成。在孕5个月时，胎儿能够记忆母亲的声音并产生

拓展阅读

你能否记住婴儿时的事

你能回忆起最早的记忆事件是何时发生的？人们几乎没有关于早年阶段的外显记忆。这种人们没有或非常缺乏关于早年生活事件的记忆现象，被心理学家称为“幼儿期遗忘”。诸多研究表明，成人的最早记忆一般介于3—4岁之间。而有些学者认为，在催眠状态或实施退行性疗法时，有些人能回忆起分娩时甚至出生前的经历。①

安全感，这说明胎儿大脑的记忆功能开始工作。在孕7—8个月时，胎儿的大脑皮层已经相当发达，通过脑电波能够清楚地分辨出胎儿的睡眠状态和觉醒状态。

三、胎儿发育的影响因素

一个受精卵是否能够成长为健康的胎儿并顺利出生由多种因素决定。有些先天缺陷是遗传的，从受精卵形成的一刻就由其携带的基因和染色体决定。有些先天缺陷则是由环境的危害或者环境和遗传的某种相互作用引起的。在胎儿发育的不同时期，身体的某些特定部位开始发育和成形，我们称这一时期为关键期。在不同关键期，胎儿发育如果受到致畸因素影响，会导致身体不同部位的先天缺陷。下面我们将从遗传因素、环境因素和母体因素三个方面来介绍。

（一）遗传因素

基因和染色体的改变会引发遗传疾病，现已查明的遗传疾病多达上千种。一般由基因突变和染色体异常引起。

基因突变是指细胞内的遗传物质的化学成分、DNA链上某一小段由于某种原因所引起的分子结构的变化。基因突变造成的遗传疾病会按照各种遗传方式传递给后代，主要分为常染色体显性遗传（如：多趾畸形、软骨发育不全症等）、常染色体隐性遗传（如：镰状细胞贫血、苯丙酮尿症等）、X连锁遗传（如：血友病、红—绿色盲等）等。

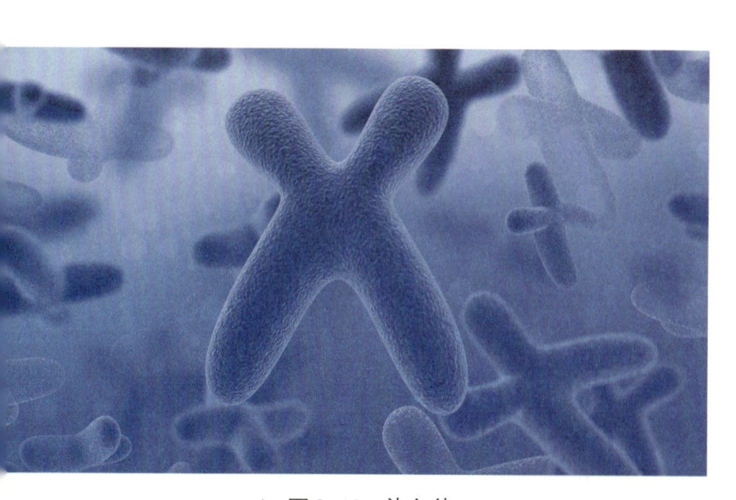

▲ 图3-13　染色体

染色体异常是由于细胞核内染色体数量增加或减少，染色体上某一节段的短缺或易位造成的。唐氏综合征（也称21—三体综合征）是最常见的染色体先天缺陷，是由于第21号常染色体上发生偏差导致的。患者一般脸型圆满、两眼旁开、塌鼻梁、口小舌大、伸舌流涎、耳朵畸形，以身体和智力愚钝为主要特征。目前针对唐氏综合征仍没有有效的治疗方法。在出生前可通过羊膜穿刺进行检查。45—55岁母亲的胎儿患病危险性是20—24

① J. 巴拉斯凯斯，Y. 戈登. 怀孕与生育百科全书［M］. 徐晋勋，程利南，译编. 上海：上海文化出版社，1991：72.

岁母亲的胎儿患病危险性的 55 倍。

为减少一切诱发后代遗传性疾病的有害基因，培养具有优良素质的儿童，确保儿童的健康成长和众多家庭的幸福，人们必须掌握遗传规律，通过严禁近亲结婚、重视产前基因筛查、避免高龄产子等途径来减少婴儿患先天遗传疾病的概率。

（二）环境因素

有害的物理、化学、生物环境都可能影响胎儿的正常发育。已知的有害物理环境包括电离辐射、噪声、超声波（B 超）、高温、电磁场等。孕妇应尽量避免接触工作中的微波炉，减少不必要的 B 超检查，尽量不出入噪声过大的场所，减少使用手机、电脑等电子设备的频率，尽量不进行桑拿浴或用过热的水进行盆浴。

常见的化学有害因素有汞及其化合物、铅及其化合物、尼古丁、酒精、咖啡因、大气污染以及妊娠期药物。母亲在妊娠期间应注意饮水质量，避免饮用含汞超标水，尽量不使用含铅化妆品（如：口红、染发剂等），不吸烟并减少二手烟吸入，不喝酒和咖啡等刺激性饮料，谨慎使用药物等。

拓展阅读

孕妇不宜泡热水澡

孕妇洗澡时的水温不宜过高。水温如果过高，孕妇全身皮肤、肌肉血管扩张，可引起子宫胎盘血流量短时间减少，造成胎儿缺氧。水温过高对胎儿的影响主要发生在妊娠的头几个月内，特别是在怀孕 10—14 周期间。根据医学测定，孕妇在超过本身体温的热水里洗浴 15 分钟，就可使自身体温升高到 38.9 摄氏度。孕妇体温超过正常体温 1—1.5 摄氏度，胎儿的脑细胞就可能会受到损伤；孕妇体温升高 3 摄氏度，胎儿的脑细胞就有可能被杀死。

母体温度过高时，会造成胎儿畸形或发育不良，特别是对发育中大脑神经组织的影响最明显。除了会出现大脑发育畸形、先天性痴呆外，还常出现智力低下、反应迟钝等先天性愚型现象。

（三）母体因素

母亲的身体是胎儿生存的最早环境。母亲的自身条件、饮食、疾病、孕期情绪等都会影响胎儿的发育情况。

1. 母亲的自身条件

母亲的体重、身高、年龄等因素会影响胎儿的正常发育。

（1）体重。体重过高的孕妇（超过正常体重的 25%）易患妊娠高血压，产下巨大儿，难产率和剖宫产率也会提高；而体重过低的孕妇（低于正常体重的 25%）可能会有营养不良的情况，易产下低体重儿（出生体重小于 2500 克的婴儿）。这样的新生儿皮下脂肪少，保温能力差，呼吸机能和代谢机能都比较弱，容易感染疾病，死亡率高于正常体重的新生儿，其智力发展也可能受到一定的影响。

（2）身高。身高过矮的母亲（低于 140 厘米），由于其骨盆大小的原因可能影响胎儿发育和顺利分娩。

（3）年龄。孕妇的年龄也是影响胎儿健康发育的重要因素。研究表明，女性最佳生育年龄是 20—35 岁。小于 20 岁的产妇死亡率是 20—29 岁产妇死亡率的 2 倍，其胎儿的死亡率也高达 10.9%。35 岁以后生育的产妇，其胎儿患先天愚型的概率显著提高：35

岁以下的产妇，其胎儿患先天愚型的概率为 1/800；35—39 岁的产妇，其胎儿患病率达到 1/250；到了 45 岁，这一数字则上升到了 1/50。

2. 饮食

母亲的饮食对胎儿发育的影响极大。母亲营养过剩会导致胎儿肥大，而营养不良则会导致胎儿发育不良、体重较轻，出现早产和死胎。

另外，胎儿发育所需的营养物质主要由母亲通过日常饮食获得。叶酸、维生素、镁、锌等物质的适时适量补充能够保证胎儿的良好发育。因此，母亲在孕期保持营养均衡对胎儿的发育至关重要。

3. 疾病

母亲身体健康是胎儿身体健康的前提。母亲患有高血压、糖尿病、梅毒、艾滋病等疾病会给胎儿发育带来不可挽回的负面影响。另外在怀孕后，母亲感染的病毒性疾病（如：病毒性感冒、肺结核、水痘等）都会在不同程度上影响胎儿的正常发育。因此，提前备孕，为胎儿提供良好的宫内环境是母亲给孩子的第一件也是最重要的礼物。

4. 孕期情绪

孕妇在孕期的不良情绪会通过神经激素的分泌直接作用于胎儿的下丘脑、神经系统以及内分泌系统的发展。准妈妈应重视情绪调节，保持乐观平和的精神状态。对于怀孕期间的压力，要寻求健康安全的发泄方法（如：找人倾诉、写日记等），家人尤其是丈夫也要特别关心、照顾孕妇的情绪。

第二节 学前儿童的生理发展

学前儿童生理发展是指 0—6 岁儿童的大脑和身体在形态、结构及功能上的生长发育过程。身体不断长高，身体比例不断变化，骨骼和肌肉不断发展；大脑发育迅速；肢体动作日趋协调等，这些生理发展影响并制约着儿童心理的发生和发展。

一、学前儿童身体的发育

3 岁之前是儿童身体发育的第一个高峰。在此期间，儿童的身高体重、身体比例和骨骼等变化明显。进入幼儿期（3—6 岁）后，儿童身体发展速度变慢，直到青春期再次加快。

（一）身高和体重

身材大小变化是儿童身体发育最明显的变化。出生后的头 28 周，婴儿的体重几乎每天增加 28 克，到 4—6 个月，体重已是出生时的 2 倍，1 年末时达到 3 倍，2 年后为 4 倍。婴儿身高则以每月约 2.5 厘米的速度生长着，到第一年末，身高已比出生时高出 50%，第二年则高出 75%。出生两年后，身高和体重的变化减慢。在幼儿期，儿童每年长高约 7 厘米，体重增加 2.5—3 千克。

（二）身体比例

新生儿的身体比例与成人不同，头占整个身体的 1/4，接近腿占体长的比例。随着身体的生长，儿童的身体比例不断发生变化。儿童身体生长发育遵循头尾率和近远率。身体生长发育遵循头尾率是指身体的发育从头部延伸到身体的下半部。在出生后第一年，躯干生长最为迅速，在 1 岁到青春期生长加速的这段时间，腿的生长最为迅速。另外，儿童在向上生长的同时，也按照近远率向外生长。近远率是指身体的发育从身体的中部开始，再扩展到外周边缘部分。在孕期发展中，胎儿的胸腔和内部器官最先形成，然后才是胳膊和腿，最后是手和脚。在整个婴儿期和童年期，胳膊和腿的生长速度继续快于手和脚的生长速度。

▲ 图 3-14　左侧儿童身体比例更像成人

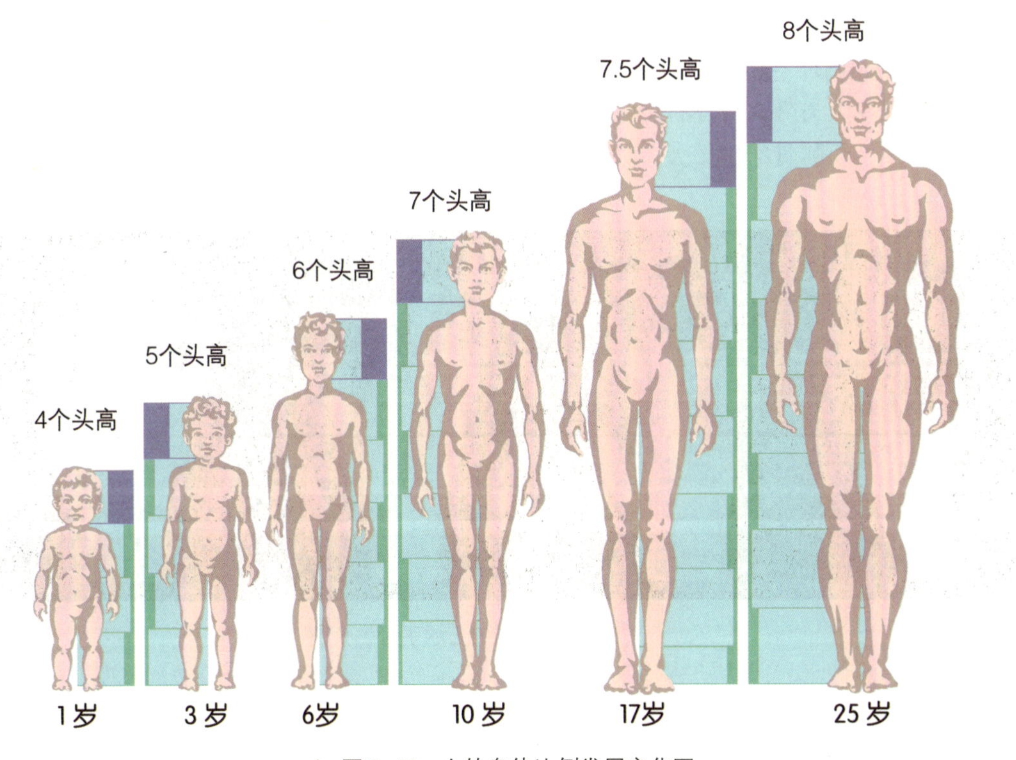

▲ 图 3-15　人的身体比例发展变化图

拓展阅读

儿童身体发育的性别差异

从出生到婴儿期，男孩比女孩要略微高一些、重一些。经过幼儿期的发育，男孩和女孩在身体比例上相似，不过男孩的肌肉发达一些，女孩的身高比男孩稍微矮一些，体重也稍微轻一些。

（三）肌肉组成

人在出生时已经拥有了所有的肌肉纤维，肌肉组织占婴儿体重的 18%—24%。但在婴儿期，人的肌肉发展很慢。肌肉的发展也遵循头尾率和近远率。肌肉的发展遵循头尾率是指头部和颈部的肌肉发展早于躯干和四肢的肌肉，因此，婴儿的运动发展从依靠头部、颈部肌肉的抬头开始，然后再到翻身、坐起、爬行。肌肉的发展遵循近远率是指躯干部分大肌肉的发展早于四肢等部位小肌肉的发展。

（四）骨骼发育

骨骼的发展是软骨不断生长和硬化的过程。胎儿最初的骨骼结构由柔软的软骨构成，从孕期第 6 周开始硬化成骨质材料，这一过程经过整个儿童期并一直持续到青少年期。新生儿的骨骼小又柔软，因此他们不易站立、行走和保持平衡，但同时也不易骨折。新生儿的头盖骨留有接缝，以确保其随着大脑的生长不断扩展。身体其他部位（如：手、手腕、脚、脚腕等）的骨骼则随着儿童的发育不断生长完善，骨之间的连接也更加紧密，因此，医生通过对儿童手及腕部的 X 光检查，就可以判断出儿童的骨骼或骨成熟程度。另外，身体各部分骨骼的生长和骨化速度不等，通常头盖骨和手部骨骼会首先成熟，而腿骨的生长会持续到 15—16 岁。

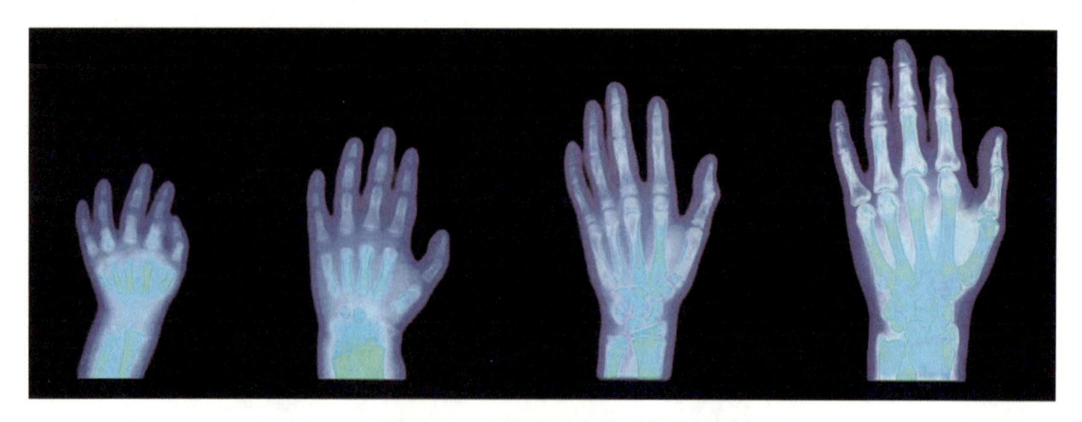

▲ 图3-16 儿童到成人的手骨生长图

（五）牙齿

牙齿是标示儿童生理发展的重要指标之一。婴儿乳牙在出生后的 6—9 个月开始生长，根据牙齿的位置、形态和功能，可分为切牙（门齿）、犬牙（尖齿）和乳磨牙（臼齿）。3—4 岁时，儿童所有最初牙齿（乳牙）均已出齐，已经能够咀嚼要吃的任何东西。在幼儿期结束时（6 岁左右），儿童开始换牙。

幼儿期是乳牙和恒牙交错的时期。乳牙的疾病也会影响恒牙的健康，乳牙的衰退是恒牙衰退的前兆，所以儿童应从小养成坚持刷牙、少吃甜食的习惯，成人不能因为以后还要换牙就对婴儿期的牙齿健康掉以轻心。

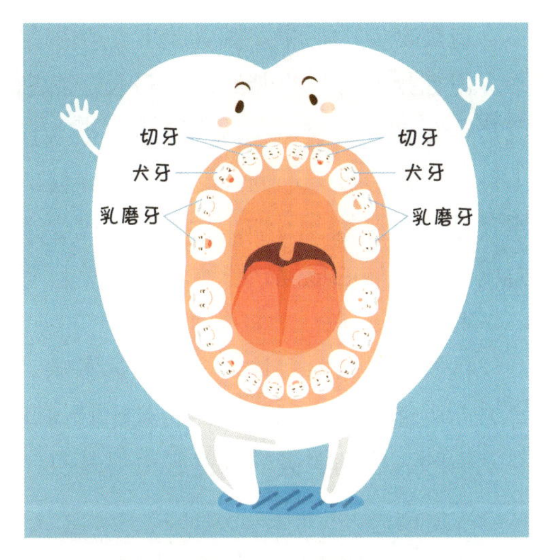

▲ 图3-17　乳牙名称

拓展阅读

幼儿园中的儿童牙齿保健

牙齿保健是幼儿园保育工作的重要组成部分。儿童刚上小班时，教师就可以通过儿歌、动画示范等有趣的形式教给他们正确的刷牙方式，可以把正确的刷牙步骤以图片的形式贴在水池旁边。在一日生活中，幼儿园应要求儿童从小班就养成正餐后刷牙、喝奶后漱口的好习惯。除此之外，教师也可在图书区投放与刷牙有关的绘本，如：《小熊不刷牙》等，让儿童意识到保护牙齿的重要性。有条件的幼儿园也可以在区域投入牙齿模型和大牙刷，帮助儿童在游戏中练习刷牙。

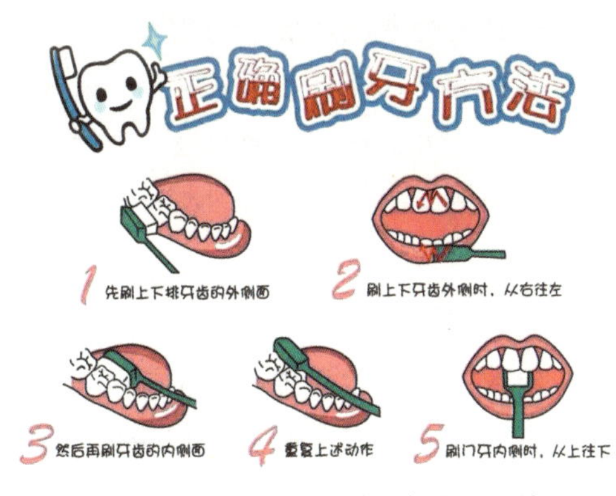

▲ 图3-18　幼儿园刷牙方法主题墙

（六）儿童身体发育的影响因素

儿童的身体发育受多种因素的影响，主要包括遗传因素、睡眠因素、营养因素、情感因素等。

1. 遗传因素

受遗传因素影响最明显的身体特征是身高。一些儿童身材较为矮小并不是因为营养不良，而是因为家族中有矮个子的基因。另外，新生儿的身高与其未来身高没有密切联系。

2. 睡眠因素

“孩子在睡觉时长个儿”是有道理的。生长激素在睡眠中分泌最多，它能刺激儿童身体的发育。因此，应保证处于身体发展重要阶段的儿童有充足且高质量的睡眠。

3. 营养因素

营养不良包括营养缺乏和营养过剩两种类型。如果营养缺乏持续时间不长，一般不会造成严重的后果。因为当儿童获得足够的营养时，通常会通过快速生长赶上正常水平。但如果营养不良持续时间过长，特别是5岁前营养不良，儿童的大脑生长可能会受到严重影响，身材也会特别矮小。摄入食物过少、过多、过于单一都可能造成儿童营养不良。因此，成人应为儿童呈现多样性的食谱，通过多种方法培养儿童不挑食、爱吃健康食品的良好饮食习惯。营养过剩则会造成儿童肥胖，这不仅会增加儿童患糖尿病、高血压、心脏病的危险，也不利于儿童自尊心、自信心的发展。

4. 情感因素

良好的情绪对身体发育有深远影响。压力过大、受到关爱较少的儿童不仅在身体发育方面可能落后于同龄人，而且比其他儿童更容易患呼吸道、肠道等疾病。因此，儿童在幸福的、充满关爱的家庭长大对其身体和心理健康发展意义重大。

二、学前儿童大脑的发育

母亲怀孕的最后3个月到婴儿出生后的前两年被称为大脑发育加速期，因为成人大脑一半以上的重量是在这段时间获得的。在这一时期，大脑以一种惊人的速度发育，婴儿出生时大脑占成人脑重的25%，到2岁时达到成人脑重的75%，平均每天增重1.7克或者说每分钟都会增加1毫克多的重量。

但是，大脑重量的增加是一个相当粗略的指标，对于大脑各部分如何生长、何时成熟以及如何影响其他方面的发展等问题，它能告诉我们的信息很少。下面让我们更加细致地了解大脑的发育。

（一）髓鞘化

导致大脑重量迅速增加的是不断增殖的神经胶质细胞，这种细胞为神经元提供养料，将神经元与外界隔开，以帮助它更好地传递信息。神经胶质细胞产生的髓磷脂在单个神经元周围形成一层髓鞘，这一过程称为髓鞘化。髓鞘像一层绝缘体，将神经元与其他细胞隔离开，从而提高神经冲动的传递效率。髓鞘化标志着大脑发育的逐渐完善。随着大脑不同区域髓鞘化的完成，儿童可以逐渐进行更复杂的肢体动作，能够更长时间地保持注意力，能够更好地调控自己的情绪反应。例如，一个3—4岁的儿童在拿到自己不喜欢的礼物时，可能会立刻丢弃，而一个6岁的儿童可能会说“谢谢你”，然后想办法隐藏自己的沮丧情绪，延迟去寻找下一件更喜欢的礼物的冲动。儿童这一控制情绪与行为的能力就与大脑神经元的髓鞘化密切相关。

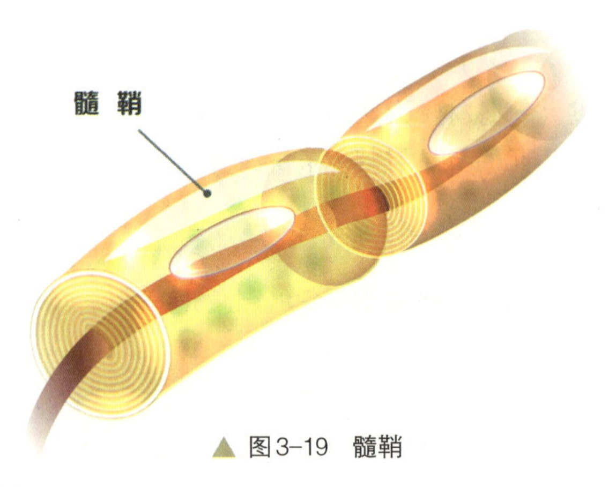

▲ 图3-19 髓鞘

（二）大脑左右半球的功能分化

大脑由左右两个半球组成，而两个半球间通过胼胝体连接在一起。两个大脑半球的功能分化称为大脑偏侧化。一般而言，大脑左半球

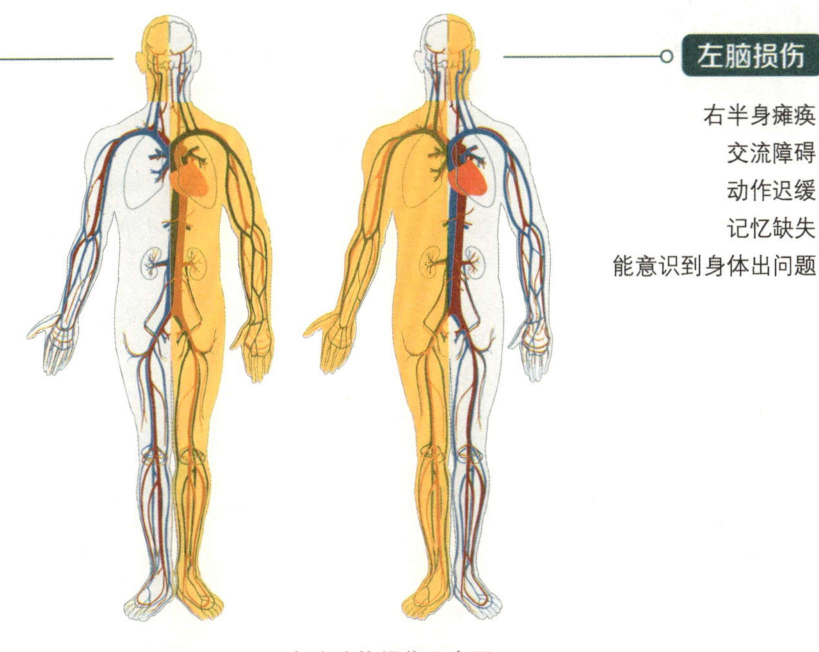

▲ 图3-20　左右脑功能损伤示意图

控制身体右侧的行动，具有言语中枢、听觉中枢、动作记忆中枢、决策中枢、言语加工中枢和积极情感表达中枢。与之相对，大脑右半球控制身体左侧的行动，具有空间视觉中枢、非言语中枢（如音乐）、触觉中枢和消极情感表达中枢。大脑的偏侧化在出生前已经良好运行，比如大部分（约 2/3）胎儿在子宫内是右耳朝外的，这表明他们可能具有右耳优势。但由于出生时大脑未完全分化，我们在童年期会越来越依靠某个特定脑半球去执行某些特定的功能，比如左利手和右利手的倾向在两岁时已经表现出来，这一倾向随着年龄的增长越来越明显。

（三）神经系统的可塑性

神经系统因神经元的分化和神经突触间联系的建立而具有极大的可塑性。一方面，神经元的功能并不是生来就决定的，而是随着神经元迁徙到大脑的不同位置而承担了不同的功能。比如，一个神经元细胞迁移到大脑视觉区，于是分化成了一个视觉神经元。另一方面，与成人相比，儿童有更多的神经元和神经连接。在儿童发育的过程中，有些神经元因为没有与其他神经元建立联系而被淘汰，有些神经元因为长久未能受到刺激而消亡。这就是为什么儿童似乎比成人更能学习新鲜事物，因为儿童的脑神经元间更容易建立联系。儿童早期学到的技能（如：背古诗等），如果未再受到持续的刺激（复习）也会逐渐遗忘，因为神经元未受到刺激而消亡了。

可见，为儿童提供丰富的环境刺激能够帮助其大脑神经元的分化，帮助神经元突触间建立联系，从而形成神经环路。因此，在大脑发育早期，丰富的玩具材料、与成人频繁的互动、更多的户外游戏等都能够促进儿童的大脑发育，为他们未来的学习与生活奠定良好的生理基础。

拓展阅读

狼孩的故事

1920 年，在印度加尔各答东北的一个名叫米德纳波尔的小城，人们在狼窝里发现了两个从小由狼抚养长大的女孩。其中大的年约七八岁，小的约两岁。这两个小女孩被送到米德纳波尔的孤儿院抚养，人们给她俩取了名字，大的叫卡玛拉，小的叫阿玛拉。到了第二年，阿玛拉死去，卡玛拉一直活到 1929 年。狼孩刚被发现时，生活习性与狼一样，用四肢行走；白天睡觉，晚上出来活动，怕火、光和水；只知道饿了找吃的，吃饱了就睡；不吃素食而要吃肉。卡玛拉经过 7 年的教育才掌握四五个词，勉强学会几句话，开始朝人的生活习性迈进。她死时约 16 岁，但其智力只相当于三四岁孩子的水平。

可见，长期脱离人类社会环境的幼童不会产生人所具有的大脑功能，也不可能产生与语言相联系的抽象思维和人的意识。而成人如果由于某种原因长期离开人类社会后又重新返回时，则不会出现上述情况。这说明了人类社会环境对婴幼儿身心发展所起的决定性作用。

三、学前儿童动作的发展

学前儿童动作的发展是其活动发展的直接前提，也是其心理发展的外在表现。在儿童成长过程中的那些引人注目的变化中，控制自身运动和动作技能方面的巨大进步是其中重要的一个变化。

（一）学前儿童动作发展的规律

学前儿童动作发展有着严密细致的内在规律，它遵循一定的原则，存在一定的常模，是一个复杂多变而又有规律可循的动态发展系统。

1. 从整体到局部的规律

儿童最初的动作是全身性的、笼统的、散漫的，以后才逐步分化为局部的、准确的、专门化的动作。例如，把毛巾放在不同年龄段婴儿的脸上，婴儿会表现出不同的动作。2 个月大的婴儿会出现全身性的乱动；5 个月大的婴儿开始出现比较有定向性的动作，如双手向毛巾方向乱抓；而 8 个月大的婴儿能毫不费力地拉下毛巾。

2. 首尾规律

儿童最早发展的动作是头部动作，其次是躯干动作，最后是脚的动作。儿童最先学会抬头和转头，然后是俯撑、翻身、坐、爬、站立和行走，即在儿童出生的头几年中，头、颈、上肢的动作发展先于下肢的发展。

3. 大小规律

动作发展通常分两类：大肌肉（粗大）动作发展和小肌肉（精细）动作发展。大肌肉动作发展是指牵动大肌肉和大部分身体的动作，如：爬行、行走、奔跑、单足跳等；而小肌肉动作涉及手的使用或者双手动作的灵活程度，如：抓握、使用勺子、扣纽扣、系鞋带等。

(a) 抬头
(b) 翻身
(c) 坐
(d) 爬
(e) 行走

▲ 图3-21 儿童的动作发展

生理的发展是从大肌肉延伸到小肌肉的，因此婴儿先学会的是大幅度的大肌肉（粗大）动作，以后才逐渐学会小幅度的小肌肉（精细）动作。比如，他们首先出现的是躯体大肌肉动作，如：头部动作、躯体动作、双臂动作、腿部动作等，以后才是灵巧的手部小肌肉动作以及准确的视觉动作等。

在大肌肉动作方面，随着大脑和颈部肌肉的成熟，大多数婴儿 1 个月时可以在俯卧的时候抬起下巴；7 个月时能够独立坐着；7—8 个月时可以开始练习爬行；11 个月能独立站着；接近 12 个月时，部分婴儿可以独立行走。随着儿童的身体变得更具有流线型且更高、更重时，他们的重心开始向下，转向躯干的发育。此时，他们的平衡能力大大增强，这为需要运用身体大肌肉的新动作技能的发展奠定了基础。到 2 岁时，儿童的步伐开始流畅且富有节律性，起初是跑，后来是双脚跳、单脚跳、快跑。当儿童脚下更稳时，他们的手臂会开始试着使用新的技能，如：扔球和接球、玩单杠等。随着儿童的成长，其上肢和下肢的运动技能开始结合为更精细的活动。5—6 岁的儿童能踏三轮车，能在投、接、跳等活动中灵活地移动全身。在幼儿后期，儿童能够以更快的速度和耐力掌握各种技能。

在小肌肉动作方面，新生儿生来就具有抓握反射，并有伸手够物的倾向。5 个月时，伸手够物成为婴儿非常熟练的动作。当伸手够物变得容易时，婴儿开始锻炼其抓握物体的技巧，从五指一起抓握的爪状抓握到使用大拇指和食指进行的钳状抓握，婴儿的抓握能力逐渐提高。2 岁儿童的手指依然较为粗笨，手指的末梢神经还没有完全髓鞘化。到 4 岁时，这种髓鞘化基本完成，这样 4 岁的儿童能够很容易地拿着蜡笔进行涂画，他们还能使用剪刀、堆摆积木等。到了 5 岁，儿童能够系扣子、拉拉链，吃饭时能用汤匙、叉子或筷子，有些儿童甚至能够系鞋带。

▲ 图3-22　爪状抓握

▲ 图3-23　钳状抓握

▲ 图3-24　使用画笔

拓展阅读

重要动作发展的年龄常模

有研究者对婴儿前两年的动作发展进行了调查，他们发现动作发展遵循特定的顺序，如表 3-1 所示。值得注意的是，儿童的动作发展由于遗传、环境、性别等原因存在个体差异，不同儿童的动作发展水平可能存在较大的差异。然而，虽然不同婴儿第一次出现这些技能的时间可能差别很大，但是那些较快掌握这些技能的婴儿并不一定比掌握这些技能速度一般或稍慢的婴儿更聪明，而且不能据此认为前者的发展更有优势。

表 3-1 重要动作发展的年龄常模①

动作技能	50% 的婴儿掌握这项动作技能的月龄	90% 的婴儿掌握这项动作技能的月龄
俯卧抬头 90 度	2.2	3.2
翻身	2.8	4.7
扶坐	2.9	4.2
独坐	5.5	7.8
扶站	5.8	10.0
爬	7.0	9.0
扶走	9.2	12.7
玩拍手游戏	9.3	15.0
独站片刻	9.8	13.0
独自站稳	11.5	13.9
走得很好	12.1	14.3
搭积木	13.8	19.0
爬楼梯	17.0	22.0
向前踢球	20.0	24.0

4. 近远规律

婴儿动作发展从身体中部开始，越接近躯干的部分，动作发展越早，而远离身体中心的肢端动作发展较迟。头、躯干、手臂的动作发展先于双手和手指动作的发展。以上肢动作为例，肩头和上臂首先成熟，其次是肘、腕、手，手指动作发展最晚；下肢动作也是如此。

5. 无有规律

婴儿最初的动作是无意的，以后越来越多地受到心理有意的支配。研究发现，满 2 个月的胎儿便可利用头或臂的旋转，使身体弯曲（这是最早的胎动）。3 个月的胎儿已出现巴宾斯基反射和其他类似吸吮反射及抓握反射的活动。胎儿在 5 个月后逐渐获得了吞咽反射、眨眼反射等对其生命有重要作用和价值的本能动作。可见，生命早期的动作是无意识的，随着儿童的成长，他们的动作越来越受到自身意识的支配。

① David R. Shaffer, Katherine Kipp. 发展心理学（第九版）[M]. 邹泓，等译. 北京：中国轻工业出版社，2016：182.

（二）早期动作发展的心理学意义

儿童早期动作发展是个体整体发展的一部分，对儿童认知能力和社会性发展等方面具有重要影响。动作发展能够有效促进儿童的认知发展。动作技能的发展使得儿童运动范围不断扩大，这大大丰富了儿童的感知经验，儿童可以看到、听到、闻到、尝到、触摸到更多的物质材料、自然环境，这为儿童内化的心理活动提供了丰富的素材，儿童的生活经验得以丰富，心理活动日渐复杂。另外，在儿童运动的过程中，与其运动有关的感知能力（如：空间定位能力和深度知觉能力）不断发展，也能反过来支持其爬行、行走和跑跳动作。

▲ 图3-25　儿童进行户外活动

良好的动作发展也是儿童社会性发展的基础。当婴儿能够爬行和行走时，他们更有自信离开照料者去寻找新的刺激，也能在感到不安全时回到照料者身边，与照料者之间良好的社会互动由此开展。而运动能力不断增强的儿童也能够在运动游戏中与其他儿童进行互动，自信心、自尊心增强的同时，也收获了良好的同伴交往经验。

（三）促进儿童动作发展的策略

健全的身体是一个人做人、做事、做学问的基础，幼稚园第一要注意的是儿童的健康。

——陈鹤琴

协调灵活的动作不仅是学前儿童身心健康的重要标志之一，也是学前儿童学习和生活的基础，是其安全运动的保障。学前儿童的动作发展是一个循序渐进、不断完善的过程。动作发展离不开练习，但又不能进行枯燥机械的强化训练，需要根据学前儿童的年龄特征、兴趣需要来帮助儿童发展良好的动作技能。学前儿童的学习是以直接经验为基础，在游戏和日常生活中进行的。成人要珍视游戏和生活的独特价值，创设丰富的教育环境，合理安排一日生活，最大限度地支持和满足儿童通过直接感知、实际操作和亲身体验获取经验的需要。

1. 立足学前儿童的兴趣，在游戏活动中促进儿童动作的发展

兴趣是最好的老师，游戏是儿童的生命。教师可以根据《3—6岁儿童学习与发展指南》（以下简称《指南》）中儿童动作发展的典型表现，设计游戏内容和创设游戏

情境，为儿童提供丰富的游戏和户外活动机会。游戏情境要关联儿童的认知水平和生活经验，还要有一定的挑战性，让儿童“跳一跳，够得着”，便于其获得成功，建立信心，在发展动作的同时，让他们体验快乐。游戏材料要有层次性和挑战性，能够让儿童通过模仿、探索、尝试，在游戏中获得丰富的运动经验，掌握更为复杂的动作技能，提升运动协调能力，从而促进不同发展水平的儿童在原有基础上获得进步。

▲ 图3-26　儿童室内体育活动

2. 立足学前儿童的生活，在生活中促进儿童动作的发展

健康教育本身就是生活，从小培养儿童正确的站、坐、走等姿势对其身体和骨骼发育有利。从小班开始，教师要有意识地培养儿童在生活中学习并养成正确的坐姿、站姿，学习自然、协调、灵活地走、跑、跳等动作技能。比如，小班儿童上下楼梯动作的协调性就是在生活中逐步建立和完善的；儿童手指动作的灵活性则是在穿衣服、扣扣子、夹菜、吃饭、剪、撕、贴等生活活动中逐步发展的。对于1—3岁的儿童，使用勺子、穿珠子、捡球等简单的游戏都能锻炼儿童手部的精细动作技能。3—6岁儿童的手眼协调和对小肌肉的控制能力迅速提高，他们已经能够用积木堆房子，能够使用剪刀，能够涂色画画和自己穿衣吃饭等。这一时期，儿童对自己能够掌握这些技能有很大的满足感，会主动要求自己完成一些活动，会主动练习一些精细动作技能。成人可以给儿童创造一些做家务活（如：倒果汁、擦桌子、捡东西等）的机会，帮助他们获得丰富的动作技能，提高自信心。然而，由于动作还未熟练，儿童做事的速度可能很慢或把事情搞糟，这时成人应耐心等待，鼓励儿童自己的事情自己做。

▲ 图3-27　教师自制的练习精细动作的玩具

拓展阅读

婴幼儿家务劳动参照事项

表 3-2　婴幼儿家务劳动参照表

年　龄	家务劳动事项
9—24 个月	扔自己的纸尿裤、帮成人拿取小物品
2—3 岁	收拾整理玩具、把绘本放回书架、饭前摆放餐具、选择自己当天穿的衣物、用完马桶冲水
4 岁	喂宠物、浇花、以简单的方式叠衣服
5 岁	自己穿衣服、自己倒水、把干净的衣服叠好、整理床铺、收拾房间、擦桌子、洗水果和蔬菜、倒垃圾
6 岁	整理自己的穿戴、整理自己的书包、打扫自己的房间、择菜去皮、饭后收拾碗筷

思考与练习

1. 胎儿宫内发育的过程是怎样的?
2. 影响胎儿正常发育的因素有哪些? 母亲孕期应注意哪些事项?
3. 试论早期教育对儿童大脑发育的重要作用。
4. 儿童动作发展的规律是什么? 成人应如何促进儿童动作的发展?
5. 儿童早期动作发展的心理学意义体现在哪些方面?

推荐资源

1. 纸质资源:

(1) 安妮・迪安编著，李振华主译:《怀孕圣经 (第四版)》，山东科学技术出版社 2012 年版。

(2) 刘馨编著:《学前儿童体育》，北京师范大学出版社 2012 年版。

2. 视频资源:

(1) 纪录片《九月怀胎》，英国广播公司 (BBC) 制作。

(2) 纪录片《婴儿日记》，劳伦特・弗拉帕特 (Laurent Frapat) 导演。

第四章 学前儿童感知觉的发展与教育

目标指引

1. 了解感知觉的区别与联系，以及其在学前儿童心理发展中的作用。
2. 掌握学前儿童感觉发展的特点。
3. 掌握学前儿童知觉发展的特点。
4. 能够运用有效措施促进学前儿童观察力的发展。

内容结构

- 学前儿童感知觉的发展与教育
  - 感知觉概述
    - 感觉和知觉的概念
    - 感知觉在学前儿童心理发展中的作用
  - 学前儿童感觉的发展
    - 视觉的发展
    - 听觉的发展
    - 嗅觉与味觉的发展
    - 皮肤觉的发展
  - 学前儿童知觉的发展
    - 空间知觉的发展
    - 时间知觉的发展
    - 跨通道知觉的发展
  - 学前儿童观察力的培养
    - 学前儿童观察力的发展特点
    - 学前儿童观察力的培养

▲ 图4-1　儿童不敢独自走楼梯

萌萌体格瘦小且胆小、怕高，从来不敢独自下楼梯或从台阶上往下跳，经常摔跤。她的动作总是不太协调，钻、爬、跳、攀登、平衡等各种能力都很糟糕。因此，在户外活动的时候，别的孩子抢着玩大型玩具，萌萌却总是站在旁边看着。

小小跟别的孩子不一样，他总是尽力挣脱妈妈的拥抱，还经常转动脖子，说衣领不舒服、身上痒。很多时候，小小爱咬指甲，总是显得紧张、孤独、不合群。

当儿童有上述表现时，成人通常会产生疑问，这个孩子是“问题儿童”吗？其实儿童的这些所谓的“问题行为”可能与其感知觉发展滞后有关，需要成人的支持和帮助。那么，学前儿童感觉和知觉的发展有什么特点呢？成人应该如何更好地促进学前儿童感知觉的发展呢？

第一节 感知觉概述

感知觉是认识的来源，是高级心理活动得以发展的基础。要把握学前儿童感知觉发展的规律，首先要了解什么是感觉和知觉。

一、感觉和知觉的概念

感觉的概念与我们日常生活中常常使用的“感觉”是不同的，如“我感觉她好像有话要说”，这里的“感觉”不是心理学上的“感觉”。

心理学上的感觉是大脑对直接作用于感觉器官的客观事物的个别属性的反映。通俗来说，感觉就是利用眼、耳、鼻、舌等感觉器官接受来自外部世界或人体内部的刺激，再通过内导神经将接受的刺激信息传入神经中枢的过程，包括视觉、听觉、嗅觉、味觉和皮肤觉。感觉是最初级的认识过程，是一种最简单的心理现象。① 当刺激物作用于感觉器官时，人能立即察觉并分辨出刺激物的个别属性。

知觉是客观事物直接作用于感官而在头脑中产生的对事物整体的认识。② 比如，眼睛感觉到了光线的刺激，刺激信息传递到大脑皮层形成视觉，视觉信息经过加工后，我们便知觉到了发光的物体是灯。

---

① 沈德立 . 基础心理学［M］. 北京：高等教育出版社，2012.
② 黄希庭，郑涌 . 心理学导论［M］. 北京：人民教育出版社，2015.

从以上概念可以看出，感觉是对事物个别属性的反映，而知觉是对事物的整体认识。可以说，知觉源于感觉而高于感觉。

表 4-1　感觉与知觉的关系

	感　觉	知　觉
区别	事物个别属性的反映	事物整体属性的反映
	低级阶段	高级阶段
联系	都属于认知过程的感性阶段	
	都是对事物的直接反映	
	感觉是知觉的基础	
	知觉是感觉的深入和发展	

二、感知觉在学前儿童心理发展中的作用

感觉和知觉都属于认识活动的低级形式，它们是个体发展中最早发生，也是最早成熟的心理过程。感知觉在学前儿童心理发展中有着重要作用。

感知觉是学前儿童认识世界的最初方式。通过感觉和知觉，儿童将外界物质环境与自身心理活动联系起来，从而为其他更高级心理活动的出现奠定了基础。比如，刚刚出生的婴儿会因为饥饿或寒冷而啼哭，会因为感受到光的刺激而眨眼，会对声音做出反应……可以说，感觉和知觉让婴儿感受到自己和世界的存在，在此基础上，婴儿才得以记忆、思维、想象和创造。

感知觉也是学前儿童最基本的学习方式。在言语和思维能力形成之前，不能说话和思考的儿童只能依靠感官接受外界刺激，在脑中知觉出对客观世界的认识。2 岁之后的儿童虽然言语和思维能力已经初步形成，但感知觉依然在儿童认知活动中占重要地位。比如，相比于对成人抽象的语言描述的理解，学前儿童更容易记住亲眼见过、亲手摸过的物体。再如，对于同样数量的一堆珠子，如果集中堆在一起，儿童会认为较少，如果分散开来，儿童会认为较多，这是因为思维受直接的知觉所影响。

▲ 图 4-2　儿童在感知中学习

第二节 学前儿童感觉的发展

视觉、听觉、嗅觉、味觉、皮肤觉是五种重要的感觉能力，是儿童感知世界的窗口。已有研究者对学前儿童感觉能力的发展进行了大量研究，为我们了解和促进儿童感觉能力的发展提供了科学支持。

一、视觉的发展

（一）视觉的发生

视觉是儿童重要的感知渠道之一。4—5 个月的胎儿会在强光照射孕妇腹部时闭上眼睛，这表明他们的视觉感受器（眼睛）已经能够感受到光的存在。从婴儿降生开始，就通过视觉认识外界环境，探索环境的变化。在出生后的第一分钟，婴儿就能发现亮光的变化，且能把眼睛转向慢慢移动的物体。

（二）视觉集中

视觉集中发生在婴儿出生后的第一年。视觉集中指通过两眼肌肉的协调，能够把视线集中在适当的位置观察物体。新生儿的视觉难以集中，视觉定位能力比较差，往往不知道应该往哪里看。新生儿的最佳视距在 20 厘米左右，相当于母亲抱着孩子喂奶时，两人脸与脸之间的距离。另外，由于新生儿的眼肌不能很好地运动，出生后 2—3 周内，常常表现为一只眼睛偏右，一只眼睛偏左，或者两眼对合在一起。到了 6 个月时，他们可以看街对面的风景，8—9 个月时，他们的视觉距离更长。

（三）视觉敏度

视觉敏度是指精确地辨别细致物体或处于具有一定距离的物体的能力，也就是发觉一定对象在体积和形状上最小差异的能力，即通常所说的视力。

出生时，新生儿的神经、肌肉和眼睛的晶状体仍处于发展中，他们无法看到远处的物体。他们看到的妈妈的面孔是模糊的，即使贴近了看也是一样。在出生后最初的几个月里，新生儿的视觉敏度显著提高；到 6 个月大时，他们的视力明显更好；1 周岁时，视力接近成年人；直到 6 岁时，儿童的视敏度才和成人一样好。

拓展阅读

新生儿的视觉发展水平

生命早期，视觉发展水平在婴儿的各种感觉能力中是最低的。如图 4-3 所示，上面两幅图案是我们所能看到的，下面两幅图案是新生儿眼中所见到的。生命早期，较差的视觉水平使得婴儿喜欢中等复杂，而非高度复杂的图案。

根据婴儿视觉敏度的特点，成人在给婴儿提供玩具时，要考虑一些对比度高且不过于复杂的图案，另外还要注意保证房间的采光充足。

(a) 成人看到的图案

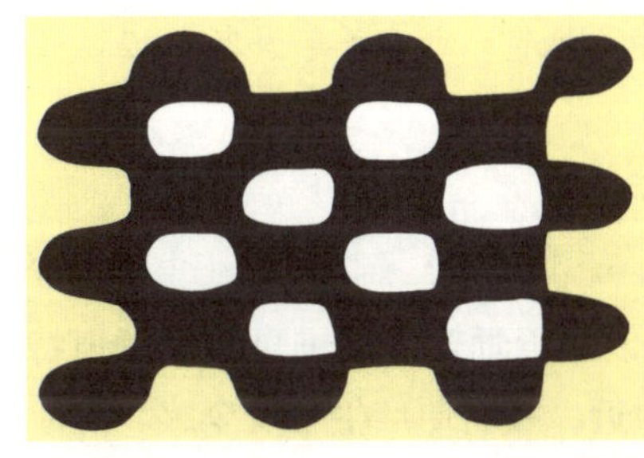

(b) 新生儿眼中的图案

图4–3 成人眼中与新生儿眼中的图案对比

(四) 颜色视觉

颜色视觉是指区别颜色细致差异的能力，亦称辨色力。虽然婴儿看见的世界是彩色的，但新生儿只能辨别红色和绿色，要到2—3个月大时，婴儿才能分辨所有的基本色。

幼儿期，儿童颜色视觉的发展主要表现在区别颜色细微差别能力的继续发展上。与此同时，这一阶段儿童对颜色的辨别往往和掌握颜色的名称结合起来。3岁儿童还不能认清基本颜色，不能很好地区别各种颜色的色调，如：蓝色和天蓝，红色和粉红等。4岁开始，儿童区分各种色调细微差别的能力逐渐发展起来，开始认识一些混合色。5岁儿童不仅能注意色调，而且能注意到颜色的明度和饱和度，能够辨别更多的混合色。另外，儿童辨别颜色能力的发展主要体现在掌握颜色的名称上。儿童如果掌握了颜色的名称（如：浅紫色、橘黄色等），即使是混合色，儿童同样可以掌握。

拓展阅读

儿童视力保健

1—3岁是儿童视觉发展的黄金阶段，为了保护儿童的视力健康，成人除了需要为儿童安排舒适的居家环境、提供均衡的饮食、保持规律的作息之外，还要避免任何可能损伤儿童视力的行为。以下提供一些有助于儿童视力保健的方法：

1. 不要让儿童太早学习认字、写字

现在，许多儿童从托儿所就开始进行学习活动。当儿童视力尚未完全发育完成的时候，过度用眼可能会造成视力的损伤。成人应多利用假日与儿童从事户外活动，走向大自然。这不但可以帮助儿童放松眼肌，还可以增进亲子关系。

2. 充足、舒适的室内采光

光线不足容易使眼睛疲劳。最舒适、最清楚的光度为两管 20 瓦以上的日光灯或 60 瓦的电灯。阅读时，应保持桌面亮度充足，并且应使光线由左方照射，避免直接刺激眼睛。

3. 降低电视、电脑的负面影响

建议儿童每天看电视的时间不要超过 1 小时，并且每半小时休息 5—10 分钟。看电视时，应该让儿童保持与电视画面对角线 6—8 倍的距离。另外，使用电脑容易使眼睛疲劳，最好不要让儿童太早学习使用电脑。

4. 定期进行视力检查

对于视力正常发展的儿童，满 3 岁就应进行第一次视力检查。之后每年固定 1—2 次视力检查，以便及早发现问题，把握矫治的黄金时期。

二、听觉的发展

听觉是儿童获得信息的主要渠道之一。儿童需要依靠听觉辨认周围事物的发声特点，比如，当儿童听见妈妈的说话声，就知道妈妈在附近，顿时便产生了安全感。

（一）胎儿的听觉反应

听觉在胎儿时期已经开始发育，较大的声响会引起胎动。因此，孕妇适宜聆听宁静悦耳的音乐，应避免过多的噪声刺激。

（二）新生儿听觉的发生

在刚出生的几小时里，婴儿已具有感觉外界声波的能力。婴儿对声音很感兴趣，尤其偏爱音调较高但不尖锐的女性声音，尤其喜欢人（特别是妈妈）的声音。哭闹的新生儿一旦听到自己母亲的声音就会变得安静起来，即刻转过头去看母亲的脸。刚出生的婴儿能从不同的女性声音中辨认出妈妈的声音，这可能是由于妊娠期的胎儿能够透过子宫壁听到妈妈的声音。

婴儿的听觉发展较快，很早就能将声音与特定的意义建立联系，具备一定的声音定向能力。比如，新生儿听见人声时，眼睛会朝着声音方向转去。

婴儿对语言的识别非常敏感。刚出生 12 个小时的婴儿，即使听不懂语言的具体意思，也能对成人的语言作出明显的同步动作反应。2 个月大的婴儿可以辨别同一个人带有不同情感的语调，还能快速地学习辨认经常听到的词语。这样的听觉能力无疑为其言语发展奠定了基础。

拓展阅读

婴儿听力发展的判断方法

要判断婴儿听力发展是否正常，首先要了解不同年龄段婴儿听力的发展水平。

5—6 个月的婴儿由于言语声的刺激，开始进入牙牙学语的初期，可以反复无意识地重复言语声，如“papapa”、“mamama”等。他们对各种声音都感兴趣，会转头主动寻找声源。

7—9 个月的婴儿可以很好地控制头颈部活动。在安静的环境中，当有人呼唤他时，会把头转向说话的人，也会直接探寻发出声音的物体。但当声音来自他的上方或下方时，他还不能直接把头转向上方或下方。这个月龄段的婴儿已会跟随声音发出“咯咯”的笑声或“咕咕”声。

9—13 个月的婴儿开始对自己的名字和其他感兴趣的声音作出反应，并开始有意识地模仿言语声，学习简单的言语，如“妈妈”等。

1—2 岁的儿童听觉能力已经基本接近成人水平，言语的理解能力和表达能力也进一步发展，能够完成他人向其发出的各种简单指令。他们已经学会十几个词的发音，一两句简单的句子。这都说明儿童能准确地听到言语声，并听懂语言。

（三）婴幼儿听觉的发展

随着年龄的增长，特别是在掌握语言、接触音乐环境的过程中，儿童的听觉不断发展。在辨别声音细微差别方面，由于小班儿童往往不能区别发音上的细微区别，因此在学会正确发音方面会产生困难。大班儿童比小班儿童强得多。5—6 岁儿童平均能在 55—65 厘米距离外听到表的摆动声，6—8 岁儿童则在 100—110 厘米之外就能听到，说明从 6 岁到 8 岁，听觉感受性可提高一倍。

三、嗅觉与味觉的发展

嗅觉发展方面，新生儿能够察觉出各种气味。对于不喜欢的气味（如：醋味、臭鸡蛋味等），他们会把头扭开并露出厌恶的表情。在出生后 4 天左右，婴儿表现出对奶味的偏爱，吃母乳的婴儿能够通过乳房和腋下的气味认出自己的妈妈，婴儿正是通过妈妈独特的“气味标识”来确认自己最亲密的看护者。

无论是足月儿还是早产儿，婴儿一出生就表现出明确的味觉偏好，与苦、酸、咸或者中性的液体（水）相比，他们更喜欢甜的味道。不同的味道会引发新生儿不同的面部表情。例如，甜味能减少婴儿哭泣，使他们发笑和咂嘴；酸味会让婴儿皱鼻子；苦味则会让婴儿表现出厌恶的表情，嘴角向下撇，伸舌头，吐口水。

四、皮肤觉的发展

婴儿的皮肤觉主要包括温觉、触觉和痛觉。

1. 温觉

新生儿对温暖、寒冷以及温度的感觉非常敏感。比如，当奶瓶里的奶太热时，他们会拒绝吸奶嘴；当房间内温度骤降，他们会加强活动来保持身体热量。

2. 触觉

触觉是婴儿对外界环境的肢体反应方式。养育者经常抚摸婴儿或与婴儿进行亲密接触，不仅

▲ 图4-4　用嘴巴探索的儿童

能够刺激婴儿的神经活动，有利于婴儿触觉的发展，而且能够缓解婴儿的焦虑，帮助他们平静下来。另外，来自养育者的抚触也能增加婴儿与养育者的良好互动。在出生后的第一年，婴儿开始利用触觉探索周围事物，先是用嘴唇和嘴巴进行探索，然后才是双手，这就是为什么婴儿总是把物体放到嘴里的原因。这时成人不应该阻止婴儿的探索，而应该尽量为其提供安全、卫生的玩具。

3. 痛觉

痛觉方面，婴儿一出生就能感受疼痛，即使是刚出生的婴儿也能因血液检查被针刺到手指而拼命大哭。由于不会说话，婴儿只能通过啼哭、面部表情、身体移动和体态改变来表达疼痛，需要养育者进行仔细观察。

第三节 学前儿童知觉的发展

对儿童的知觉研究主要集中在空间知觉、时间知觉和跨通道知觉等方面。

一、空间知觉的发展

空间知觉指对物体的空间关系的位置以及机体自身在空间所处位置的知觉，包括形状知觉、大小知觉、方位知觉和深度知觉。形状知觉和大小知觉是对物体属性的知觉，而方位知觉和深度知觉是对物体之间关系的知觉。

（一）形状知觉的发展

形状知觉体现在能够辨别不同的形状，并产生对一些形状的偏爱上。实验证明，3个月大的婴儿已经具有了分辨简单形状的能力，在8—9个月以前就获得了形状知觉的恒常性。另外，对婴儿进行视觉偏好的研究发现，婴儿不仅已经能够识别不同图形，而且对一些特殊的图形表现出了偏爱：（1）喜欢轮廓清楚的图形。（2）喜欢带有环形和条形的图形。（3）喜欢同心圆的图形多于非同心圆的图形。（4）喜欢较复杂的图形多于较简单的图形。（5）喜欢人脸多于其他图形。（6）喜欢正常的人脸，而不爱看眼、鼻、嘴位置歪曲的人脸。

▲ 图4-5 镶嵌板玩具

对幼儿期形状知觉发展的研究，往往是通过让儿童用眼或用手辨别不同几何图形进行的。对学前儿童而言，辨别不同难度的几何图形的先后顺序是：圆形—正方形—半圆形—长方形—三角形—八角形—五边形—梯形—菱形。

成人可以通过各种游戏提高儿童形状知觉的水平。比如，利用镶嵌板玩具让儿童认识不同形状。

（二）大小知觉的发展

大小知觉体现在视知觉的恒常性方面。视知觉的大小恒常性是指，不论物体离眼睛的距离是远还是近，人都能够认识到物体的实际大小尺寸不会因物体离自己距离的变化而变化的能力。婴儿的视知觉大小恒常性在生命第一年稳步发展：4个月以前的婴儿已经能表现出较好的视知觉恒常性；6个月以前的婴儿已经能辨别大小。另外，儿童在3岁以后其视知觉的大小恒常性更加精确。例如，在比较不同大小的积木时，4—5岁的儿童需用手去摸积木的边沿，把积木逐块地进行比较后，才能确定其大小是否相同；6—7岁的儿童由于经验的作用，他们能单凭视觉直接从一堆积木中指出大小相同的两个。

拓展阅读

知觉恒常性与错觉

知觉恒常性除大小恒常性外，还有颜色恒常性、形状恒常性、距离恒常性、速度恒常性等多种表现形式。这种能力帮助我们在不断变化的世界里保持对事物相对稳定的正确知觉。然而有些时候，运用一些手段，我们会被知觉恒常性欺骗，形成错觉。

在图4-6中，两个人像单独来看大小是相同的，但当人像被放到隧道的情景中时，我们会发现隧道远处的人似乎变大了，这就是大小恒常性造成的错觉。

▲ 图4-6　视知觉大小恒常性

（三）方位知觉的发展

方位知觉即对自身或物体所处方向的知觉，如对上、下、左、右、前、后、东、西、南、北的辨别。

婴幼儿方位知觉的发展主要表现在对上下、前后、左右方位的辨别。1岁多的儿童已经能辨别室内的方位，知道某些物品所在的位置。

3岁以后的儿童则更多依靠视觉、动觉及静觉的联合活动进行方向定位。儿童方位知觉发展的顺序是：上、下、前、后、左、右。通常3岁儿童仅能辨别上下方位；4岁儿童开始能辨别前后方位；5岁后儿童开始能以自身为中心辨别左右方位；6岁儿童虽然能完全正确地辨别上、下、前、后4个方位，但以自身为中心的左右方位的辨别仍未达到完善。由于左右方位的辨别是从以自身为中心逐渐过渡到以其他客体为中心，因此许多研究认为，儿童要到七八岁之后方能掌握左右方位的相对性。所以，幼儿园教师在面向儿童做示范动作时，其动作应该是以儿童的左右为基准做镜面示范。例如，如果要对面站立的儿童举起右手，教师示范时就要举起自己的左手；或者举出具体的事实说明，如说“伸出右手，就是伸出拿画笔的那只手”，不要抽象地说“左右”，避免引起混乱。

案例

培养儿童空间知觉的游戏

空间知觉是对方位、距离的知觉。儿童容易混淆上下、左右等方位概念。家长和教师可以通过游戏的方式帮助儿童加强对方位概念的理解。

1. 亲子游戏：找衣服

爸爸妈妈把衣服放在某处，让孩子帮助自己喜欢的小动物找一件隐藏的衣服，并用方位词讲述，例如：小熊的衣服在枕头下面；小鸡的衣服在沙发上等。通过这样的方式训练孩子的空间方位知觉，并使其真正理解表达方位的词语。

2. 幼儿园游戏：开汽车

教师在教室中模拟马路的场景，指挥假装开车的儿童向左转弯、向右转弯、向后倒车、向前加速等，在游戏中让儿童体验方向感。

▲ 图4-7　教师制作的交通标志牌

（四）深度知觉的发展

深度知觉又称立体知觉，是对同一物体的凹凸程度或两个物体上下近远程度的知觉。测量婴儿深度知觉的常用工具是吉布森等创设的视崖装置。这是一种特殊的装置，把婴儿放在厚玻璃板的平台中央，平台一侧下面紧贴着玻璃并放有方格图案，另一侧则在一定距离的下方布置了同样的方格图案，这样就造成了一种视觉印象：前一侧是浅滩，后一侧是深渊。

视崖实验发现，儿童深度知觉发展较早，6个月大的婴儿就能感觉到视觉悬崖的存在。当婴儿爬到悬崖边时，心率会加快，说明他们已经具有了深度知觉的能力。深度知觉的发展受婴儿爬行经验的影响较大。有研究表明，10—13个月才开始爬行的婴儿，

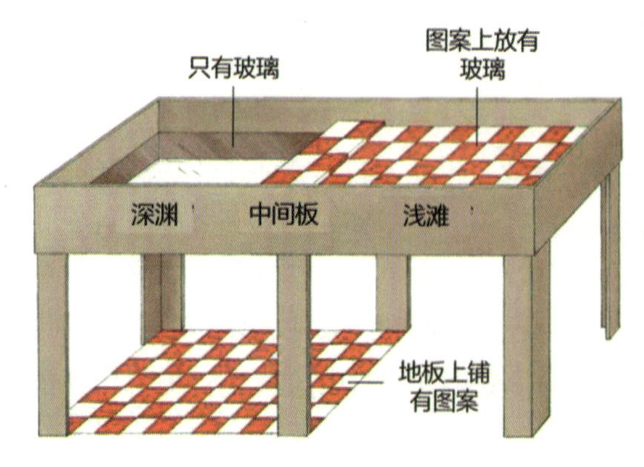

(a) 示意图

(b) 实验图

▲ 图4-8　视崖装置

深度知觉的发展仅相当于正常7—9个月的婴儿。这一结论启发我们，深度知觉的发展受个体经验的局限，爬行训练不仅能够促进儿童身体动作的发展，而且对其大脑深度知觉的发展意义重大。

在幼儿园户外活动时，儿童可能由于深度知觉的发展不足而出现安全问题，教师应予以重视，做好幼儿园大型器械区的保护措施。同时，教师也要通过各种游戏和体育活动促进儿童深度知觉的发展。

▲ 图4-9 儿童进行户外活动

二、时间知觉的发展

儿童是否能感受到时间的流逝？1分钟对儿童来说有多久？昨天、今天和明天的关系是什么？这些问题都与儿童的时间知觉能力有关。时间知觉是对客观现象的延续性、顺序性和发生速度的反映。

婴儿主要依靠生理上的变化产生对时间的条件反射。婴儿对时间的反映往往是由生物节奏周期，或人们常说的“生物钟”所提供的时间信息而出现的。比如，婴儿有相对固定的吃奶时间，到了时间就会醒来或哭闹，这就是婴儿对吃奶时间的条件反射。

儿童进入幼儿园这一活动本身，能促进其时间知觉的发展。儿童知道要快些起床，好早些去幼儿园；周末不上幼儿园等。但儿童时间知觉的发展水平比较低，原因是时间知觉没有直观的物体供分析器去直接感知，不像空间知觉那样，有具体的依据。另外，表示时间的词又往往具有相对性，这对于思维能力尚未发展完善的学前儿童来说是较难掌握的。

3—4岁儿童已有一些初步的时间概念，但这种时间概念往往和他们具体的生活活动相关，例如：他们理解的“早晨”就是指起床的时候；“下午”就是指妈妈来幼儿园接的时候。然而，对一些带有相对性的时间概念（如：昨天、今天、明天等），儿童依旧难以正确掌握。一般地说，他们只懂得现在，不理解过去和将来。4—5岁的儿童可以正确理解昨天、今天和明天，也能运用早晨、晚上等词，但对较远的时间（如：前天、后天等）还不能了解。5—6岁的儿童可以辨别昨天、今天、明天等一些时间观念，也开始能辨别大前天、前天、后天、大

▲ 图4-10 3—4岁儿童无法理解带有相对性的时间概念

后天，能分清上午、下午，知道今天是星期几，知道春、夏、秋、冬，但对更短的或更远的时间观念就难以分清。

儿童对时间单位也不能正确理解。6 岁儿童还不能真正了解 1 分钟、1 小时或 1 个月的意义。因此，在让儿童等待时最好不要用“等 5 分钟”之类的时间单位来表达，而最好利用沙漏、钟表指针等可视化的时间表达方式。另外，在儿童的言语中，常常会出现一些有关时间的语词（如：去年、星期天等），但往往用错，不能反映出它们的实际含义。比如，儿童说“明天我到人定湖去玩”，实际上是要表达“昨天”去玩。又如，儿童说“我过年的时候买的”，实际上并没有正确反映时间。这时成人只需重复并纠正儿童的话，以供其模仿学习，不要因此批评儿童。

拓展阅读

巧用沙漏培养儿童的时间观念

在日常生活中，成人往往会约束孩子的各项活动时间，以此让孩子养成良好的习惯，比如，看半个小时动画片，玩 10 分钟游戏等。但事实上，很多学前儿童并不懂得“时间”是什么概念，更不明白成人口中的“10 分钟”是多久，“半个小时”又是多久，所以成人的要求往往很难得到孩子的配合。时间到了，玩得正起劲的孩子自然不肯轻易结束活动。

其实，学前儿童对时间的认识，就像我们成人手上没有任何计时物品对时间的把握一样。当孩子根本不明白时间概念的时候，半小时、10 分钟等具体的时间长度对他们而言都是抽象的。而沙漏却把原本抽象的时间具体化，当沙漏里的沙子漏完了，孩子的活动时间也就结束了。比起具体的时间数字，用沙漏表示时间长短，孩子更容易理解，另外也能培养孩子的自觉性。

▲ 图4-11　计时沙漏

儿童的时间知觉可以在教育过程中得到培养和发展。有规律的幼儿园生活能帮助儿童建立一定的时间观念。音乐和体育教学使儿童掌握节奏和有节律的动作。带领儿童观察动植物的生长以及有意识地教会儿童有关时间的词汇，都有利于儿童时间知觉的发展。

三、跨通道知觉的发展

人们不可能只依靠一种知觉理解世界，跨通道知觉将不同的感觉通道联系起来，让人们能够通过一种感觉器官获得的信息推论出另一种感觉通道已经熟悉的刺激物，比如，我们看到一个苹果（视觉）就能猜出它甜甜的味道（味觉）。那么，儿童是从何时开始具备这种能力的呢？早期经验对儿童的知觉能力又有怎样的影响呢？

将看到、摸到、闻到或者通过其他方式获得的信息整合在一起的跨通道知觉能够帮助婴儿将所有感觉信息整合在一起形成知觉，从而更好地认识这个世界。各种感觉通道在生命早期的时候就相互关联。研究表明，婴儿对相互矛盾的感觉会表现出消极情绪反应，比如，当利用投影技术给婴儿观看幻象时，婴儿会伸手去抓这些虚幻的物体，当婴儿发现抓不到物体时，会沮丧地哭泣，这说明婴儿希望去感受那些他们既能看到也能摸到的物体，而视觉和触觉的不一致导致他们不高兴。

但是，早期感觉通道间的联系并不意味着婴儿能够通过一种感觉通道认出另一种感觉通道熟悉的物体。新生儿只能在既看到妈妈（视觉），也听到妈妈的声音（听觉）的时候才能认出自己的妈妈。直到出生后 3 个半月，婴儿才能够将面孔和声音联系起来，仅通过妈妈的声音认出妈妈（即视觉和听觉的整合）。

拓展阅读

感觉统合失调是怎么回事①

来自不同感觉器官的信息在输入大脑后需要进行信息的集中与统合，就像是交通指挥者或红绿灯管制。在它的指挥下，各种信息才能有条不紊地在大脑的纵横道路上通过，大脑只有在协调了来自不同感觉通道的信息后，才能进一步指挥身体做出准确恰当的反应。感觉统合失调的孩子会在某些感觉方面过于迟钝或过于敏感，这就导致大脑在感觉信息的统合方面存在障碍，从而表现出注意力不集中、做作业拖拉、多动、胆小、退缩、爱哭、不合群、吃饭挑食或暴饮暴食等问题。其实出现上述状况不是孩子不听话，而是感觉统合失调，其本质是大脑功能发育不良造成的。感觉统合失调主要有以下类型：

（1）视觉统合失调：读书一目十行，经常看错页码，即使是简单的数学题也算不明白，甚至连题都抄不对。

（2）听觉统合失调：对家长和老师的话充耳不闻，老师布置的任务记不清，家长的叮嘱也不在意。

（3）前庭觉平衡功能失常：好动不安、注意力不集中、学习不专心、小动作很多。由于协调能力差，很多孩子写字不整齐，害怕上下楼梯，甚至会将鞋子穿反。

（4）触觉过分敏感：这类孩子往往对别人的触摸十分敏感，有时正常接触也会被孩子认为是“打”了他。在学习与生活中表现为紧张不安、易受惊、办事瞻前顾后、脾气大、爱咬手指、爱哭等。

▲ 图4-12 儿童注意力不集中

① 彭云．感统失调，你了解吗——感觉统合失调诊断与矫正的个案描述［J］．幼儿教育导读（家长版），2009，10：28—31.

（5）本体统合失调：本体感不强的孩子总是显得很笨拙，如不会跳绳，跑步动作不协调，常撞到东西或跌倒。另外，他们呼吸和语言的协调能力差，唱歌时常常发音不准。

（6）动作协调不良：这类孩子最显著的表现就是平衡能力差，他们不像其他孩子那样喜欢荡秋千、走平衡木、钻彩虹筒等。

为何会出现上述现象呢？其实，人类的遗传基因中都有感觉统合的基本能力，但这种本能的打开依赖于生命早期身体与环境的互动。所有孩子在出生时都具备了丰富的脑神经突触与网络，但大脑的发育遵循“用进废退”的原则，即如果在生命的头三年，孩子接受到丰富的环境刺激，那么对应的脑神经突触与网络就会因为被使用而拓通。反之，如果一个孩子缺少听觉刺激，那么与听觉相关的神经突触与网络就会因使用较少而逐步废弃直到消失。所以，可以简单地把感觉统合失调的原因理解为感觉刺激不够或不当。先兆流产、早产、剖腹产等孕产期过程中的问题可能导致孩子感觉统合失调。出生后拥抱过少，没让孩子经过爬就学会走路，过分限制孩子的活动范围等抚育方式也会导致孩子感统失调。

一般来说，感觉统合失调的孩子可以通过游戏或在日常生活中加以训练来提升相应的能力。具体而言，可以通过游泳、球类、跳绳、踢毽子、滚铁环、跳房子等活动训练粗大动作能力；可以通过串珠子、夹豆子等活动训练精细动作能力。另外，家长应放手让孩子自己穿脱衣服、整理床铺、收拾房间等，给孩子充分的锻炼机会，同时还可以为他们安排不定期的爬山、远足等活动。

第四节 学前儿童观察力的培养

观察是感知觉发展的最高形式，是在综合多种感知觉能力的基础上发展起来的，是根据一定的目的和任务进行的有计划、比较持久的知觉。观察力可以帮助儿童主动获得周围世界的有关知识和信息，是认识世界的基础。观察力的发展对于儿童适应社会生活、做好入学准备具有重要意义。

一、学前儿童观察力的发展特点

由于学前儿童的接受能力和认知水平具有明显的差异性和阶段性，因此不同年龄的儿童所达到的观察水平不一样，呈现出一定的发展阶段性特点。

（一）观察的目的性逐渐增强

3—6岁学前儿童还不善于自觉地、有目的地进行观察。当儿童处于没有其他刺激干扰的情况下，基本能根据成人要求进行观察；但在不相干因素的影响下，便容易离开既定目的，这一表现在小班儿童中尤为突出。比如，当教师要求儿童在自然角观察萝卜的生长情况时，儿童的兴趣可能会被自然角中的其他生物（如：小乌龟、蜗牛等）吸引，忘记一开始的观察目的。中班和大班儿童观察的目的性逐渐加强，能够排除一些干扰，根据活动的任务和成人的要求来进行观察。

（二）观察的持续性逐渐延长

实验表明，3岁左右儿童持续观察图片的时间仅为5—6分钟，能够持续进行观察的时间随着年龄的增长而有所延长，到了6岁大概可以持续12分钟。而对自己不感兴趣的内容，儿童能够持续的观察时间更短，有时不到2分钟。儿童观察力的这一特点表明，教师在设计观察活动时要考虑儿童观察持续时间的特点，一方面要选择儿童感兴趣的观察内容，另一方面要将活动控制在适当时间内。

▲ 图4-13　儿童能持续观察自己感兴趣的内容

（三）观察的顺序性逐渐提高

小班儿童在观察时，往往碰到什么就看什么，顺序紊乱，前后反复，也多遗漏。中班儿童开始能按照一定顺序进行观察。大班儿童更能注意事物之间的关系，有组织地观察。

（四）观察的细致性不断增加

小班儿童往往只能观察到事物的粗略轮廓，做不到全面细致。只看到面积大的和突出的部分，很少注意细小的和不十分惹眼的部分。大班儿童的观察就较为细致，往往能从事物的形状、颜色、数量和空间位置等各个方面来观察，不再遗漏主要部分。

（五）观察的理解性不断提高

小班儿童只能看到孤立的事物或事物的表面现象，难以发现事物间的联系和事物的本质特征，因而他们大多叙述孤立的单个事物，看不出各个事物之间的关系。比如，小班儿童在观察两片不同的叶子时只会描述单片叶子的特点，而不会描述这两片叶子之间的共同点。因此，教师在组织观察活动时应引导儿童进行有规律的观察，并且抛出引导性问题，让儿童尝试观察事物间的联系，概括事物的本质。大班儿童由于知识经验的逐渐丰富，以及概括、归类能力的发展，他们已经能够认识事物之间的空间关系，甚至理解事物之间的因果关系，把握“对象总体”，理解图画或事物的意义。

二、学前儿童观察力的培养

结合学前儿童观察力的发展特点，教师和家长可以有意识地使用多种策略培养他们的观察力。①

（一）精选对象，激发学前儿童的观察兴趣

学前儿童对生活中的各种事物总是充满好奇，教师要善于观察儿童，及时发现儿童

① 卢素玉．儿童观察力培养缺失现象分析与应对策略［J］．教育评论，2015（1）：137—139.

▲ 图4-14 幼儿园的动物角和植物角

▲ 图4-15 教师引导儿童观察植物

▲ 图4-16 大班儿童以绘画的方式记录植物的生长情况

感兴趣的事物，抓住时机引导儿童主动观察并尝试表达观察的结果。儿童对动态、鲜艳、新颖、有声音的物体比较感兴趣，教师可以根据儿童的兴趣点，布置幼儿园的区角。例如：在自然区角养一些小乌龟、小鱼、小蝌蚪、蚕等可爱的动物；在科学区提供一些生活中常用但儿童较少关注的物体，如用塑料管折出许多有趣的动物、植物造型；在手工区提供用废旧物品制作的有创意的物品，如用一次性纸杯做成的花、灯笼、笑脸娃娃等。另外，教师还可以引导中、大班的儿童在观察的基础上做记录，并表达观察的结果。

（二）加强示范，引导学前儿童掌握观察方法

学前儿童的接受能力和理解能力都有待进一步发展，因此要培养儿童的观察力，教师就要分解观察的任务，并把它具体化、可操作化，进而引导儿童从表面现象中探究事物的本质。在此过程中，教师要做好示范，尤其是观察方法和观察顺序的示范。教师可以结合具体的观察对象，教给儿童不同观察方法的要领。在教观察方法时，教师要分阶段、分层次、有重点地对各种观察法进行示范和引导。针对3—4岁儿童，侧重自然观察和重点观察；针对4—5岁儿童，侧重直接观察、长期观察和全面观察；针对5—6岁儿童，侧重定期观察和间接观察。而在观察顺序上，教师也要做好示范，最好是边观察边讲解。例如，在观察种子时，教师可以选择一个比较大的、儿童看得清的种子。

案例

观察大蒜

为了让孩子能清晰地观察种子，刘老师选择了大蒜作为观察对象。她先让孩子们观察大蒜的外皮，并说说大蒜的颜色和形状。然后再将蒜剥开，让孩子观察大蒜的顶端，用手摸一摸并说说摸着的感觉。接着，刘老师让孩子观察大蒜的底部，说说形状。最后，她再引导孩子用鼻子闻一闻大蒜的味道。

班上的孩子在刘老师的观察示范下，学会了按由表及里、从顶到底的顺序来观察物体的方法。

▲ 图4-17 观察大蒜

由于学前儿童注意力集中的时间不长，教师应该巧妙设计问题，引导儿童思考、观察，然后请他们说说观察的感受、结果，并找准时机帮助儿童总结观察方法。

（三）注重常规，促使学前儿童养成观察习惯

在日常生活中，学前儿童常常会接触到富有趣味的事情，如：四季植物的变化、天空颜色的变化、汽车发出的声音变化等，但多数因为缺乏有意观察的习惯而没有留意。因此，教师应该抓住季节变化、天气变化等自然契机，鼓励儿童走出活动室，走向社会，走进大自然，随时随地地观察，逐步培养观察意识，养成观察习惯。为了培养儿童良好的观察习惯，教师可引导他们开展每日观察活动，鼓励他们在观察或发现的基础上提出值得继续探究的问题，并把生活中自己认为有意义的、有趣的、感受深的事物，用绘画、照相、做标本等办法记录下来，并与教师、同伴分享。

▲ 图4-18 儿童通过相机记录自己觉得有趣的事物

思考与练习

1. 感觉和知觉的区别和联系是什么?
2. 简述学前儿童视觉的发展特点。
3. 简述学前儿童空间知觉的发展特点。
4. 如何运用多种手段促进学前儿童观察力的发展?

推荐资源

1. 纸质资源:

安德烈亚·埃克尔特著,尹倩译:《感知觉训练游戏》,中国农业出版社 2015 年版。

2. 视频资源:

(1)纪录片《婴儿日记》,劳伦特·弗拉帕特(Laurent Frapat)导演。

(2)纪录片《宝贝的异想世界》,塞雷娜·戴维斯导演。

第五章 学前儿童注意的发展与教育

目标指引

1. 了解注意的概念、分类及其在学前儿童心理发展中的作用。
2. 掌握学前儿童注意发展的趋势与基本特点。
3. 理解学前儿童注意分散的原因。
4. 有效运用培养学前儿童注意力的方法。

内容结构

- 学前儿童注意的发展与教育
  - 注意概述
    - 注意的概念
    - 注意的分类
    - 注意在学前儿童心理发展中的作用
  - 学前儿童注意的发展
    - 学前儿童注意发展的趋势
    - 学前儿童注意发展的特点
    - 学前儿童注意的品质
  - 学前儿童注意力的培养
    - 学前儿童注意分散的原因
    - 学前儿童注意力的培养

要欣赏美丽的花朵，首先你要注意到它；要聆听优美的音乐，首先你要注意到它；打算记住重要的资料，你还是要注意到它。如果没有注意，观察和思维等认知活动就难以正常进行。学前儿童的一切心理活动都离不开注意。注意对儿童的生活和学习有重大影响，对于他们的未来发展至关重要。本章将详细讲解学前儿童注意发展的特点以及注意力培养的策略。

第一节 注意概述

注意是人们日常生活中的常用词汇之一，它对人们生活和学习中的各项实践活动都有着重要意义。什么是注意？注意包括哪些类型？它对学前儿童心理发展有哪些促进作用呢？

一、注意的概念

注意是心理活动对一定对象的指向和集中。也就是说，注意具有两个基本特征，即指向性和集中性。所谓指向性，是指心理活动在某一时刻选定了一个对象而忽略了其他对象。例如，儿童在课堂上听教师讲故事时，教师对故事的讲解是儿童心理活动选定的对象，其他的事物没有引起儿童的注意。所谓集中性，是指心理活动不仅要聚焦于被指向的对象，还要维持一段时间。也就是说，个体在一段时间内只对某一特定对象保持专注，把所有的精神都集中在这个对象上。可能在这段时间内周围也会出现其他新奇的事物，但没有引起个体的分心，甚至出现“视而不见”、“听而不闻”的现象。例如，儿童在搭积木时很专心，妈妈过来喊他吃饭他都听不见。

▲ 图5-1 专心致志的儿童

值得一提的是，注意本身并不是一个独立的心理过程，它是伴随着感觉、知觉、记忆、想象、思维等其他心理过程出现的一种心理状态。我们常说的“注意看”、“注意听”、“注意想”意味着：没有注意的参与，各种心理活动都无法很好地进行。

天才，首先就是注意力。注意力是知识的窗户，没有它，知识的阳光就照射不进来。

——乔治·居维叶

二、注意的分类

根据注意的目的性和需要意志努力的程度，可以把注意分为无意注意和有意注意。

（一）无意注意

无意注意也称为不随意注意，是没有预设目的，也不需要意志努力的注意，是注意的一种消极、被动的表现形式。例如，几名儿童正在安静地画画，一名迟到的儿童突然推门走进教室，大家就会不由自主地去注意他，这种不自觉的注意就是无意注意。

引起无意注意的因素可以分为两类。一类引起无意注意的是刺激物的物理特性，即客观原因，包括刺激物本身的强度、刺激物之间的对比关系、刺激物的活动变化、刺激物的新异性等。例如，突然出现的巨大声响、绿色草丛中的红花、操场上快速飞过的小鸟、动画片里造型奇特的人物形象等，都容易引起学前儿童的无意注意。另一类引起无意注意的是个体本身的状态，即主观原因，包括个体对事物的需要和兴趣、个体的情绪和精神状态等。一般来说，符合学前儿童兴趣或能够满足他们需要的事物更容易引起他们的无意注意。例如，安安在和妈妈去超市购物时，最先注意到的就是货架上他最爱吃的糖果。个体的情绪和精神状态也与无意注意的出现有关，人在心情愉悦的时候更容易产生无意注意。而对于一个闷闷不乐的人，任何事物都很难引起他的注意。例如，多多的玩具小飞机被强强抢走了，多多坐在小板凳上生闷气，连电视里播放的他最喜欢的动画音乐都没注意到。

▲ 图5-2　绿色草丛中的红花容易引起人的无意注意

（二）有意注意

有意注意也称为随意注意，是指有预设的目的，并需要一定意志努力的注意，是注意的一种积极、主动的表现形式。例如，学前儿童要回答教师在教学活动中提出的问题，那他在教师提问的时候就需要集中注意，只有这样，他才能记住问题，进而回答教师的提问。引起和保持有意注意有以下三个主要条件。

1. 有明确的活动目的和任务

由于有意注意是有预设目的的注意，因此，活动的目的和任务对个体有意注意的保持有着重要作用。一般而言，解释得越清楚、越明白的活动目的和任务，个体就会理解得更深入、更透彻。只有对完成任务产生强烈的愿望，在进行活动的时候才会更有意识地注意到与任务有关的活动。因此，为了激发儿童的有意注意，教师在开展活动之前应该讲清活动的目的和任务，引起儿童的重视。例如，在进行看图说话活动时，教师一开始就跟儿童说："你们看一看图上都有什么？发生了一件什么事情？你能把看到的内容告诉大家吗？"这一系列问话使得儿童明白了活动的目的和任务，从而促使他们集中注意去观察图画。

2. 培养间接兴趣

个体对事物或活动的兴趣可以分为两种：一种是对活动本身产生的兴趣，是直接兴趣；另一种是对活动的目的或者结果产生兴趣，是间接兴趣。直接兴趣是引起个体无意注意的主要原因，而对于个体的有意注意来说，主要是间接兴趣在起作用。例如，儿童在学习英语的时候，往往不喜欢背诵英语单词，但是当他想到学好英语可以做翻译家时，就对英语学习有了兴趣。间接兴趣越稳定，有意注意保持的时间就越长。

3. 有坚强的意志排除干扰

个体在进行有意注意时，有可能会出现各种无关因素的干扰，这些干扰可能是来自外界的无关刺激，也有可能是个体本身的某些状态，如：饥饿、疲劳等。要想克服干扰，除了应该事先采取一些措施去除可能妨碍活动的因素之外，更应该有坚强的意志品质与一切干扰作斗争。

三、注意在学前儿童心理发展中的作用

（一）注意有助于儿童选择和调节自己的行为

儿童生活在纷繁复杂的世界中，时刻都在接触各种各样的事物和信息。他们不可能在同一时刻对所有信息作出反应，而注意能够使儿童对环境中的刺激作出有选择的反应并接受符合需要的信息。比如，注意使儿童专心听教师讲故事，而不受旁边窃窃私语的儿童的干扰。只有当儿童有选择地对某些特定刺激作出反应时，他们才能真正从环境中捕获到有价值的信息。

▲ 图5-3　专心听故事的儿童

同时，注意能使儿童发觉周边环境的变化并及时对这些变化作出反应，从而调节自身的活动，为应对外界刺激做出准备，以便更好地适应环境的变化。比如，当自由活动结束后，教师开始带儿童进行集体教学活动

时，儿童的注意必须转向这一新的活动，调整自己的行为，认真听教师的要求，集体教学活动才能够顺利进行下去。

（二）注意有助于促进儿童感知觉的发展

要想对某一对象进行感知，就先要对这一对象保持注意状态。只有注意保持指向和集中，人们对该对象才能有清晰、突出、完全的感知。因此，注意是感知的先决条件，在观察同一事物时，不同儿童所感知到的事物也不同，这往往是因为注意的不同。

拓展阅读

视觉偏好实验

视觉偏好法是一种通过给婴儿呈现两个或者更多刺激物，观察他们更喜欢哪一个，从而获得婴儿知觉发展相关信息的方法。20 世纪 60 年代早期，罗伯特·范兹（Robert Fantz）首先用此方法来判断出生不久的婴儿能否分辨视觉图案，从此该法得到广泛运用。

在罗伯特·范兹的实验中，实验者先让婴儿躺在一个观察箱里，然后给婴儿同时呈现一个面部图案、一个含有混杂面部特征的似面部刺激图案，以及一个半亮半暗的类似面部的简单视觉刺激图案。实验者在观察箱上方观察，并记录婴儿注视每个视觉图案的时间。如果婴儿看某一个图案的时间比其他图案长，就认为他更喜欢该图案。

结果发现：（1）婴儿能够轻松地分辨视觉图形，对简单明了的图形比较偏爱。（2）婴儿对人脸的注意多于其他事物，而且对有混杂面部特征的视觉刺激和有面部图案的视觉刺激一样感兴趣。（3）婴儿对成形图形的注视时间长于杂乱的线条或刺激点。

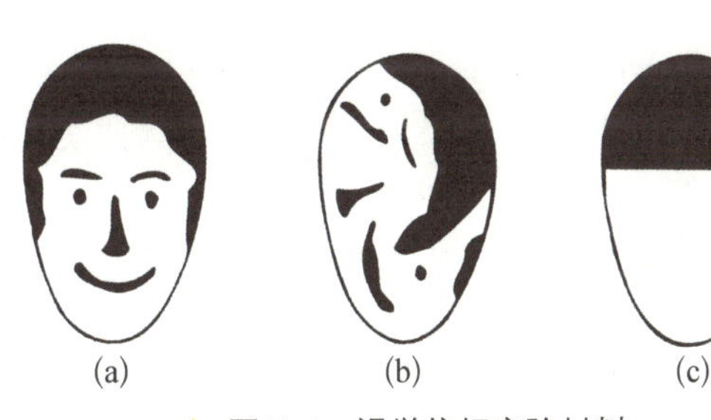

▲ 图5-4　视觉偏好实验材料

（三）注意有助于儿童长时记忆的发展

儿童对熟悉的或同注意指向的刺激物有关联的东西都能够进行感知分析。但是，没有注意的感知觉信息一般只能停留在短时记忆中，不能进入长时记忆，只有注意所指向和集中的感知觉信息才能进入长时记忆，从而得以长期保存。一般来说，注意发展水平低的儿童，其记忆发展水平也很低。

（四）注意能有效维持儿童的活动坚持性

注意与儿童行为活动的坚持性紧密相关。只有当儿童的注意指向于某一行为或活动时，该行为活动才能持续进行；相反，儿童的注意一旦发生转移，之前所进行的活动也会停止。例如，当儿童在

▲ 图5-5　注意力转移

画画时，只有集中注意才能将绘画活动进行下去，若这时儿童把注意转移到其他事物上，绘画活动自然就不可能坚持下去。

（五）注意是儿童学习的先决条件

俄国教育学家乌申斯基曾说："注意是心灵的天窗，只有打开这扇天窗，才能让智慧的阳光洒满心田。"的确，感知觉、记忆、思维等心理过程和学习活动的进行不能没有注意的参与。当儿童注意去看、去听、去记忆、去探索、去思考时，学习活动才会发生，儿童各方面的经验和能力才会不断提高。注意是学习的先决条件，注意的发展水平决定着学习的效果。

第二节 学前儿童注意的发展

一、学前儿童注意发展的趋势

（一）定向性注意的发生先于选择性注意

定向性注意主要是由外界物体的特点引起的，它是无意注意的初级形式。比如，对于正在哭闹的婴儿来说，巨大的声响会使其暂时停止哭闹或者将头转向声响处。定向性注意是一种本能，到成人阶段也不会消失。不过，随着年龄的增长，定向性注意所占的比例将逐渐减少。比如，某处响起了音乐声，有些成人会停下手中的工作转向声源，而有些成人则继续专注于眼前的工作。

选择性注意指的是在同一情境下儿童对某类刺激或信息表现出集中的注意，而忽略其他刺激或信息的现象。通过选择性注意，儿童能够筛选外界的刺激，将注意力集中在特定的刺激上。选择性注意是在定向性注意之后出现的，它的发展体现了儿童注意的发展。有研究表明，年龄越小的儿童，过滤无关信息、将注意集中在特定任务上的能力越弱。可以说，选择性注意是随着儿童年龄的增长而不断发展的。

（二）无意注意的发生先于有意注意

无意注意是儿童生来就有的，婴儿只有无意注意，基本没有有意注意。直到1岁左右，儿童的有意注意才开始发生。幼儿期，随着儿童言语、认知和动作有意性的发展，有意注意也开始发展。有意注意的发生和发展，极大地改变了儿童注意的性质、范围和稳定性。同时，儿童的如感觉、知觉、记忆、想象、思维等其他心理过程也因而得以发展。

二、学前儿童注意发展的特点

（一）新生儿注意的发生

1. 定向性注意的出现

正如前文所提到的，定向性注意是儿童注意的最初形态。新生儿在觉醒状态时就已经能够因周围环境中的巨大响声、强光、人脸等外界刺激表现出一定的注意能力。例如，1个月大的新生儿就已经能够对妈妈的笑脸产生注意，当妈妈离开时，新生儿的视线也可能追随妈妈移动。

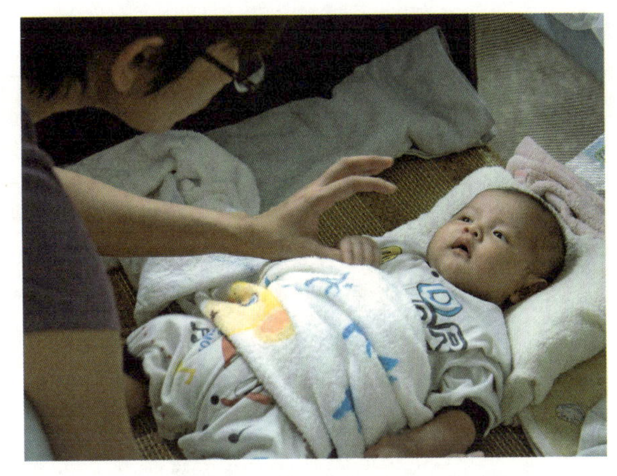

▲ 图5-6 新生儿的视线追随妈妈

最初的定向性注意是由与生俱来的定向反射发展而来的。定向反射指的是，外界的强烈刺激引起新生儿暂停哭闹或者把视线转向刺激物，以便更好地感受这一刺激，从而作出适当的反应以适应环境的新变化。定向性注意可能会引起新生儿的全身反应，具体表现为活动受到抑制、四肢血管收缩、头部血管舒张、心率变缓、出现缓慢的深呼吸、瞳孔扩散、脑电出现失同步现象等，是一种复合型的反应。由于这些指标的变化是儿童心理活动的外在表现，而新生儿和婴儿的可测行为很少，又不能用语言表达其心理活动，因此，这些指标便成了研究新生儿和婴儿注意的主要标准。

2. 选择性注意的萌芽

新生儿已经能够对刺激物进行一定的选择性反应，这主要表现在他们对某一类刺激注意得多，而在同样情况下，对另一类刺激注意得少。有研究表明，新生儿喜欢看轮廓鲜明或深浅颜色对比强烈的图形，因此，黑白相间的棋盘比一块白布更能吸引新生儿的注意力。另外，听觉刺激也会引起新生儿的注意。听觉的空间定位会影响新生儿的视觉定位，也就是说，他们往往倾向于注视声音的方向，而不是视觉方位。例如，当新生儿正在注视一个色彩鲜艳的玩具时，若某处产生声响，他们更倾向于去注视声源的方位。

可以看到，新生儿已经开始对不同的对象表达出不同的偏爱。也就是说，选择性注意在新生儿期已开始萌芽。

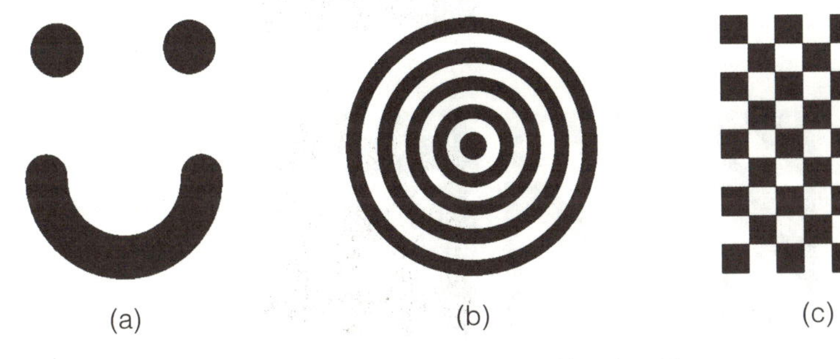

▲ 图5-7 适合新生儿看的黑白图片

拓展阅读

新生儿视觉发展的五大规律

学者黑斯（Haith）等人在1980年对婴儿视觉活动进行了一系列研究。他们认为，新生儿已经具备了一种对外部世界进行扫视的能力，当面对不成形的刺激时，无论是在黑暗中还是在有光的情况下，新生儿都会以有组织的程序进行扫视。他们总结出新生儿视觉扫描的五点主要规律。

一是在光线不太强烈的情况下，新生儿清醒时都会睁开眼睛。

二是即使是在黑暗中，新生儿也在对环境进行仔细搜索。

三是在光线良好的情况下，如果面对的是无形状的事物，新生儿会在很大的范围内扫视以寻找物体边缘。

四是发现边缘后，婴儿会停止扫射或将视线停留在边缘附近，并试图用视线跨越边缘。如果边缘离中心太远，则会开始搜索其他边缘。

五是当新生儿的视线落在物体边缘附近时，便会去注意物体的整体轮廓。如新生儿在观看白色背景上的黑色长方形时，其视线会跳到黑色轮廓上，在它附近徘徊，而不是在整个视野中游荡。

这项研究表明，在视觉扫描中，新生儿的选择性注意已经萌芽。他们能够选择注意的对象，更注意事物的整体轮廓或边缘，而不是具体的内容。

（二）1岁前婴儿注意发展的特点

出生后，婴儿清醒的时间不断延长，对外界进行探索的机会越来越多，这一时期婴儿的注意迅速发展，主要表现为以下几个特点。

1. 注意选择性的发展变化

前文提到，新生儿的注意已经具有一定的选择性，随着年龄的增长，婴儿注意的选择性会进一步发展变化。这一时期，婴儿注意的选择性仍主要表现为视觉偏好。

研究表明，1—3个月婴儿的注意已经明显偏向曲线、不规则图形，或具有同一中心的对称图形。3—6个月婴儿的视觉注意能力在原有基础上进一步发展，他们更加偏

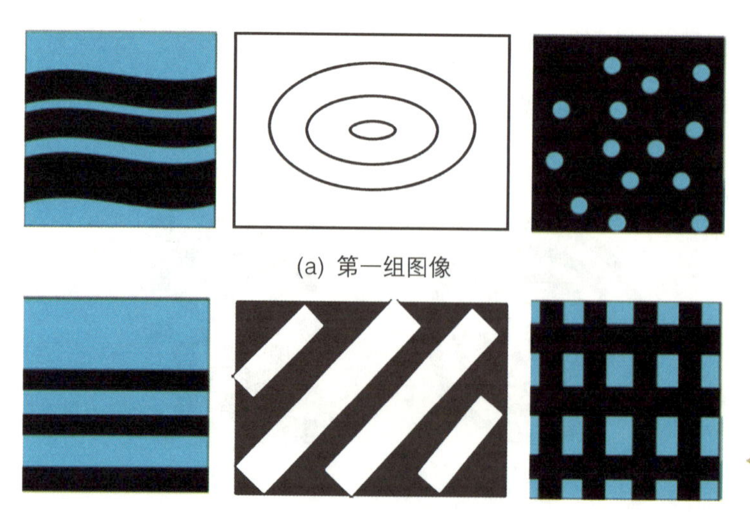
(a) 第一组图像

(b) 第二组图像

图5-8 婴儿更偏爱第一组图像

爱复杂和有意义的视觉对象，此外，可看见和可操作的物体更能够引起他们持久的注意和兴趣。因此，与新生儿相比，几个月大的婴儿选择注意的对象特征有了明显的区别，这就表明他们注意的选择性有了一定的发展变化。

2. 注意受到知识经验影响

出生 3 个月以后，由于生理因素对婴儿注意的制约逐渐减少，经验开始在注意中发挥作用。6 个月以后，婴儿的睡眠时间减少，白天经常处于警觉和兴奋状态，他们可以在日常感知活动中获得更多知识经验，这时的选择性注意也越来越受知识经验的影响，主要表现为婴儿对熟悉事物的注意多于陌生事物。例如，婴儿对熟悉的面孔微笑、更喜欢注意母亲的举动等。

（三）1—3 岁儿童注意发展的特点

1 岁以后，儿童开始逐步掌握语言，表象开始发生发展，记忆力迅速提高，这一系列认知的发展使儿童的注意的发展更进一步。此时儿童的注意主要表现出如下特征。

1. 注意开始受表象的影响

1 岁以后，表象开始发生。在这一阶段，儿童头脑中储存的表象会直接影响其对注意对象的选择。研究表明，如果当前刺激与婴儿已有表象之间出现矛盾或差异，婴儿会产生最大的注意。有研究者对 2 岁的婴儿进行实验研究后发现，一半以上的婴儿在看见幻灯片上一个动物把自己的头拿在手里时，表现出最大程度的注意。

2. 注意的发展开始受言语的支配

1 岁以后，儿童的言语初步形成，此后一直到 3 岁左右，儿童的言语能力飞速发展，这为注意的发展奠定了基础。言语能够支配儿童注意的选择性，当成人说出某个名词时，无论这一物体是否是新异刺激的、是否是儿童感兴趣的，儿童都会将注意集中于相应的物体。此外，言语的发展扩展了注意的范围，儿童能够通过集中注意进行听故事、看电视、念儿歌、看图书等活动，获得了更丰富、广阔和新鲜的信息和经验，从而促进了其记忆和学习活动的进行。

3. 注意的时间逐渐延长，注意的范围不断扩大

出生 3 个月后，婴儿已经能够注意到某一物体，但是注意极不稳定，对某一物体集中注意只能保持几秒钟。随着年龄的增长，儿童在活动中注意的时间有所延长，例如，他们对一些自己喜欢的动画片已经能坚持看完一集。1 岁以后，儿童逐渐能够独立爬行、站立甚至行走，这使他们活动的范围和视野明显扩大，注意的对象也变得更加广泛。随着儿童接触事物的不断增加，周围生活中出现的各种事物都有可能会引起他们的注意。

4. 以无意注意为主，有意注意开始萌芽

尽管 3 岁前的儿童注意持续时间有所延长，但是这一阶段儿童的注意仍是以无意注意为主，他们对一项活动保持注意的时间还是很短，很容易就会不自觉地将注意力从一项事物转移到另一项事物。随着年龄的增长，儿童可以在成人的要求下将注意集中到某件事上，有意注意开始萌芽。

案例

培养妮妮的有意注意[①]

妮妮1岁半左右的时候，如何尽早培养她的有意注意成为我思考的问题之一。我想，关键就是要培养孩子的任务意识，有了任务意识和完成任务的意愿，她就会有目的、有意识地集中注意力去完成任务了。因此，我经常请她帮我“做事”。

一次，我将一盆杀好的鱼放在客厅的饭桌上，然后把妮妮从她的房间叫来，问她是否愿意帮妈妈做事，她说愿意。我接着说：“这里有一盆鱼，妈妈想请你看好它，小心老猫来叼走它。你知道的，老猫最喜欢吃鱼了。”妮妮认真地对我说：“妈妈，我会看好的。”然后她就静静地站在饭桌旁“看”鱼，我则进厨房烧菜。很快，我发现妮妮离开饭桌去玩了，我就有意在厨房问：“妮妮，老猫有没有来叼鱼啊？”这等于在提醒妮妮，你还有任务呢，怎么离开了呢？妮妮急急忙忙过来看看饭桌，高兴地对我说：“老猫没来，我看着呢！”我赶紧对她说：“谢谢你，把鱼看得这么好。”我继续烧饭。片刻后，我拿走了鱼，大声表扬了妮妮并谢谢她。

（四）3—6岁儿童注意发展的特点

3—6岁儿童的注意仍是无意注意占有优势地位，但这一时期，儿童的有意注意也得到了初步发展。

1. 无意注意占优势

3—6岁儿童的无意注意发展得很快，但刺激物的物理特性依然是引起儿童无意注意的主要因素。事物突然且显著的变化、鲜艳的色彩、强烈的声音、刺激性的气味以及突然出现的刺激物等都能引起他们的无意注意。例如，在教学活动中，大部分儿童在互相交谈或玩耍，教室中非常喧闹，教师此时如用提高声音的方法并不能吸引他们的注意。若教师突然放低声音或停止说话，反而会引起儿童的注意。因为突然放低声音或停止说话，这与教师大声说话、教室的喧闹相比，是一种突然且显著的变化，所以儿童能够注意到并安静下来。

此外，3—6岁儿童的生活经验比之前更加丰富，逐渐产生了对身边事物的兴趣和偏好。符合儿童兴趣的事物更容易成为引起他们无意注意的因素。比如，很多女孩对芭比娃娃特别感兴趣，因此印有芭比娃娃图案的书包、衣服、鞋子等都能引起儿童的无意注意。另外，3—6岁儿童出现了渴望参加成人的各种社会实践活动的新需要，成人的许多活动，如开汽车、护士打针、记者采访、售货员卖货、民警维持秩序、解放军站岗等，都会成为儿童无意注意的对象。由于各年龄阶段的儿童所受教育以及生理、心理等方面的差异，他们的注意也表现出不同的特点。

小班儿童的无意注意明显占优势，新异、强烈以及活动多变的事物很容易引起他们的注意。对于小班儿童感兴趣的活动，他们可以保持注意力，但是也很容易被其他新异

---

① 倪敏．培养妮妮的有意注意［J］．早期教育（家教版），2017（10）：4.

的刺激所吸引进而转移到新的活动中去，注意的稳定性差。例如，一名儿童正在搭积木，刚开始打算搭一座城堡，但当转身去捡积木时，看到另一名儿童正在娃娃家给娃娃喂饭，他的注意便一下转到娃娃家上。

▲ 图5-9　搭积木时注意分散的儿童

中班儿童的无意注意得到了进一步发展，他们对自己感兴趣的活动能够较长时间保持注意，而且注意的集中程度更高。例如，教师在组织中班儿童玩大灰狼追小花猫的游戏时，儿童对别致的大灰狼和小花猫的头饰很感兴趣，游戏持续的时间较长，儿童也都能较长时间保持注意。中班儿童不仅对好玩的游戏能够保持注意，对感兴趣的学习活动也可以长时间集中注意力。经过一年的幼儿园教育，中班儿童的无意注意已经发展得比较稳定。

大班儿童的无意注意已高度发展，对于感兴趣的活动能集中更长时间的注意。大班儿童在进行一项活动时，往往可以较长时间不受外界的干扰，集中注意的程度很高。当大班儿童将注意保持在一项活动时，如果在中途中止了他们的活动，或者出现大喊大叫等影响其活动的因素，有的儿童甚至会表现出不满。

2. 有意注意初步发展

进入幼儿期，儿童的有意注意逐渐形成和发展。有意注意是由大脑高级中枢控制的，这部分中枢主要位于额叶。然而，额叶到儿童 7 岁左右才能达到成熟水平，因此，儿童的有意注意虽然在这个阶段开始发展，却不能发展完全，只是处于初级阶段，水平较低。

小班儿童以无意注意为主，有意注意的水平很低。即使在良好的教育条件下，一般也只能保持注意 3—5 分钟；中班儿童的有意注意得到了一定的发展，在无干扰的条件下，他们能够集中注意力 10 分钟左右；大班儿童的有意注意具有一定的稳定性和自觉性，他们不仅能够根据成人提出的要求去保持注意，有时候也可以为自己设定任务，自觉保持注意力的集中，他们集中注意力的时间能达到 15 分钟左右。

表 5-1　不同年龄阶段儿童有意注意的持续时间

年龄阶段	小班	中班	大班
注意力持续时间（分钟）	3—5	10	15

儿童的有意注意是在成人的引导下逐渐发展起来的。一方面，成人可以给儿童提出适宜的任务，使儿童产生完成任务的动机，自发地去控制、保持自己的注意。例如，母亲节就要到了，教师在上课时说："小朋友们都很爱自己的妈妈，这节课我们来画一画自己的妈妈。等到母亲节时把我们的画作为礼物送给妈妈。"另一方面，成人可以用言

▲ 图5-10　儿童在玩游戏时能保持注意

语来指导儿童进行有意注意，这也是成人引导儿童有意注意的主要方法。比如，在科学活动的操作环节中，教师说："注意看，在用放大镜观察时要仔细看绿绿的嫩芽。"这样一说，儿童就会格外注意这一环节。

此外，儿童的有意注意需要依靠活动和操作来维持，游戏活动是维持和发展儿童有意注意的好方法。儿童对游戏有着天然的兴趣，当身处游戏之中时，其注意往往也能保持在游戏之中并处于积极活动的状态。如果教师多开展游戏活动，为儿童创造活动的机会，儿童的注意便能始终处于积极活动的状态，这有利于其有意注意的形成、维持和发展。

总之，儿童有意注意的发展水平较低，维持有意注意也有一定困难。因而，在幼儿园教育教学中，教师不仅要注意利用儿童的无意注意，同时也要努力培养他们的有意注意。

三、学前儿童注意的品质

（一）注意的广度

注意的广度是指个体在一瞬间能够注意到的对象的数量。在生活中，汽车司机、打字员等职业需要较大的注意广度。研究表明，在1/10秒的时间内，成人一般能够注意到4—6个相互间无联系的对象，而儿童至多只能把握2—3个对象。可见，儿童的注意广度比成年人小。随着年龄的增长，儿童注意的广度会不断扩大。

案例

注意广度的测试

请比较下方的左右两图，哪一张图能让你更快地注意到一共有多少个圆点？

(a)　　(b)

▲ 图5-11　注意广度测试（1）

请比较下方的左右两图，哪一张图你能更快地注意到共有哪些字？

柔	张	驴	冠
戴	黔	刚	穷
并	李	技	济

(a)

张	冠	李	戴
刚	柔	并	济
黔	驴	技	穷

(b)

▲ 图5-12　同样的字

由以上案例可知，注意的广度受注意对象特点的影响。注意的对象越集中，排列越有序，则注意的广度越大；另外，注意的对象之间如果有内在联系，则注意的广度越大；同时也说明，个体的知识经验越丰富，注意的广度越大。根据上述特点，教师在组织教育教学活动时，应该注意什么呢？首先，对儿童提出明确而具体的要求，在较短的时间内不能要求儿童注意多个方面。其次，在呈现挂图等直观教具时，同时出现的刺激物的数量不能太多，而且其排列应该规律有序。再次，采用儿童喜闻乐见的方式，丰富儿童的知识经验，以逐渐扩大其注意的广度。

（二）注意的稳定性

注意的稳定性是指注意在某一对象上的保持时间。总体来说，学前儿童注意的稳定性还比较差，很难在一项活动中保持较长时间的注意。但是，随着年龄的增长，儿童注意的稳定性在不断发展。除了儿童自身的发展水平和状态外，注意的稳定性还与刺激物或注意对象的性质有关。如果刺激物能激发儿童的兴趣和情绪状态，那么其注意的稳定性就比较好。反之，如果刺激物乏味单调，不能引发儿童的兴趣，那么儿童注意的稳定性就差。

例如，某教师组织小班儿童进行诗歌朗诵活动，既没有直观的教具，也没有给儿童动手操作的机会，而是一遍又一遍地带领儿童朗诵诗歌《早发白帝城》。许多儿童很快就坐不住了，有的在嬉笑打闹，有的表现出厌烦的情绪。之所以出现这种情况，是因为这一活动无论是在刺激物的特点还是在刺激物的呈现形式上，都不利于保持儿童注意的稳定性。那么，教学时如何使儿童在活动中注意保持较长的时间呢？

教师在组织教育教学活动时，应注意以下方面。第一，教育教学内容应难易适中，符合儿童的心理发展水平；第二，在教育教学方法上，要新颖多样，富于变化；第三，在活动时长上，小、中、大班的活动时长应长短有别。

（三）注意的转移

注意的转移是指根据任务有目的、主动地将注意从一个对象或活动转移到另一个对象或活动。3—6 岁儿童还不能够很好地主动转移自己的注意力，这一点在小班儿童身上最为突出。随着年龄的增长，儿童逐渐能够按要求比较灵活地转移自己的注意。

拓展阅读

注意的转移与分心的区别

上课时，突然有人推门进来，小朋友们望向那个人，这是注意的转移吗？

这不是注意的转移，而是分心。

注意的转移与分心不同。具体而言，注意转移是主动的，是主体根据任务的需要，自觉地将注意指向新的对象或活动。分心是被动的，是主体受到外界刺激的干扰，而使注意离开活动任务。

哪些因素影响儿童注意的转移呢？一般而言，这与前后两项活动的性质、关系以及儿童对前后活动的态度有关。一方面，在前一项活动注意紧张度较高或者前后两项活动没有内在联系的情况下，注意转移较为困难和缓慢。另一方面，如果儿童对前一项活动特别感兴趣，注意转移也会较为困难。例如，小三班的小朋友刚刚结束“老狼老狼几点了”的户外活动。回到教室，张老师就要求他们坐下来开始绘本阅读。结果小朋友吵个不停，张老师很苦恼。很显然，张老师在教育教学过程中忽略了儿童的注意转移会受到前后两项活动的性质及活动之间是否有关系的影响。户外活动与绘本阅读是两种不同性质的活动，两者之间的关系很小，如果马上要求儿童将注意由体力消耗较大的户外游戏转移到需要脑力的绘本阅读上，对于儿童而言较为困难，自然会出现吵闹的现象。

▲ 图5-13　需要脑力的绘本阅读活动

儿童注意的转移能力不高，教师在组织教育教学活动时应注意哪些方面呢？第一，在活动开始前，可以运用猜谜、儿歌、谈话、展示教具等多种形式引起儿童的兴趣，让儿童的注意转移到当前活动中。第二，在活动进行的过程中，可以运用言语指导让儿童明确活动目的，从而主动转移注意。第三，平时注意引导儿童养成良好的生活和学习习惯，以帮助发展其注意转移的能力。

（四）注意的分配

注意的分配是指个体在进行两种或者两种以上的活动时，能够把注意同时指向不同的对象。注意的分配也是一种重要的注意品质，善于分配注意的人能够用相对少的精力从事较多的活动或工作，达到事半功倍的效果。注意分配的基本条件包括：第一，在同时进行的活动中，至少有一种是个体非常熟练的，甚至达到自动化程度的，比如儿童在弹自己非常熟练的曲子时，可以边弹琴边唱歌。第二，几种活动之间能建立紧密联系，比如边讲故事边表演。可见，注意分配受儿童对活动的熟练程度和活动之间联系的影响。

学前儿童注意的分配能力较差，他们往往难以同时注意几种对象，常常顾此失彼。例如，儿童做操时，往往注意了动作，就无法保持队形的整齐；跳舞时，注意了动作，就忘记了做表情。在教育教学过程中，如何更好地促进儿童注意的分配呢？第一，提高儿童对动作或活动的熟练程度，可以让儿童加强对动作或活动的练习，使他们至少对所进行的一个动作或活动比较熟练。第二，增强活动之间的联系，使同时进行的两种或多种活动在儿童头脑中形成紧密的联系。第三，平时可以通过各种多感官协调的活动，培养儿童注意分配的能力。

▲ 图5-14　儿童边弹边唱

拓展阅读

多　动　症①

多动症的全称是注意力缺陷多动性障碍（ADHD），一般被认为是以多动性、注意力涣散、冲动性为主要症状的中枢神经系统的发展障碍。ADHD 儿童常见的症状之一是对外部刺激无法做出缓冲，从而产生瞬间反应行为。这一现象被认为是因为脑部信息传导与处理过程存在问题的缘故。

虽然在报告来源以及儿童年龄上可能会存在一定误差，但一般认为，在学前儿童中，3%—5% 的孩子会出现类似症状（各国情况存在一定差异，美国约为 5%，而英国约为 1%）。男女比一般为 4∶1 或 5∶1，男生明显多于女生，但也有意见指出，这是因为女生的症状表现往往不易被察觉的缘故。虽然在临床观察上较少出现多动症的女生，但实际上注意力明显涣散或者不能有计划地进行整理的女生并不在少数。

ADHD 的症状会随着年龄发生变化。一般情况下，在学龄期比较明显的症状是多动、注意力不集中，而进入青春期后，这些症状就会逐渐变得不那么明显。但是，因为具有 ADHD 症状的儿童比较容易受到周围人群的非难，或者从小就频繁地受到责骂，这种负面评价的效果不断累积，非常容易形成各种情绪障碍，其中典型的有抑郁、孤立感、自卑感等。这些因素也可能进一步导致 ADHD 儿童拒绝上学、被同学欺负等问题的发生。

① ［日］Yasuo Tanaka. 儿童问题行为实例解析与对策集［M］. 陈涵石，译. 北京：中国青年出版社，2010：22—23.

第三节 学前儿童注意力的培养

受身心发展水平的限制，学前儿童的注意发展水平相对成人来说还是很低。一般来说，学前儿童还不善于控制和调节自己的注意，因此注意分散的现象非常常见。为了提高儿童的注意发展水平，应该进一步了解儿童注意分散的原因，并采用相应的解决对策来防止这种现象发生。

一、学前儿童注意分散的原因

为了防止学前儿童注意分散，应深入了解引起其分心的原因，以便对症下药，采取相应的措施加以预防。引起学前儿童注意分散的原因主要包括以下方面。

（一）无关刺激的干扰

尽管儿童的有意注意已经开始萌芽，但仍然以无意注意为主。他们很容易被新奇的、多变的或强烈的刺激物所吸引，从而干扰他们正在进行的活动。例如，活动室的布置过于繁琐、杂乱，装饰物更换过于频繁，教师的教具选用不当，甚至教师打扮过于新潮，都可能构成无关刺激分散儿童的注意。

（二）疲劳

学前儿童的神经系统尚处于生长发育中，如果长时间处于紧张状态或从事单调、枯燥的活动，大脑就会出现“保护性抑制”，刚开始儿童会表现出精神状态差、打哈欠，继而会出现注意力不集中等现象。造成疲劳的另一个重要原因是未养成良好的作息制度。有些家长不注意培养儿童养成良好的作息规律，晚上让儿童和成人一样晚睡，导致儿童睡眠不足，第二天不能保持良好的精神状态，注意力难以集中。

（三）缺乏兴趣

兴趣是最好的老师，儿童的注意力在一定程度上直接受其兴趣和情绪的控制。如果课程内容是儿童屡见不鲜或者不感兴趣的东西，儿童会不由自主地分心、东张西望、做小动作，难以集中注意力。

（四）教学活动组织不合理

教师在组织活动时对儿童提出的要求不够明确、具体，也会引起儿童注意的分散。例如，今天冯老师家中有事，在幼儿园给儿童上绘画课时也没心情讲课，只是说想画什么就画什么，于是课堂大乱。可见，儿童在活动中可能会因为不明白教师让他们做什么而左顾右盼，使注意力转移到其他事物上，进而影响他们参加活动的积极性。此外，活动过程中儿童缺少操作的机会，有意注意和无意注意没有并用，也容易导致其出现注意分散的现象。

二、学前儿童注意力的培养

为了防止学前儿童注意分散，培养其良好的注意力，可以从以下几方面做起。

（一）减少无关刺激的干扰

学前儿童注意的稳定性较差，很容易被新鲜、强烈多变的刺激所吸引。为避免无关刺激引起的注意分散，教师和家长应尽量为学前儿童提供一个简单、整洁的环境，以减少外界的无关刺激对学前儿童的干扰。比如，幼儿园应尽量将活动室布置得整洁、美观，不能过于华丽、繁杂，物品的摆放要整齐有序，玩具和书籍要收起放到指定的区域。同时，教师计划使用的教具不能太早呈现，用过之后要立刻收起。教师的衣着要大方得体，不应该有过多的装饰，以免分散儿童的注意力。

▲ 图5-15　整洁的幼儿园活动室

（二）制定合理的作息制度

学前儿童若睡眠不足或精神状态差，会导致大脑皮层的兴奋度降低，注意力很难集中。无论在幼儿园还是在家，学前儿童都应遵守合理的作息规律，以避免因疲劳导致的注意分散。幼儿园要有固定的起居饮食和睡眠时间。家长在家要严格执行儿童的作息时间，建立必要的常规，如：九点准时上床睡觉、晚间不能长时间看电视等。这就保证了学前儿童充分的睡眠和休息，使其能够精力充沛地参与幼儿园的活动之中，防止注意分散。

（三）根据儿童的兴趣和需要组织活动

幼儿园活动的组织应符合儿童的兴趣和需要，尽可能选择贴近儿童生活、他们关注和感兴趣的主题。同时，教师也要积极激发儿童的兴趣，合理选择教材和使用教具以吸引儿童的注意。例如，教师想激发儿童识字的兴趣，可以利用儿童喜欢听故事、看图画的特点，给他们讲一些带有文字提示的绘本，让他们一边听故事一边看书。教师也可以采用游戏的方式，创设让儿童活动、操作的机会，引发儿童的兴趣，使其积极主动地参与活动，提高注意的稳定性。

▲ 图5-16　带有文字提示的绘本

案例

提升注意力的小游戏：神投手①

这一游戏的做法是：一位小朋友站在椅子的一端，向放在椅子另一端的酒瓶里投放大豆，十颗为一局，投放多者胜（要求为分组进行，十人一组，每组选出三名选手参加总决赛，最后选出冠、亚、季军和先进小组；投放时小朋友的身体不能碰椅子；每投进一颗豆，大家掌声鼓励），获胜者获得奖品（小红花、小五星、小红旗等）。

这个游戏简单易做，对提高儿童的注意力很有效果。参赛者注意力高度集中，认真投放每颗豆。除了提高儿童的注意力外，还能培养儿童的上进心、集体荣誉感、动手动脑能力等。

（四）无意注意和有意注意的交互使用

儿童的无意注意缺乏目的性、计划性，且不能持久，因此教育教学活动不能单独使用无意注意，还需要发展儿童的有意注意，实现两种注意的转换。在组织儿童的活动时，首先用有趣的活动、生动的语言或形象直观的教具引起儿童的无意注意。随着活动的深入，教师要善于用语言提出预设的活动要求，以发展其有意注意。例如，在探究活动"认识磁铁"中，教师首先用磁铁吸桌子上的东西（有铁制品和其他制品），这时儿童的注意属于无意注意。儿童看了一会儿后，教师提出问题，儿童的无意注意转移成有意注意，这时教师再不失时机地讲解磁铁的名称和作用，就会取得很好的教学效果。② 由于有意注意需要紧张的意志努力，容易引起疲劳，同样不能持久。因此在活动中，要把握两种注意的特点，引导儿童实现两种注意的交替，从而维持注意的持久性。

▲ 图5-17 "认识磁铁"活动

（五）提高教师有效组织教学活动的能力

教师应善于研究儿童，根据儿童注意的特点科学设计和合理组织每一次活动，积极引发儿童的兴趣，并向他们提出明确、具体的要求。同时，教师也要加强自身语言的艺术性和教学基本功，使自己的语言生动、形象、有趣、富有感染力，便于儿童理解。同时，为儿童创设轻松、愉快的教学氛围，不断学习和提升自己的教育艺术。

---

① 王嫣 . 通过游戏提高幼儿注意力［J］. 才智，2012（15）：264.
② 吴美华 . 浅谈在教学中对幼儿注意力的培养［J］. 教育界：高等教育研究，2016（4）：162.

案例

巧用无意注意①

在一次语言课上，教师正在组织“动画片里的人物”这一主题谈话活动。这时，天气突然暗下来，接着就下起了瓢泼大雨。孩子们都把头转向窗外，他们的注意力已经从动画片里的人物转移到大雨上。这时，教师灵机一动，让小朋友去看雨，孩子们欢呼着拥到窗前、走廊上去看雨。教师适时地问：“看看雨是什么样的？下雨的情景是怎样的？听到的雨声又是怎样的？雨对人类、对自然有什么好处和坏处？”孩子们有的自言自语，有的悄悄告诉同伴，有的跑到教师跟前，几乎是一口气说完自己看到的和听到的。教师认真倾听，并不时地给予夸奖和赞许。

案例中，教师能够利用儿童以无意注意为主的特点，在儿童将注意力转移到大雨上后，及时更换活动内容，这既满足了儿童的好奇心，又能够使他们的观察力、语言表达能力及社会交往能力获得发展。

（六）培养良好的注意习惯

在日常生活中，成人应培养儿童做事要集中注意的良好习惯，使他们有集中注意的概念，不论在幼儿园还是在家都不能任意妄为或漫不经心。当儿童专注于某一项活动时，成人应尽量减少干扰，以免打断儿童的思路或进程。

思考与练习

1. 什么是注意？注意的种类有哪些？
2. 注意在学前儿童心理发展中有哪些作用？
3. 学前儿童注意的发展趋势是什么？
4. 学前儿童注意的发展有哪些特点？
5. 学前儿童注意分散的原因主要有哪些？如何培养儿童的注意力？

推荐资源

1. 纸质资源：

（1）李晓巍，魏晓宇：《“三分钟热度”不是孩子的问题》，《中国教育报》2016年10月30日。

（2）崔华芳，李云著：《培养孩子注意力的50种方法》，北京工业大学出版社2007年版。

2. 视频资源：

（1）超级育儿师第三季《孩子注意力不集中怎么办》，安徽卫视制作。

（2）纪录片《小人国》，张同道导演。

① 崔瑛．巧用无意注意［J］．早期教育，2000（15）：30.

第六章 学前儿童记忆的发展与教育

1. 了解记忆的概念及其在学前儿童心理发展中的作用。
2. 理解学前儿童记忆发展的一般趋势。
3. 理解学前儿童记忆发生发展的特点和规律。
4. 掌握促进学前儿童记忆发展的策略。

- 学前儿童记忆的发展与教育
  - 记忆概述
    - 记忆的概念
    - 记忆的分类
    - 记忆在学前儿童心理发展中的作用
  - 学前儿童记忆的发展
    - 学前儿童记忆发展的趋势
    - 学前儿童记忆发展的特点
  - 学前儿童记忆力的培养
    - 激发学前儿童的学习兴趣
    - 使学前儿童明确记忆的任务
    - 教学前儿童学会运用记忆策略
    - 帮助学前儿童进行合理的复习

妈妈认为三岁半的贝贝都上幼儿园了，该学习一些新本领了，就每天教她背诵唐诗宋词，但是贝贝的兴趣不大，记忆效果也不好。妈妈耐心教她，第二天她就忘了，记不牢也记不准。妈妈心生疑问，是不是贝贝天生记忆力不好呢？最近的一件事打消了妈妈的疑虑，妈妈发现贝贝对偶尔看到的某电视广告的广告词记得非常牢，每天还不自觉地重复说，隔了一段时间不仅没忘记，而且说得更加准确生动。

一般来说，学前儿童的无意记忆占优势。案例中贝贝对广告词的记忆就是一种无意记忆，电视画面能够给予儿童视觉、听觉等多种感官刺激，很容易引起儿童的兴趣，成为他们无意记忆的对象。而贝贝记忆唐诗宋词属于有意记忆，有意记忆的效果与儿童的年龄与活动动机有关，显然唐诗宋词并没有引起贝贝的兴趣，因而不能达到很好的记忆效果。学前儿童记忆的发展特点是怎样的？在实践中采取哪些策略才能有效促进学前儿童记忆的发展？本章将详细讲解上述内容。

第一节 记忆概述

一、记忆的概念

记忆是指人脑对过去知识经验的反映。过去的知识经验主要包括个体过去所感知过的事物、思考过的问题、体验过的情感、操作过的动作等。这些心理和行为活动或多或少都会在头脑中留下一些“印象”，随着时间的推移，有的“印象”会逐渐消失，有的“印象”则会在大脑中保存下来，并且在特定的条件下，这些“印象”还可能重新出现，这种对过去知识经验的积累、保存和提取过程就是记忆。比如，儿童能够讲述幼儿园中发生的趣事，能够表演之前学习过的舞蹈等，这些都是记忆的表现。

记忆是一个复杂的认识过程，完整的记忆包括识记、保持和恢复三个环节。识记是把感知或体验过的事物记录下来的过程，这个过程是记忆的开端。比如，儿童想讲述《三只小猪》的故事给别人听，需要先听他人讲述这个故事或者自己看图画书，加深对故事情节的印象，这个过程就是识记。保持则是将识记的材料或已经获得的经验在头脑中进一步加工处理，进行储存巩固的过程。但是，存储起来的材料会随着时间的推移而逐渐减少保持量，这也就是人们常说的遗忘现象。因此，记忆的内

▲ 图6-1　儿童讲故事

容只有及时复习、回顾，才能够更好地保持在脑海中。恢复是记忆环节的最后一步，也是记忆的最终目的，它是指将头脑中的知识经验重新提取与呈现。记忆恢复可以分为再认和再现两种形式。再认是指当记忆过的事物再次出现时，头脑中呈现曾经记忆过的事物，比如看到许久不见的老同学能够叫出他的名字。再现则是指识记过的事物没有出现在眼前而在大脑中呈现的过程，比如背诵课文、诗歌等。再认和再现的最大区别在于记忆过的事物是否再次出现在眼前。

记忆由识记、保持和恢复三个环节构成，缺一不可，它们相互联系、相互依存。识记为保持、恢复提供记忆加工的材料，是保持、恢复的前提和基础；再认或再现则是识记、保持的结果，是对识记、保持的检验，同时，通过再认、再现等可进一步加强识记内容的保持、巩固。

拓展阅读

遗忘的规律①

德国心理学家艾宾浩斯通过研究发现，人类的遗忘遵循“先快后慢”的原则。初次学习以后，过了20分钟，记忆的内容遗忘很快，保持下来的仅剩58.2%；1小时过后，剩下44.2%；接下去遗忘的步伐越来越慢，过了31天，还能记得21.1%。这说明遗忘的进程是不均衡的，不是随着时间的增加而线性下降，而是在记忆最初阶段遗忘的速度很快，后来逐渐减慢，到了相当长的时间后，几乎就不再遗忘了，这就是遗忘的规律。根据实验结果所描绘的曲线被称为“艾宾浩斯遗忘曲线”。艾宾浩斯也因此成为发现记忆遗忘规律、初步揭开遗忘的秘密的第一人。

表6-1　不同时间间隔后的记忆成绩

时间间隔	保持量
20分钟	58.2%
1小时	44.2%
8.8小时	35.8%
1天	33.7%
2天	27.8%
6天	25.4%
31天	21.1%

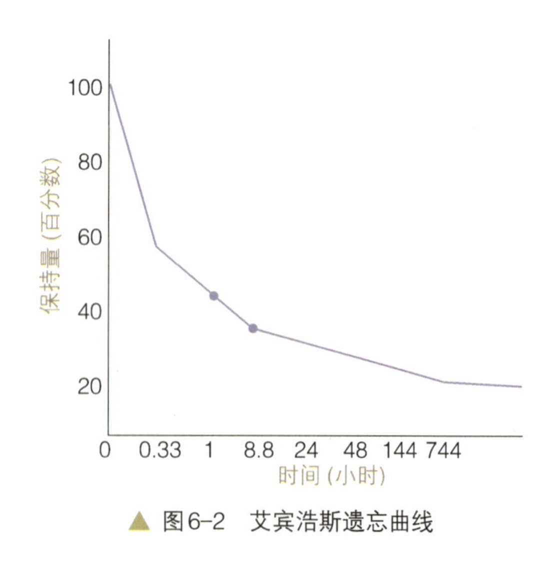

▲ 图6-2　艾宾浩斯遗忘曲线

① 边玉芳等.遗忘的秘密——艾宾浩斯的记忆遗忘曲线实验［J］.中小学心理健康教育，2013（3）：31—32.

二、记忆的分类

根据不同的划分标准，可以将记忆划分成不同的种类。下面对几种常见的划分类型进行介绍。

（一）根据记忆的目的性分类

1. 无意记忆

无意记忆是指没有预设的目的和任务，不需要特别的记忆策略，也不需要意志努力就能够完成的记忆。比如，幼儿园教室中经常播放《小手拍拍》这首歌，儿童并没有刻意去记，但一段时间后他们却能不自觉地哼唱出来。

2. 有意记忆

有意记忆是指事先有预设的目的和任务，需要使用特定的记忆策略，也需要依靠一定的意志力才能够完成的记忆。比如，儿童在背诵英语单词等。有意记忆是个体掌握科学知识、获得自身经验的主要记忆形式。

（二）根据记忆的内容分类

1. 形象记忆

形象记忆是以感知过的事物形象为识记内容的记忆。例如，儿童与父母去故宫参观后，脑海中有故宫的形象，这就属于形象记忆。但形象记忆不仅包括视觉记忆，还包括听觉、味觉、嗅觉记忆等。因此，我们对听过的歌曲、闻过的气味、触摸到的事物的记忆也属于形象记忆。

2. 情绪记忆

情绪记忆是以体验过的情绪情感为识记内容的记忆。当某一情境或事件引起个体强烈或深刻的情绪情感体验时，这些情绪情感与态度体验就会在脑海中留下深刻印象。与其他内容的记忆相比，情绪记忆往往保持得更持久、更深刻，甚至会终身不忘，比如，收到理想学校录取通知书时激动的心情，第一次走上工作岗位兴奋和紧张的心情等，多年之后仍然会记忆犹新。

3. 运动记忆

运动记忆是以过去做过的动作为识记内容的记忆。例如，对学过的游泳、体操、舞蹈、某种习惯动作等的记忆。运动记忆需要的识记时间相对较长，也就是说需要“记”的时间比较长，但记住之后容易保持、恢复，不易遗忘。

▲ 图6-3 儿童对游泳动作的记忆

4. 语词逻辑记忆

语词逻辑记忆是以语词、概念、原理等抽象思维为识记内容的记忆。例如，对学前儿童心理学相关概念的记忆、对数学公式和定理的记忆等都属于语词逻辑记忆。语词逻辑记忆的记忆内容都是借助语词符号表达的，因此这种记忆是在儿童掌握语言的过程中逐渐发展起来的，也是个体发展最晚的记忆。

（三）根据记忆保持的时间长短分类

1. 瞬时记忆

瞬时记忆是个体通过视觉、听觉、嗅觉和触觉等感觉器官感觉到刺激时所引起的短暂记忆。这种记忆一般并不会立刻消失，而是会在脑海中保持 0.25—2 秒。然而，如果不对瞬时记忆所保持的信息进行进一步加工，信息就会很快消失。

拓展阅读

瞬时记忆的作用[①]

瞬时记忆到底有什么用处呢？我们为什么需要瞬时记忆？你现在可能正坐在靠椅上，眼睛不自觉地扫描着每一行字。你知道我在向你讲些什么，同时你也能隐隐约约感觉到周围的动静。你听得见翻书的声音，你感觉得到靠椅的舒适，你还能估计今天的温度跟昨天差不多，说不定你还闻到了早上刷牙后留下的清香……所有这些感觉在你看书时都是存在的，只是你在书上投入太多的注意而几乎没有意识到它们。但是如果有人突然推门进来，你可能会不自觉地抬起头或者你已经从脚步声中听出来者是何人，其为何事而来，总之你是停下手中的书了。这说明你确实随时都能意识到周围的变化，瞬时记忆的作用就在于它暂时保持了你接受到的所有器官刺激以供你选择。我们需要它，因为在判断周围环境的刺激哪些是重要的，哪些是次要的，并选择对我们有意义的刺激的过程需要时间，而且这段时间不能太长，否则，我们就可能丢失下面更重要的信息。

2. 短时记忆

短时记忆是指外界刺激停止作用后，所获得的信息在头脑中保持不超过 1 分钟的记忆。例如，我们在电话簿中查到一个陌生的电话号码，立即就能够根据记忆去拨号，但是通话结束之后，往往会忘记刚刚拨过的号码。短时记忆是瞬时记忆和长时记忆的中间阶段。若瞬时记忆得到注意，就能够进入短时记忆中，而短时记忆也可以通过复述向长时记忆转移。

3. 长时记忆

长时记忆是指信息经过充分加工后，可以在头脑中长时间保留下来，信息储存的时间在 1 分钟以上甚至终身的记忆。长时记忆的信息大部分都来源于对短时记忆内容的加工和重复，但也有由于印象深刻而一次获得的。长时记忆的容量似乎没有限度，只要对信息进行有效的加工，就能把信息保持在长时记忆中。长时记忆存储的信息人们常常意识不到，只有人们需要借助已有的知识和经验时，长时记忆存储的信息会被提取到短时记忆中，才能被人们意识到。

---

① 中国心理卫生协会，中国就业培训技术指导中心．心理咨询师（基础知识）[M]．北京：民族出版社，2015：78.

综上所述，瞬时记忆、短时记忆与长时记忆三者之间的关系，如图 6-4 所示：

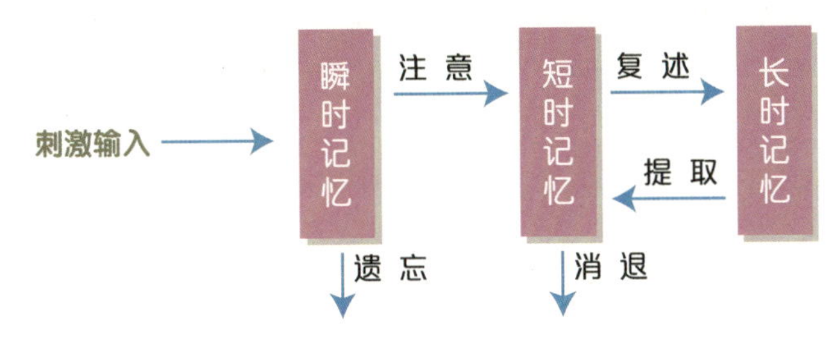

▲ 图6-4 瞬时记忆、短时记忆、长时记忆三者关系示意图

三、记忆在学前儿童心理发展中的作用

学前儿童心理发展是在学习和掌握成人已经具有的经验的过程中实现的，儿童心理的发展离不开经验的支持，而个人经验的积累很大程度上都需要依靠记忆。因此，记忆在学前儿童心理发展过程中发挥着重要作用，对知觉、想象、思维、言语、情绪情感等其他心理现象和心理过程的出现、发展都会产生重要影响。

（一）记忆影响学前儿童知觉能力的发展

知觉是记忆产生的基础，而知觉的发展又离不开记忆的作用。实验证明，如果感觉信息不能够进入瞬时记忆系统，则人脑就不会感觉到其存在，产生不了相应的知觉。① 另外，知觉能力的发展离不开个体知识经验的积累，而个体经验的积累和获得主要依赖于记忆。当儿童获得客体永久性后，自己喜爱的玩具虽然被挡住了，但是其表象仍留在儿童的大脑中，他们会继续寻找。

（二）记忆影响学前儿童想象、思维水平的发展

亚里士多德曾说："记忆力是智力的拐杖，记忆力是智慧之母。"的确，记忆对学前儿童思维、想象等心理活动有着重要影响。具体来说，记忆为想象、思维提供加工的对象。想象、思维的发展都是在记忆表象为原型的基础上进行的，失去了记忆，想象、思维就没有了工作的对象。例如，2 岁左右儿童的想象与思维基本上是对已记忆内容的简单加工，是记忆在新的情境下的一种再现活动。就像图 6-5 中的 2 岁儿童在看到妈妈做饭的画面后，过了几天在幼儿园的角色游戏中也会出现做饭的内容。儿童的这一行为是对过去观察到的行为的再现，这种延迟模仿体现了记忆与想象之间的密切联系。

▲ 图6-5 儿童"做饭"

① 庞丽娟，李辉．婴儿心理学［M］．杭州：浙江教育出版社，2003：166—167.

（三）记忆影响学前儿童言语能力的发展

学前儿童依靠记忆学习语言并进行言语交流。首先，学前儿童语言的学习必须先要熟悉语音，这就需要儿童记住每个语词的正确发音及其对应的语义，然后加以模仿练习。其次，在语言交际过程中，儿童要记住并准确理解他人的话语，自己才会有相应的回答。像老年痴呆症患者常常答非所问，其原因之一就是忘记了别人的问题。最后，儿童要想很好地表达自己的想法，必须先将自己准备表述的词语记下来，这样才能保持前后连贯。在日常生活中，我们会发现有些儿童前言不搭后语，说了前面的话，忘了后面的，这种言语不连贯的现象表明，他们的言语活动与记忆的联系不足。

（四）记忆影响学前儿童情绪情感的发展

学前儿童通过记忆对经历过的事物会产生一定的情绪情感体验。例如，儿童在打针以后害怕再次打针、被开水烫伤以后害怕开水等，这些消极的情感体验是与一些具体的经验联系在一起的。一些积极美好的情绪体验，如美感、道德观念等也是如此，它们的形成都离不开记忆的作用。因而，记忆会影响学前儿童情绪情感的发展，进而影响儿童个性特征的形成和发展。

总而言之，学前期是儿童的各种心理现象和心理过程形成和初步发展的重要时期。此时，各种心理过程正逐渐联系成为系统，在这个过程中，记忆发挥着重要作用。

第二节 学前儿童记忆的发展

一、学前儿童记忆发展的趋势

（一）记忆保持时间逐渐延长

记忆保持时间是指从识记材料开始到能对材料正确提取之间的间隔时间，也称为记忆的潜伏期。学前儿童受记忆的生理基础（如：大脑等）成熟较晚等原因的影响，其最初出现的是短时记忆，信息在头脑中能够存储的时间很短。随着年龄的增长，学前儿童的生理机制日渐成熟，其认知水平逐步提高，记忆的保持时间也会逐渐延长。研究表明，人们很少能够回忆起3—4岁之前发生的事，而3—4岁以后出现的记忆则有可能保持终生，这种现象被称为“幼儿期遗忘”。

（二）记忆容量增加

随着年龄的增长，学前儿童记忆中所保持的信息容量会由少至多，逐渐增加。学前儿童记忆容量的增加主要体现在记忆广度增加、记忆范围扩大以及工作记忆出现这三点上。

1. 记忆广度增加

记忆广度是指在单位时间内能够记忆的材料的数量。衡量记忆广度的单位是信息单位，又称组块，是指彼此之间没有明确联系的独立信息。人类的记忆广度一般为7±2个组块。

案例

小小年纪就健忘，这是怎么回事①

莫莫妈妈提问：莫莫别的都好，在班级中个头最高，身体最壮，但就是有一点点健忘。譬如，前一天一个小朋友借给他玩的玩具，第二天，他一定会挠挠脑袋，自言自语道："我不记得有这件事嘛！"星期五是奶奶来接他的日子，但是，他会很犹豫地对奶奶说："今天是星期三啊！奶奶，你怎么来了？"有时老师问他问题，刚刚讲过的话，他却显得非常没有把握，讲不清楚。难道莫莫小小年纪就有健忘症？

莫莫的问题与幼儿期遗忘没什么关系，而是与他的注意力、记忆力有关。有的孩子自身并没有什么行为问题，同伴关系良好，能力也不差，但给别人的感觉总是对身边的事物没有热情，懒散、随意、心不在焉；成人提供的游戏，他虽然参与，但并不像其他孩子那么兴致勃勃；对成人的评价也无所谓。成人不知道他对什么感兴趣，他在想什么。

建议莫莫妈妈平时可以细致地观察莫莫的行为表现，并多与老师沟通，了解莫莫在幼儿园的情况，以便分析莫莫记忆力不高的具体原因。究竟是对外在事物不感兴趣、注意力不集中导致记忆力差，还是不良习惯或家庭养育方式使得他对周围的事物缺乏主动认识、记忆的积极性？因为，人只有对感兴趣的事物才会集中注意力，才记得牢。比如，幼儿感兴趣的事情之一就是看动画片，孩子们谈起动画片总是滔滔不绝，即使是动画片的片尾曲，没人要求他们学唱，他们却可以倒背如流。另外，不良习惯或家庭养育方式可能导致幼儿注意和记忆水平差。比如，在祖辈养育的家庭中，有些老人对孩子的教育缺乏意识，只是看管幼儿的人身安全，从而忽略了对幼儿的教育引导。幼儿大多数时间从事的都是无意识的自由活动，而这些活动不能让他们非常感兴趣，又怎能激发他们的记忆热情呢？

儿童的记忆广度是随着年龄的增长而不断提高的。由于儿童的生理发育尚未成熟，他们不可能一下子就达到成人的记忆广度。随着大脑的成熟，儿童在单位时间内记住的材料的数量也会不断增加。综合国内外研究发现，2 岁半左右的儿童记忆广度有 2 个组块，3 岁左右增长到 3—4 个组块，4 岁时记忆广度发展到 4—5 个组块，5—6 岁时发展到 6 个组块。

2. 记忆范围扩大

记忆范围是指识记材料种类的多少和内容的丰富程度，记忆范围的扩大体现为记忆材料种类的增多与内容的丰富。婴儿期时，由于接触到的事物数量和内容都有限，儿童记忆的范围极小。随着儿童动作的发展，儿童的活动能力增强，与外界交往范围扩大，活动也更多样化，因而其记忆的范围也随之扩大。

3. 工作记忆出现

工作记忆是指人们在完成认知任务的过程中将新输入的信息和记忆中原有的知识经验联系起来的记忆。新旧知识相联系，可使储存的新信息内容或成分增加。随着年龄的增长，儿童工作记忆的能力会不断提高。

---

① 小小年纪就健忘，这是怎么回事[J]. 幼儿教育，2010（Z4）：64.

需要注意的是，记忆广度对记忆容量有一定的影响，但是记忆广度并不能决定记忆容量的大小，而主要是取决于个体对识记材料的进一步加工，即将识记材料与已有的知识经验联系和组织起来的能力——工作记忆的出现与发展水平。通过工作记忆的系统化加工，每个组块内所包含的容量是不同的，因而信息容量就会增大。例如，同一年龄的两个儿童，张天的记忆广度为 9，李伟只有 5，但李伟的学习成绩和各方面的发展水平更高。为何会出现这种情况？不谈其他因素的影响，单就工作记忆来说，这可能是因为李伟的工作记忆的发展水平更高，他能把识记材料与已有的知识经验更好地联系和组织起来。正是这种能力，使李伟能够识记并保持更多、更广的知识经验，学习成绩和其他方面的发展水平更高。

拓展阅读

儿童能记住多少——儿童短时记忆容量发展实验①

列昂（Pascual-Leone）认为，随着年龄增长，儿童的工作记忆中持有信息的能力也在增长，这种能力被他称为记忆空间。

他用实验检验了记忆空间随年龄而发展的假设。在实验中，他要求不同年龄儿童学习对不同的视觉刺激做出不同的动作反应。例如，看到红色就拍手，看到杯子就张嘴。一旦儿童学会了这些简单联想，就向他们同时呈现两种或更多的视觉刺激，要他们做出适当的反应。实验发现，一个儿童的正确反应数与他在记忆空间中能综合的图式的最大数是一致的，而能正确完成的动作数，在幼儿和学龄儿童中是随年龄的增长而增加。

从实验中可以看出，随着年龄的增长，儿童工作记忆中处理信息的能力越来越强，这种工作记忆的不断发展使得儿童短时记忆容量逐渐增加。

（三）记忆内容丰富化

根据记忆内容的不同，记忆可分为运动记忆、情绪记忆、形象记忆、语词逻辑记忆等。随着年龄的逐渐增长，学前儿童的记忆内容也变得丰富。

婴幼儿最早出现的记忆是运动记忆。出生后 2 周左右，婴儿就能够对母亲喂奶姿势产生条件反射，这表明婴儿已经对喂奶的动作感到熟悉。6 个月左右，儿童会出现情绪记忆。例如，这一时期的儿童见到之前吓唬过自己的成人，会害怕得哇哇大哭。6 个月到 12 个月时，儿童的形象记忆逐渐发展。例如，这一年龄段的儿童能够认识奶瓶、从人群中辨认母亲等。到 1 岁左右，儿童的语词逻辑记忆开始出现并逐渐发展，这种以语言材料为主要内容的记忆是在儿童掌握语言的过程中逐渐发展起来的。由于语词与其他材料相比，概括性、抽象性更强，它的发展需要以大脑中语言中枢的发展为生理基础，因此语词逻辑记忆出现得最晚。

① 边玉芳等．儿童能记住多少——儿童短时记忆容量发展实验［J］．中小学心理健康教育，2013，14：36—37.

（四）记忆的提取方式的发展

在上一节中提到，记忆的提取方式有两种，分别是再认和再现。儿童进行再认需要依赖于感知，而再现依赖的是头脑中的表象。感知是儿童自出生以后就已经具有或开始发展的，而表象的形成则开始于 1 岁以后。因此，儿童最初的记忆提取都是再认性质的，2 岁左右再现性质的记忆才开始出现。在整个学前期，再现都落后于再认，但两者之间的差距会随着年龄的增长而逐渐减小。

（五）记忆策略的形成与发展

记忆策略是指学习者为了有效记忆而采取的有助于记忆的手段和方法。学前儿童并不是刚开始拥有记忆时就具备记忆策略的，儿童使用记忆策略要经历一个从无到有的过程。一般来说，5 岁是一个转折期，5 岁以前，儿童在记忆过程中不会主动使用记忆策略，也不会在他人指导下使用；5 岁左右，儿童开始出现记忆策略，但只会在他人的指导下使用部分记忆策略。大约 10 岁以后，儿童才能够主动自觉地使用记忆策略。

学前儿童正处于从不会使用记忆策略到部分使用记忆策略的过渡发展阶段，在这一阶段中，学前儿童常使用的记忆策略有视觉复述、特征定位、复述和组块四种。

1. 视觉复述策略

视觉复述是指儿童将自己的注意力主要集中在记忆对象上，以增强记忆效果的方法。这是学前儿童在记忆过程中最常用，也是最简单的一种记忆策略。例如，在日常生活中，为了使儿童记住一个动物，我们会给他们提供画有该动物的图片，让他们通过观察图片记住动物。

▲ 图6-6　儿童通过看图来记忆

儿童很早就表现出使用视觉复述策略的倾向。在一项研究中，研究者向 18—24 个月的儿童出示一只玩具大鸟，接着把大鸟藏在枕头下，并要求儿童记住大鸟的位置，以便以后找到大鸟。随后研究者宣布自由活动 3 分钟，并在活动中用其他玩具设法使他们分心。但是，研究者发现儿童在自由活动中经常会中断活动而谈论大鸟的位置，注视着这一位置，并用手指着它，或者在这个位置周围徘徊或企图掀开枕头。儿童显然是在短期记忆中采用视觉复述策略力求保持大鸟位置的信息。[①]

2. 特征定位策略

特征定位是指给记忆对象的某种突出特征贴上特定的标签，以便有效记忆的一种记忆策略。在一项研究中，主试让儿童将一个小物品藏在一个有 196 个格子的棋盘中，并要求儿童尽可能记住物品所藏的位置。结果发现，5 岁以上的儿童倾向于选择那些较有特点的位置去藏物品（如棋盘的某个角落），而 3 岁儿童就不会使用这种策略。[②] 可见，

① 吴荔红 . 学前儿童发展心理学［M］. 福州：福建人民出版社，2010：128—129.
② 林崇德，沈立德 . 认知发展心理学［M］. 杭州：浙江人民出版社，1996：165.

▲ 图6-7 组块策略

5岁以上的儿童就已经具有了运用特征定位策略的能力。

3. 复述策略

复述是指注意不断指向输入信息、不断重复记忆材料的过程，它也是一个常用且有效的记忆策略。例如，儿童在准备去商店帮妈妈买东西的路上，会不断地重复，以免忘记要买什么。学前儿童还不能自觉、有效地使用复述策略，但随着儿童年龄的增长，使用复述策略的能力和复述的质量都会提高。

4. 组块策略

组块是指把识记材料所包含的项目，按照各自的意义联系归类成系统，使得记忆条理化，以提高记忆效果。例如，小红的妈妈要去超市买东西，要买的东西很多很杂，难免丢三落四，但如果她将这些具体的事物归入主食、蔬菜、肉类、水果、饮料之中，这些东西就会变得有条理，容易记住。组块策略是一个对个体认知能力要求较高的记忆策略，而学前儿童自身的知识经验还不够丰富，抽象逻辑思维也刚开始发展。因此，学前儿童在记忆过程中使用组块策略的能力较差，质量不高。

拓展阅读

通过组块策略提高记忆效果

虽然人的短时记忆容量是有限的，但是可以根据自己已有的知识经验，采用一定的策略对记忆的内容进行加工，扩大每一项目的信息量。组块就是这样一种加工过程，它把记忆项目中的小单位联合成较大的单位，大大提高了记忆的容量与效果。

例如，对于11840219493196642001这一组数字的记忆，可以将其分为以下组块帮助记忆：1840；1949；1966；2001。再如，可以将记忆内容与特定情景结合，如果想要记住“班级、窗户、作业、上课、同学”，可以进行情景联想，想象某同学在班级里坐在窗户边上课和做作业。

二、学前儿童记忆发展的特点

（一）胎儿和新生儿的记忆

有研究者把母亲心脏跳动的声音记录下来，经过扩大，在出生不久的婴儿哭闹时播放，婴儿就会停止哭闹，变得安静起来。这一研究不仅表明胎儿在出生前就已具备听觉，也证实了人类个体在胎儿期就已经有了记忆，并在出生后表现出了再认的能力。

新生儿记忆的一个主要表现是建立条件反射，即对条件刺激物形成某种稳定的行为反应。例如，前面所提到过的一个例子，母亲会经常固定一个姿势给新生儿喂奶，过了半个月左右新生儿便会形成条件反射，只要母亲以喂奶的姿势抱着他，他就会出现吮吸动作。另一个主要表现是对熟悉的事物产生习惯化，即随着刺激物出现频率的增加而对它的注意时间逐渐减少甚至消失的现象。例如，在一项研究中，研究者让刚出生一天的新生儿反复倾听一个单词，新生儿最初会将头转向声音所在方位，但一段时间后，这些新生儿停止了转向，说明新生儿已经对这个单词习惯化了。[①] 胎儿和新生儿的记忆，从其恢复形式上看都属于再认。

拓展阅读

1/3 幼儿可能存在“胎内记忆”[②]

一个人出生之前在妈妈腹中还是个胎儿，那时他会有记忆吗？据日本《每日新闻》报道，日本横滨市妇产科的池川明医生以婴幼儿为对象做了一次跟踪调查，发现有 1/3 的孩子回答“有记忆”。此项调查共涉及了 36 家幼儿园和 2 家托儿所，孩子的平均年龄为 4 岁。

据调查最终统计结果显示，有 33% 的孩子肯定了“胎内记忆”，有 21% 的孩子记起了出生时的情景，这部分孩子大多集中在两三岁。对问卷问题回答“里面很黑”的是 2 岁、4 岁的两个男孩，回答“像漂浮在水上”的是一个 3 岁的女孩，回答“被绳子拴住”的是一个 2 岁女孩，更有趣的回答是一个 4 岁男孩，他说：“里面黑得难受，总听到妈妈的说话声。”有关出生时的记忆，一个 3 岁男孩说：“在里面怕黑，后来就哭出声了。”一个 2 岁女孩是先破水然后才出生的，她说：“听见一声响后，眼前就亮了起来。”另一个 4 岁女孩则回忆道：“本来还想睡一会，可睡不成了。”……这些回忆非常具有临场感。

池川明医生指出，胎内记忆是否确实存在，目前还无法从理论上证明。然而，可以肯定的是，如果母亲和孩子就胎内的事情聊天将有助于加深亲子感情。

（二）1 岁前婴儿记忆发展的特点

1. 记忆保持时间较短

虽然与新生儿相比，1 岁前婴儿的记忆能力有了较大提高，但是，这一时期婴儿记忆的保持时间仍然较短，他们的记忆最多只能保持几天。例如，母亲因病住院 2 周，回家后宝宝不认识自己的妈妈。

2. 再认能力的出现

1 岁内的婴儿已经能够对记忆过的事物进行再认，“认生”现象就是一个重要表现。

① Guy R. Lefrancois. 孩子们：儿童心理发展［M］. 王金志，等译 . 北京：北京大学出版社，2004：231.

② 胡连荣 .1/3 幼儿可能存在“胎内记忆”［J］. 科学（北京），2006，8：15.

一般来说，3—4 个月的婴儿已经能对父母作出反应。例如，妈妈在屋内做事，婴儿的目光会追随妈妈的身影，一旦妈妈不在屋内就会哭喊。6 个月的婴儿已经能够区分熟悉的人和陌生人，他们会对熟悉的人表现出好感，对生疏的人表现出陌生感。这就说明 1 岁之前的婴儿已经具备再认能力。

拓展阅读

1 岁小宝宝记忆力的训练方法

1. 0—8 个月宝宝的训练方法

（1）设立记忆工具。每天拿一个能发出声音的玩具让孩子去触摸，或设置一些简单、鲜明的图画让孩子看，并告诉他们画面上的人和物的名称，也可以播放一些美妙动听的音乐等。这种方法能够充分利用孩子的触觉、视觉、听觉等感觉机能训练他们的记忆力。

（2）照镜子看自己。等到宝宝三四个月以后，可以给他看镜子中的人像，并告诉他这就是他自己。照镜子看自己这种方法会有助于培养他参与探索周围环境的兴趣，并能促进形象记忆的发展。

（3）多和宝宝交流。在日常生活中，家长应该经常和宝宝说话。在亲切、愉快的交流中，宝宝不仅能够感受到父母对他的爱，同时，宝宝也接受到了大量的言语刺激，从而促进语词逻辑记忆的产生和发展。

2. 9—12 个月宝宝的训练方法

（1）手指指认。在这一年龄阶段，家长可以向孩子经常性地重复指出某个事物的名称。比如，拿一张小狗的图画，对宝宝说："这是小狗，你看这是小狗的眼睛，这是小狗的耳朵。"第二天再重复向宝宝指认。这种方法能够使幼儿头脑中已有的经验更好地得到保持和巩固，并减少遗忘现象发生。

（2）提供发声的玩具。家长可以先用摇铃做出不同的动作（如：摇、撞、捏等），摇铃便会发出响声，然后让宝宝自己试着去弄。摇铃的响声能够激发幼儿做动作的兴趣，从而促进幼儿动作记忆的发展。

（三）1—3 岁儿童记忆发展的特点

1 岁之后，儿童的生理机能不断发育，语言能力迅速提高，这使儿童的记忆水平也有所发展。主要表现为以下几个特征：

1. 记忆保持时间增长

1—3 岁儿童记忆发展最为明显的特征就是记忆保持的时间延长。乳儿期时记忆最多可以保持数天，而这一时期的记忆甚至可以保持几个月。比如，1 岁半左右的儿童能够回忆起自己数月前去过的地方，知道家中某些物品经常摆放的位置，等等。

2. 有意记忆开始萌芽

到 3 岁左右，儿童可以根据成人提出的简单要求进行识记，有意记忆开始萌芽。在一项实验中，研究者让儿童帮助实验者记忆哪一只杯子里藏有玩具熊，实验者在布置完实验任务后离开实验室。研究结果发现，3 岁的儿童会想出一些办法来帮助自己记忆，例如一直指着有小熊的杯子或者把那只杯子抽出来等；而 2 岁儿童则东张西望，不会有意识记。

▲ 图6-8 有意记忆萌芽

3. 再现能力的形成与发展

1—3 岁儿童的记忆提取仍然是以再认为主，但再现（回忆）的形式也已经开始萌芽。1 岁以前，儿童记忆提取的主要形式是再认，1—2 岁时，再现这一形式开始出现。随着儿童言语的发展，再现的形式逐渐确定，并得到一定程度的发展。

在此阶段，儿童再现能力的一个重要表现就是出现了延迟模仿，这标志着儿童表象记忆和回忆能力的初步成熟。不同于即时模仿，延时模仿是指经过一段时间以后突然模仿曾经看到过的事物和行为动作。例如，一个 1 岁多的儿童第一次看到另一个儿童挠痒痒的样子，非常新奇，等他 2 小时以后回到家，在家中一边笑一边学着另外一个儿童挠来挠去的样子。儿童的这种延迟模仿行为是对过去观察到的行为的再现。

（四）3—6 岁儿童记忆发展的特点

随着神经系统的逐渐成熟、生活经验的日益丰富和语言能力的迅速发展，3—6 岁儿童的记忆能力有了显著提高，主要表现出以下三个特点：

1. 无意记忆占优势，有意记忆逐渐发展

（1）无意记忆占优势。3—6 岁儿童还不能根据一定的任务和要求有效地调节自己的心理活动，因此识记的有意性也处于较低水平。儿童在 3 岁之前基本上只有无意记忆，很少进行有意记忆。3 岁以后，虽然儿童的有意记忆逐渐开始发展，但还是很少运用。儿童所获得的知识经验大多是在平时日常生活和游戏活动中无意识地、自然而然记住的。儿童对事物的识记主要取决于事物本身是否具有直观、形象鲜明的特点，是否能够激发他们的兴趣和情感。例如，儿童往往对动画片中的故事情节印象深刻，经常会讲给其他儿童听。儿童无意识记的效果随着年龄增长而逐渐提高。例如，研究者给小、中、大三个年龄班的儿童讲同一个故事，事先不要求记忆，过了一段时间以后进行检查，结果发现，年龄越大的儿童无意识记的效果越好。

无意记忆在 3—6 岁儿童记忆发展中占据优势地位，突出表现为无意记忆的效果要优于有意记忆。在一项实验中，研究者在实验桌上画一些假设的地点，如：厨房、花园、卧室等，并为儿童提供 15 张图片，图片上都是儿童熟悉的东西（如：水壶、苹果等），研究者要求儿童把图片上画的东西放到实验桌上相应的位置。游戏结束后，要求儿童回忆所有玩过的东西，即对其无意记忆进行检查。另外，在同样的实验条件下，要求儿童进行有意记忆，记住 15 张图片的内容。实验结果表明，在学前中期和后期，无

▲ 图6-9　儿童复述故事

▲ 图6-10　“收银员”记忆商品的价格和名称

意记忆的效果都要优于有意记忆。

（2）有意记忆逐渐发展。儿童的有意记忆在3岁之前就已经开始萌芽，而到了4—5岁，儿童才真正表现出有意记忆。3—6岁儿童的有意记忆主要是在成人的教育下逐渐产生的。在日常生活中，成人经常会对儿童提出一些识记任务，如在讲故事之前，向儿童提出复述故事的要求，朗诵儿歌时会要求他们尽快记住，这些都促进了儿童有意记忆的发展。儿童对记忆任务的意识和活动动机也会影响到有意记忆的效果。例如，儿童在角色扮演游戏中担任“收银员”，“收银员”就必须记住商品的价格、名称。角色本身使儿童意识到识记任务，因而他会用心识记，使得有意记忆发生，记忆效果也会有所提高。

有意记忆的出现使得儿童记忆的发展有了质的飞跃。研究表明，无意记忆和有意记忆都会随着儿童年龄的增长而增长，但有意记忆的发展速度更快。在3—6岁这一阶段，儿童无意记忆的效果往往会好于有意记忆；而到了小学阶段，有意记忆的效果会逐渐赶上并最终超过无意记忆。

拓展阅读

有意记忆实验

有人曾做过这样的实验，要求儿童到商店去买皮球、牛奶、铅笔、娃娃和糖果五样东西。结果发现：三四岁的儿童认为走到商店就算完成了任务，既没有记住要买什么东西，也没有回忆起到商店应该做什么事；四五岁的儿童走到商店，能迅速复述要买什么东西，有时候可能会出现遗忘，但是遗忘之后不会再设法回忆；五六岁的儿童在接受任务时，会要求成人把任务交代得慢点，并且边听边重复，如果出现遗忘还会寻求成人的帮助。

2. 机械记忆用得多，意义记忆效果较好

根据儿童对记忆材料是否理解，可以将记忆分为机械记忆和意义记忆。机械记忆是指对所记材料的意义和逻辑关系不理解，采用简单、机械、重复的方法进行识记。意义记忆是指针对所记材料的内容、意义及其逻辑关系的理解进行的识记，也称为理解记忆

或逻辑记忆。学前期是意义记忆迅速发展的时期，呈现出如下特点：

（1）机械记忆用得多。与成人相比，儿童更多地使用机械记忆。例如，儿童在背诵古诗、成语故事时，往往逐字逐句地死记硬背，可能根本不理解古诗或成语故事的含义。出现这种现象最主要的原因是儿童自身的知识经验不够丰富，对许多识记材料不能理解，也缺少可以利用的旧经验与新的知识经验产生联系。因此，学前儿童往往只能死记硬背，进行机械记忆。

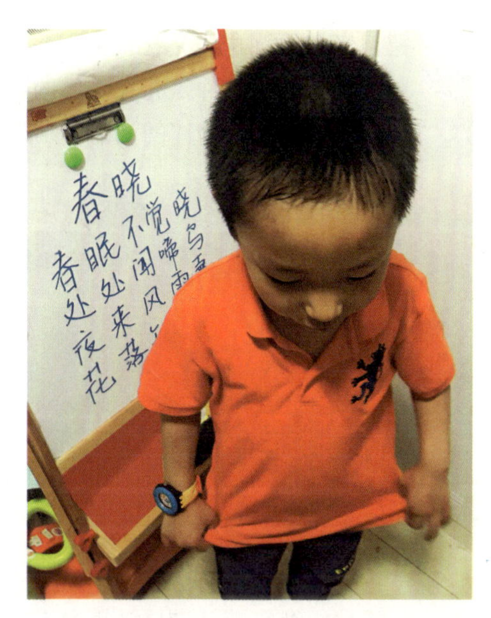

▲ 图6-11 儿童背古诗

（2）意义记忆效果要优于机械记忆。儿童使用机械记忆较为频繁，这并不意味着他们不使用意义记忆。相反，学前期意义记忆迅速发展，儿童在记忆过程中越来越依赖于理解，而且意义记忆的效果要比机械记忆的效果好得多。例如，儿童学习儿歌要比古诗词记得快，且保持时间更长。

在一项实验中，研究者让儿童识记两类图片，一类图片上画着儿童熟悉的物体图形（如：小旗、西瓜等），另一类图片上则画着一些叫不出名称的不规则图形。结果发现，儿童对第一类图片的正确再现率明显高于第二类。[①] 从表 6-2 中可以发现，儿童对于已经理解的材料，识记效果要更好。

表 6-2 儿童意义记忆与机械记忆效果对比

年　　龄		4 岁	5 岁	6 岁	7 岁
正确再现率（%）	Ⅰ物体图形	47	64	72	77
	Ⅱ不规则图形	4	12	26	48

在整个学前期，无论是机械记忆还是意义记忆，记忆效果都会随着儿童年龄的增长而有所提高。年龄较小的儿童意义记忆的效果比机械记忆要好得多，而随着年龄增长，两种记忆效果的差距逐渐缩小，意义记忆的优越性似乎降低了。这是因为随着儿童认知水平的提高，处理复杂信息的能力提升，机械记忆中加入了越来越多的理解成分，使机械记忆的效果有所提高。

3. 形象记忆占优势，语词逻辑记忆逐渐发展

本章第一节已经提及，根据记忆内容的不同，可以将记忆分为形象记忆、情绪记忆、运动记忆和语词逻辑记忆四种类型。3—6 岁儿童的这四种记忆都在发展，但就形

① 陈帼眉，冯晓霞，庞丽娟．学前儿童发展心理学［M］．北京：北京师范大学出版社，2013：131.

象记忆和语词逻辑记忆而言，形象记忆占有优势地位。有研究者让3—7岁的儿童识记三种材料，第一种是儿童熟悉的物体，第二种是标志儿童熟悉的物体的词语，第三种是标志儿童不熟悉物体的词语，结果如表6-3所示。

表6-3 儿童形象识记与语词记忆效果的比较

年龄（岁）	熟悉的物体（个）	熟悉的词（个）	生疏的词（个）
3—4	3.9	1.8	0
4—5	4.4	3.6	0.3
5—6	5.1	4.6	0.4
6—7	5.6	4.8	1.2

分析上表可以发现，无论处于哪个年龄阶段的儿童，形象记忆的效果都比语词记忆要好，并且两种记忆效果都会随着年龄的增长而提高，但语词记忆的发展速度超过了形象记忆。产生这一现象的原因主要是形象记忆出现较早，并且在整个学前期，形象记忆一直占据着主导地位。语词记忆出现得相对较晚，它是随着儿童语言的发展而迅速发生发展的。但随着年龄的增长，儿童的言语能力迅速提高，语词逻辑记忆也随之发展较快。因此，在幼儿园中教师也可以根据儿童形象记忆占优势的这个特点进行教学或环境布置。例如，将儿童区域活动中需要遵守的规则以图画形式呈现出来，使儿童更好地记住，如图6-12所示。

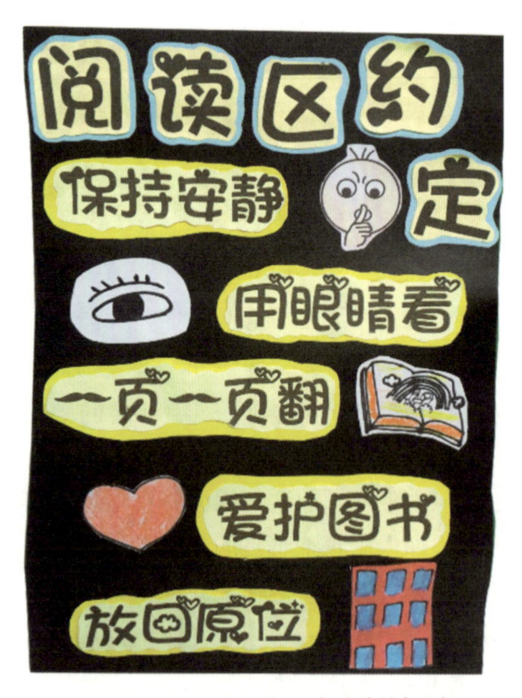

▲ 图6-12 幼儿园区域活动的规则

需要注意的是，虽然形象记忆在整个学前期都占有优势地位，但随着儿童年龄的增长，形象记忆和语词逻辑记忆效果之间的差距会逐渐减少。究其原因，主要是随着年龄的增长，形象和语词都不是单独在儿童的大脑中发挥作用，相反，两者之间的联系越来越密切。一方面，儿童对熟悉的物体能够记住名称；另一方面，儿童所熟悉的词汇又是建立在具体的物体形象基础上的。这样语词和形象就不可分割，并且紧密联系在了一起，两种记忆效果的差距也相对减少。

案例

识字，还是识图？①

李衣明的爸爸非常得意，因为他早早地就教儿子识字，小明才两岁多就会认自己的名字了。有次伯伯到家中做客，想考一考小明，指着小明的名字问：“这个念什么呀？”“李衣明。”小明毫不犹豫地答道。“真厉害！”，伯伯夸道，接着指着“明”字问道：“这个念什么？”“李。”小明答。“那这个呢？”伯伯又指着“李”字问道。“衣。”小明答。伯伯又指着“衣”字问，小明答：“明。”请你想一想，小明真的记住自己名字了吗？为什么会出现这种情况？

其实小明是以形象记忆为主，对他来说，他的名字不是字，而是一张图，他将“李衣明”三个单字当成一幅图来记忆了。

第三节 学前儿童记忆力的培养

在日常生活中，人与人之间的记忆力存在很大的差别，主要表现在记忆容量大小和记忆保持时间的长短等方面。有的人记得又快又多，过目不忘，而有的人则记忆缓慢，过目即忘。正所谓“博闻强记”，首先是因为“强记”，有较强的记忆力，才能够“博闻”。个体的创造力、学业成绩、职业成就很大程度上取决于他们的记忆力。学前儿童正处于记忆力快速发展的时期，因此，家长和教师要抓住机会，在儿童的日常生活和活动中有意识地培养和促进学前儿童记忆力的发展。

一、激发学前儿童的学习兴趣

研究表明，儿童的记忆效果与其对事物的兴趣密切相关。如果事物能引起儿童的学习兴趣，他投入的热情就高，主动性强，记忆的效果也好；反之，如果是被迫的、缺乏兴趣的学习，其记忆效果就差。例如，儿童对色彩鲜艳的图片、活泼灵动的玩教具、情节生动的故事等兴趣颇高，在识记这些材料时往往记忆效果较好，因此，幼儿园教师在组织教学活动时，要尽可能采用生动、形象和富有趣味的材料，以激发儿童的学习兴趣，吸引儿童的注意力，提高记忆效果。另外，教师还可以采取多种生动活泼的形式组织活动，最好能够让儿童参与其中并亲自动手操作，同时在儿童学习的过程中积极鼓励他们，这对培养儿童的记

▲ 图6-13　儿童亲自动手操作

① 曹中平，邓袆．学前儿童发展心理学［M］．长沙：湖南大学出版社，2015：78.

忆力有很大帮助。例如，教师在开展“认识纸”的主题活动时，可以让儿童动手把纸放水里看纸吸水，再用手撕一撕纸，通过实验，儿童就记住了纸的特点。①

二、使学前儿童明确记忆的任务

3—6岁是儿童有意记忆形成和发展的重要时期，所以教师不仅要充分利用儿童的无意记忆，更要注意培养他们的有意记忆。教师或家长在日常生活和活动中，可以经常向儿童提出具体、明确的识记任务，并对记忆的结果给予适宜的评价，以激发儿童有意识记的积极性。例如，给儿童讲故事时，可提醒他们注意听什么，听完之后要回答哪些问题；带儿童外出时，让儿童注意观察周围的事物，回来后说说看到了什么，自己做了哪些事情；和儿童出去购物时，告诉他们如果有想吃的东西要提前记好，不然就吃不到想吃的食物了等等。值得注意的是，在向儿童提出明确、恰当的识记要求后，对儿童完成识记任务的情况要给予及时的肯定和赞扬等正强化，这样才能让儿童更好地进行主动记忆，提高儿童记忆的积极性。

案例

买 裤 子

在一个电视节目中，节目组让一个小朋友帮自己的爸爸买裤子，爸爸告诉他自己穿的码数，小家伙便一路念叨着，结果成功买到合身的裤子。如果只是在平时告诉他爸爸穿的码数，他还会牢牢记住吗？也许未必。这是因为明确了任务，大脑的相关区域就会形成“优势兴奋中心”，记忆能力瞬间就增强了。

三、教学前儿童学会运用记忆策略

▲ 图6-14 归类记忆

记忆策略的运用是提高记忆水平的关键之一，是否运用记忆策略、记忆策略是否运用得当会直接影响儿童的记忆效果。为了提高记忆效果，教师或家长可以教给儿童一些记忆策略，帮助他们学习和掌握记忆的方法。

对于比较复杂的学习内容，可以采用部分记忆的方法，将学习材料分成几个部分，让儿童分段分部分记忆。再如，在记忆多种事物的名称时，可以采用归类记忆的方法，把老虎、熊、豹子等归类为野生动物，把公共汽车、火车、轮

① 李洪燕．怎样培养孩子的记忆力［J］．读与写（上，下旬），2015，20：503.

船、飞机等归类为公共交通工具，这样可以把记忆材料组织成有一定联系的、系统的材料，不仅有利于减轻儿童的记忆负担，也可以帮助儿童记得更加牢固。

四、帮助学前儿童进行合理的复习

学前儿童记忆的特点是记得快、忘得快、不易持久。因此，在引导儿童识记时，一定的重复和复习是非常必要的，这不仅是提高儿童记忆效果的重要措施，也是巩固儿童记忆、提高儿童记忆能力的最佳方法。记忆的遗忘是一个“先快后慢”的过程，根据遗忘规律，教师可以帮助儿童及时复习，复习的时间安排应先密后疏，也就是说刚开始复习时次数要多一些，随着遗忘速度减慢，复习的时间间隔可以逐渐拉长。一般来说，应在儿童情绪稳定时，采用有趣的方法进行复习。在轻松有趣的情绪状态下，儿童不仅很快就能巩固掌握的知识技能，而且可以激发儿童的记忆兴趣，提高他们学习的积极性。

思考与练习

1. 什么是记忆？记忆的种类有哪些？
2. 记忆在学前儿童心理发展中具有怎样的作用？
3. 学前儿童记忆发展呈现出怎样的发展趋势？
4. 结合具体案例，分析 3—6 岁儿童记忆发展的特点有哪些？
5. 如何培养学前儿童的记忆力？

推荐资源

1. 纸质资源：

（1）美伢著：《培养孩子记忆力的 36 种方法》，民主与建设出版社 2013 年版。

（2）唐铭：《家庭教育中幼儿记忆力培养的误区及指导》，《小作家选刊》2016 年第 27 期。

2. 视频资源：

纪录片《幼儿园》，张以庆导演。

第七章 学前儿童想象的发展与教育

目标指引

1. 了解想象的概念、加工方式及分类。
2. 理解想象在学前儿童心理发展中的作用。
3. 掌握学前儿童想象发展的基本特点。
4. 有效运用促进学前儿童想象发展的策略。

内容结构

- 学前儿童想象的发展与教育
  - 想象概述
    - 想象的概念
    - 想象的加工方式
    - 想象的分类
    - 想象在学前儿童心理发展中的作用
  - 学前儿童想象的发展
    - 无意想象占主导，有意想象开始发展
    - 再造想象占主导，创造想象开始发展
    - 学前儿童的想象与现实
  - 学前儿童想象力的培养
    - 尊重儿童的想象
    - 成人的引导
    - 增加儿童经验的积累
    - 在活动中培养儿童的想象

在幼儿园手工制作活动“会变的光盘”中，一样的废旧光盘经过儿童巧妙的构思与细心制作，变成了完全不一样的自行车、表盘、娃娃脸、拨浪鼓、方向盘、奥运五环、棒棒糖、向日葵等。在制作的时候，有的儿童将废旧报纸卷成纸棒，穿入光盘中心圆孔，制作成了碾制中药的药碾；还有的儿童将废旧报纸卷成圆柱状，用光盘做底，做成了漂亮的水杯；有的儿童为满足自己当海军的愿望，巧妙地用光盘做成了航轮的舵……①

▲ 图7-1　会变的光盘

看了这段文字，你是不是被儿童的奇思妙想吸引了？其实这都是儿童通过想象创造出来的，那么儿童的想象有什么作用，又有哪些特点呢？如何培养儿童的想象力呢？下面让我们一起进入学前儿童想象的世界。

第一节 想象概述

要想走进学前儿童想象的世界，首先要了解什么是想象。

一、想象的概念

想象是人脑对已有表象进行重新组合，形成未感知过的新形象的过程。想象是以表象为基础的，表象是主体通过感知觉获得并保存在大脑中的事物形象。例如，儿童能将废旧光盘制作成自行车，说明儿童在想象之前已经感知过自行车这一表象。所谓新形象，是主体从未接触过的形象。这种新形象可能是现实中存在但个人未接触过的事物形象，比如从未见过大海的人在听到别人介绍大海的壮阔景象时，在头脑中会形成关于大海风景的画面；这种新形象也可能是在现实中从未有的或根本不可能有的、纯属创造的事物形象，例如鲁迅笔下祥林嫂的形象、毕加索作品中的形象。

想象的新形象是主体通过对已有表象进行分析，综合加工而形成的事物形象。想象与客观现实密切相关，想象来源于客观现实。如果齐白石没有见过虾，就没有各种各样的关于虾的经典的绘画创作。即使有些形象荒诞离奇的妖魔鬼怪，仍能在现实生活中找到原型。

① 侯娟珍．手工制作对儿童创造想象发展研究［J］．中国教育学刊，2013（5）：71—73.

想象力比知识更重要，因为知识是有限的，而想象力概括着世界的一切，推动着进步，并且是知识进化的源泉。

——爱因斯坦

二、想象的加工方式

想象过程是对形象的分析综合，它的综合有以下几种独特的形式。

（一）黏合

黏合是把客观事物中从未结合过的属性、特征、部分在头脑中结合在一起而形成新的形象。这种创造把客观事物的某些特征提取出来，然后按照人们的要求将这些特点重新组合，综合起来形成新形象以满足人们的某种需要。例如，安徒生笔下美人鱼就是将美女和鱼黏合起来编写出来的爱情故事。

（二）夸张

夸张是通过改变客观事物的正常特点，或者突出某些特点、略去另一些特点而形成新的形象。例如，李白在《望庐山瀑布》中对瀑布“飞流直下三千尺，疑是银河落九天”的描写，就是用三千尺来夸张性地描述瀑布的壮阔。

（三）典型化

典型化是根据一类事物的共同特征创造新形象的过程。它是文学、艺术创造的重要方式。例如，鲁迅笔下祥林嫂的形象就是典型代表。

（四）联想

联想是由一个事物想到另一个事物，从而创造新的形象。例如，牛顿从苹果落地这一常见的自然现象联想到了引力，从而推导出了万有引力定律。

三、想象的分类

根据是否有预设目的，可以将想象分为无意想象和有意想象。有意想象之中，根据内容的新颖性、独立性和创造程度，又可以分为再造想象与创造想象。

（一）无意想象与有意想象

1. 无意想象

无意想象是一种不自觉的，没有预设目的的想象。它是人们在某种刺激下，不自主想象某些事物的过程。其实质是一种自由联想，不需要意志的努力，意识水平也较低。梦就是比较极端的无意想象的例子。

案例

理发店中的魔法

一天下午，小璐和泽雨同时来到了理发屋。泽雨当理发师，小璐则当顾客。泽雨穿好理发师的衣服准备给小璐理发。小璐头朝上扬，泽雨先帮小璐洗头，擦干后两人来到了梳妆台前。小璐被梳妆台上的彩虹琴键吸引了，随即弹了起来。泽雨指着琴键说："这是魔法琴，弹蓝色的键头发就会变成蓝的了，弹红色的键头发就会变成红的了。"

此处，泽雨的想象是在琴键的刺激下，自由联想出来的，无须意志努力，属于无意想象。

2. 有意想象

与无意想象相反，有意想象是一种自觉的、有预设目的的想象。在实践活动中，为实现某个目标、完成某项任务所进行的想象都属于有意想象。

案例

蜜蜂的故事①

一个5岁的女孩在弹奏《蜜蜂》一曲时，她理解了这个由三句话组成的小曲的结构是：第一、三句旋律基本相同，都是四分音符和二分音符居多的较为舒缓的乐句，而第二句完全由八分音符组成，相对表现出一种紧凑的气氛。她主动想象出了如下故事：第一句是蜜蜂在采蜜，然后又飞来一群蜜蜂；第二句是两群蜜蜂打了起来；第三句则是最后蜜蜂都生气走了。然后她在演奏中对乐曲的三句话的强度分别设计为"p"、"f"、"p"，听起来非常生动。

女孩为了更好地理解和记忆钢琴的曲谱，想象出了关于蜜蜂的故事，属于有意想象。

▲ 图7-2　女孩在弹琴时想象关于蜜蜂的故事

（二）再造想象与创造想象

1. 再造想象

再造想象指的是根据图形、图解或符号等非语言文字的描绘或语言文字的描述在头脑中形成新形象的过程。再造想象不是他人想象的简单重现，而是依据个体以往的经验

① 史书园．钢琴学习与儿童的音乐想象发展［J］．钢琴艺术，2011（8）：54—57.

再造出来的，每个人由于知识经验、兴趣爱好的差异，再造出来的形象是有所不同的。比如，不同的儿童听成人讲述《卖火柴的小女孩》的故事时，根据自身已有的经验，在头脑中形成有差异的小女孩的形象。需要指出的是，再造想象所形成的新形象有一定程度的创造性，但其创造性水平较低。

再造想象虽然不是想象者自己独创出来的，但再造想象中含有创造的成分，想象者总是以各自的知识经验来形成相应的形象。由于个人所储备的表象、生活经验、情绪情感体验等的不同，对于同样的事物他们会以各不相同的方式创设新形象。

2. 创造想象

创造想象是根据自身的想法，独立在头脑中构造新形象的过程。不同于再造想象，创造想象的形象是之前并不存在的，它比再造想象更有难度，也更复杂。如文学家创造新的人物形象、设计师设计新的产品、艺术家创作新的作品等均属于创造想象。

在良好的早期教育和训练下，儿童的创造想象可以达到很高的水平。在 1979 年国际儿童画展上，6 岁的中国儿童胡晓舟以一幅想象到月亮上荡秋千的绘画作品，赢得了世界儿童画一等奖。她之所以能在所有参赛选手中脱颖而出，是因为评委认为："她是这里最具想象力的孩子！"她敢于把现实存在的月亮、星空、孩子、游戏等进行组合，形成了新的形象，体现出其丰富的想象力，因而获此殊荣。

▲ 图7-3 在月亮上荡秋千

四、想象在学前儿童心理发展中的作用

（一）想象能够促进学前儿童认知水平的发展

想象是以感知和记忆为基础的。因此，虽然想象是比感知和记忆更复杂的认知活动，但是它与其他认知活动的联系依然非常紧密，能够促进儿童认知水平的发展。

1. 想象帮助学前儿童运用已有表象

学前儿童的想象要以头脑中已有的表象为基础，这些表象是儿童之前感知过的事物在其头脑中留下的具体形象。换言之，想象并不是凭空产生的，它需要客观事实作为加工原材料。比如，儿童将纸上的一个黑点想象成黑芝麻，说明儿童在头脑中储存了黑芝麻这一表象，而这一想象过程需要其运用头脑中已有的表象。

2. 想象能够促进学前儿童记忆能力的提升

想象需要以记忆为基础。正如之前所说的，想象要以表象为原材料，而这些原材料正是儿童之前感知过的事物通过记忆保存在其头脑中的。可以说，如果没有记忆，即使儿童曾经看到过黑芝麻，也不会记得它的样子，那么与黑芝麻有关的想象便不可能发生了。同样地，想象的发展对记忆活动也有积极影响。想象有利于儿童对信息的理解和加工，从而益于其对信息的保持和回忆。换言之，在学前儿童的整个记忆过程中，不论是识记、保持还是恢复，都与想象密切相关。比如，在前文蜜蜂的故事中，小女孩主动想象出来的故事就有益于识记钢琴曲谱。

3. 想象为学前儿童创造性思维的发展奠定基础

与想象类似，思维也是建立在感知和记忆的基础上的认知活动。不同的是，思维是对信息进行加工和改造，从而间接概括地反映事物本质和规律的活动。而想象的加工过程却可能符合事物本质和规律，也可能脱离实际，其中符合客观规律的想象被称为创造性思维。然而，幼儿期是想象发展的初级阶段，儿童的发展水平有限，其想象还不能达到深入客观规律或事物本质的程度。因此，学前儿童的想象只是在记忆的基础上进行，依然具有夸张、易混淆以及受情绪影响等特点，还不能达到思维的水平。换言之，学前儿童的想象介于记忆和创造性思维之间，并且能为创造性思维的发展奠定基础。

案例

拔 萝 卜①

有一次，我让孩子们欣赏完故事《拔萝卜》后，就让他们想象并画出拔萝卜的情形：想象萝卜有多么大，小动物如何拔。其中有个孩子是这样画的：在纸的中间画上一个特别大的萝卜，一小半埋在地下，在萝卜上画了一扇门和一扇窗，顶上的叶子画成烟囱，还画了几缕烟，一只小白兔正站在萝卜旁边的草地上，眯眯笑。这显然和我的要求不符，我问："怎么没画拔萝卜呢？而且故事中也没有小白兔呀？"他告诉我："萝卜大了，实在拔不动，请小白兔用它的牙齿从这里（指着门）咬进去，一直把里面的肉全吃光。再开个窗户，装个烟囱，就变成小白兔的家了。"

▲ 图7-4 不一样的拔萝卜

① 陆琴芳. 绘画活动中幼儿想象的呵护与培养［J］. 中华少年，2016（26）：229—230.

（二）想象能够提高学前儿童的情绪能力

学前儿童的情绪往往是通过想象引发的。比如，薇薇回家很忧伤地问："为什么树叶要离开树妈妈的怀抱？它们回不了家肯定很孤单寂寞。"薇薇通过想象树叶离开妈妈的场景，从而产生了悲伤的情绪。

想象能够引发情绪，而情绪和兴趣也会影响学前儿童的想象。情绪不仅能够影响想象过程，还能够改变想象方向。

案例

爸爸被鸭妈妈吃掉了

两岁的轩轩对妈妈说："妈妈，你知道吗？爸爸被小鸭子的妈妈吃掉了。"

妈妈问轩轩："为什么爸爸会被鸭子吃掉呢？"

轩轩说："爸爸吃过鸭子，所以鸭妈妈就来吃掉爸爸。"

女儿的这番话让轩轩父母很疑惑，于是他们共同分析这番话的由来，想起了昨天一家人去吃烤鸭的情景。原来，轩轩看到挂在烤炉里的鸭子很可怜，但是爸爸却吃得津津有味，觉得爸爸很残忍，于是想象出了爸爸被鸭妈妈吃掉的场景。轩轩对鸭子的同情与怜悯影响了轩轩的想象。

（三）想象能够促进学前儿童游戏水平和学习水平的提升

1. 想象可以促进学前儿童游戏水平的提高

游戏，尤其是象征性游戏，是学前儿童的主要活动，想象在其中扮演着非常重要的角色。这是因为想象是象征性游戏的主要心理成分，无论是角色的扮演、游戏材料的使用，还是游戏的整个过程均离不开儿童的想象，想象能够促进儿童游戏水平的提高。

案例

帮泰迪洗澡①

我们拿出一只鞋盒，在其一端拧了一下，让泰迪坐了进去。"香皂在哪呢？"我们问道，随后实验人员拿起一块积木开始擦拭泰迪的后背。这时2岁的孩子参与进来，把泰迪抱出盒子，说："它都湿透了。"随后用一张纸把它包裹起来。

正是由于儿童的想象力，儿童能够很好地参与游戏，并不断提高游戏的水平。

① 保罗·哈里斯.想象的世界［M］.上海：华东师范大学出版社，2000：55.

2. 想象可以帮助学前儿童创造性地完成学习任务

想象是学前儿童学习活动不可或缺的因素。有了想象，儿童更容易理解、学习和掌握新经验。比如，在手工活动课上，儿童通过想象制作形态各异的手工作品，完成学习任务；在语言课上，通过想象理解教师讲述的故事，并在此基础上充分发挥想象力，编出更新颖独特且属于儿童自己的故事，完成语言学习目标，促进思维能力的提升。

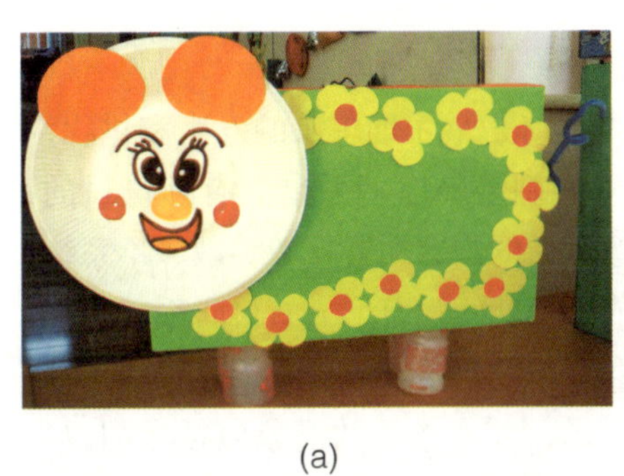
(a)

(b)

(c)

▲ 图7-5　充满想象力的手工作品

第二节 学前儿童想象的发展

想象的发生离不开儿童表象和语言的发生发展，也离不开大脑皮质的成熟。1 岁半到 2 岁是儿童想象的萌芽阶段。进入幼儿期后，随着儿童脑部神经的成熟，知识经验的增多，言语能力和分析能力的提高，儿童的想象活动越来越丰富。然而儿童的想象水平处于初级阶段，主要表现为儿童以无意、再造想象为主，有意、创造想象刚刚开始发展，想象常常脱离现实或与现实混淆，具体特点如下。

一、无意想象占主导，有意想象开始发展

（一）儿童无意想象的特点

无意想象是最简单、最初级的想象。它在儿童想象中占据主要地位，是儿童想象活动的主要形式。儿童无意想象的特点主要包括以下几点。

1. 由外界刺激直接引起

无意想象往往是在学前儿童游戏的过程中随刺激的出现而发生的，没有预设目的。学前儿童一般是在活动中看到某个玩具或是由于自己的动作引发了某种结果，才产生了想象。正如本章第一节“理发店中的魔法”中所描述的，儿童在游戏中突然看到彩虹琴键，然后想到弹蓝色的键头发会变蓝，弹红色的键头发会变红。由于无意想象需要一定的刺激才能产生，而无意想象又是儿童想象活动的主要形式，因此，小班儿童往往不能在活动开始前想象活动的目标。教师在进行教学设计时，也需要特别注意这一点，在儿童进行活动时予以适时指导。

2. 主题不稳定

外部刺激不仅能引发学前儿童的无意想象，还能影响其无意想象的过程。换言之，学前儿童的想象过程和方向时常会随着外界的变化而变化，其想象主题缺乏稳定性，易改变。比如，在绘画时，儿童说自己画的是火车，如果家长说："不太像啊，好像是汽车。"他就会说："对，是汽车。"又如，在游戏中，一位儿童本来是当售货员的，但看见同伴在玩打仗，他就跑去当上了解放军。

3. 内容不系统

正因为学前儿童无意想象的发生和过程都容易受到外界刺激的影响，也没有预设目的，所以其无意想象的内容通常比较零散、不系统，想象内容或形象之间没有形成有机联系。比如，儿童经常会在一幅画中描绘多种不相关的形象。如图 7-6 所示，儿童描绘的形象包括太阳、小鸟、交通灯、人物、房子、大树、兔子、棒棒糖等，更像是一串无系统的自由联想。

▲ 图7-6 儿童绘画作品

4. 在想象中获得满足

学前儿童在想象过程中能够获得满足感，他们不追求通过想象达成特定的目的，却很享受想象的过程。比如，儿童在给小伙伴讲故事时，看起来有声有色，既有动作，又有表情。实际上，故事内容十分杂乱，毫无系统性可言。然而，不论是讲故事的人还是听故事的人却都乐在其中，满足于这个过程。

5. 易受情绪和兴趣的影响

儿童的想象除了受外界刺激影响外，还会受到其自身情绪和兴趣的影响。正如前面讲过的，想象能够唤起儿童的情绪，而情绪也能引发或改变想象的方向。比如，洋洋在美术课上画了一条小鱼，他迫不及待地让教师看，可教师正在指导其他小朋友。等教师来欣赏洋洋的作品时，却发现画面上一团黑。教师让洋洋讲述画面，洋洋说小鱼被小猫吃掉了。没有及时得到教师的肯定影响了洋洋的情绪，进而影响了洋洋的想象。

（二）有意想象的萌芽和发展

与无意想象相反，有意想象是一种自觉的、有预设目的的想象。虽然学前阶段儿童有意想象的水平还比较低，但是在学前后期，有意想象已经开始萌芽了。这种萌芽主要表现为：在儿童活动中开始出现有目的、有主题的想象，想象的主题也趋于稳定。如图 7-7 所示，儿童的绘画作品《中国长城》就有着明确的主题。此外，为了达到一定的目的，儿童

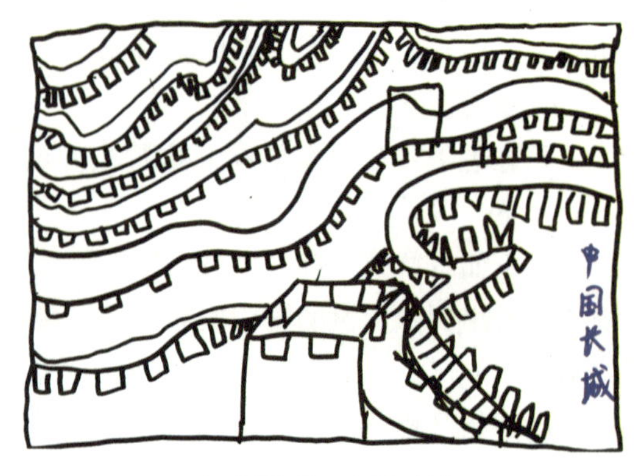

▲ 图7-7 中国长城

还能够在想象时克服一定的困难。

学前儿童的有意想象是需要培养的。成人可以通过组织主题鲜明的想象活动，准备相关的活动材料，引导儿童明确活动目的和主题，以此来促进儿童有意想象的发展。成人及时的语言引导也对儿童有意想象的发展有很强的推动作用。

案例

树叶创意活动：给个圈圈，变个形①

教室里用剩的透明胶芯、卫生纸芯越积越多，“材料库”快装不下了。老师拿着一个纸芯问：“它可以和树叶玩什么游戏呢？”老师组织孩子们拿着材料来到大树下，开始了“变形”活动，孩子们纷纷展开想象。

柯宇：“我用颜料盖子当小朋友的脸。”

昊昊：“蛋挞吃完了，蛋挞盒子翻过来也可以做脸。”

乐乐：“透明胶的芯可以当太阳，树叶是它的光芒！”

柠檬：“毛线也可以变成圈圈，我做了一个太阳呢！”

▲ 图7-8 太阳的光芒

二、再造想象占主导，创造想象开始发展

（一）学前儿童再造想象的发展

1. 学前儿童再造想象的特点

学前儿童的想象通常需要以成人的语言描述为基础。儿童在听故事时，他们的想象随着成人的讲述而展开，如果单纯只看图像而缺乏语言描述，儿童的再造想象不能充分展开。在游戏中，儿童的想象往往也是根据成人的语言描述进行的，例如小班儿童抱着一个芭比娃娃，只是静静地坐着，教师过来告诉儿童娃娃想去游乐场里玩耍，这时儿童才开始在教师的引导下进行积极的想象。在幼儿前期，儿童的想象常常是在外界刺激的直接影响下产生的，如儿童看见玩具小汽车就要开小汽车，看见玩具飞机就要坐飞机。

实际行动是学前儿童进行再造想象的必要条件，这一特点在幼儿前期尤其明显。在实际行动的过程中，儿童通过摆弄材料或改变物体的状态而在头脑中形成了新的表象，这些表象基本上都是再造性的。由于游戏中可操作和可改变的材料尤其丰富，因此，儿

① 陈慧方，张岚．树叶飘落，拾起创意［J］．东方宝宝（保育与教育），2017（Z1）：95—97.

▲ 图7-9 儿童在头脑中得到茶叶的形象

童在游戏活动中更容易展开再造想象。比如，儿童可以把各种颜色的褶皱纸揉搓成茶叶的样子，在头脑中得到茶叶的形象，泡茶活动由此进行。

2. 再造想象在儿童生活中占主要地位

幼儿期的想象主要是再造想象，再造想象在儿童生活中占主要地位的原因在于再造想象与创造想象相比，是较低发展水平的想象，它要求的独立性和创造性较少；而且再造想象是儿童生活中大量需要的，幼儿期是大量吸收知识的时期，儿童依靠再造想象来理解间接知识。

3. 再造想象为创造想象奠定基础

学前儿童通过展开再造想象，积累了大量的表象，这些表象将作为创造想象的“原材料”。换言之，再造想象为创造想象的发展奠定了基础。随着儿童经验的丰富、语言能力的提高和大脑的发展，他们逐渐开始不再依赖成人语言的引导，而是独立地展开想象。比如，在为儿童讲述了王子和公主的故事后，儿童创造性地编写后来发生的新故事。可见，虽然学前阶段的儿童想象活动还有比较强的再造性，但创造性已经开始萌芽了。

（二）学前儿童创造想象的发展

1. 创造想象的发生

学前儿童创造想象的发生，主要表现为能够独立从新的角度对头脑中已有表象进行加工。首先，这一加工必须是独立的，不是在外界指导下进行的，不是模仿的，受暗示性少；其次，必须是新颖的，从新的角度对头脑中已有表象进行加工改造。例如，小飞想要做出带软管的睡衣，这样把软管接到厕所，晚上就不用担心尿床了，这样的想象无疑是新颖而独特的。

2. 学前儿童创造想象的特点

（1）表露式创造。表露式创造的实质为无意识的自由联想，是最初级的创造，严格意义上来说甚至不算创造。比如，下雪了，儿童说：“下雪真好，就像看到了大海呢，我要到大海里捉小鱼儿。”①

（2）原型的简单改造。儿童的创造想象还处于萌芽阶段，因此，其创造想象只是在原有模型的基础上进行了简单的改造，新形象与原型只有少许不同。比如，儿童做了简单的房子，并给做好的房子做个裙子、加个轮子等，进行简单的原型改造。

（3）情节和数量的发展。学前儿童创造想象的发展表现为想象情节的内容逐渐丰富，新形象的数量和种类也不断增加。另外，儿童开始能够找到表象中非常规的相似性，如从

① 唐凡茹. 2—6岁，有趣的幼儿心理学［M］. 北京：中国纺织出版社，2016：10.

三个套在一起的“品”字形圆圈中想象出三角形。

▲ 图7-10　由“品”字形圆圈想象三角形

3. 学前儿童创造想象发展的水平

通过让儿童在给定图片的基础上完成图画的实验，研究者将儿童的创造想象分为六种水平。实验方法主要为，为儿童提供20张图片，图片上只画了物体的某个部分或只是一些图形，比如只画了两只眼睛的圆圈、只有门的房子、正方形、菱形等。儿童需要根据自己的想象完成这些给定的图片。通过对儿童作品进行分析，研究者认为学前儿童创造想象发展的水平可分为以下六种。

第一种水平：儿童不会利用给定的图片展开想象，只是在图片上任意画些无关的事物，根本不能完成任务。

▲ 图7-11　儿童根据菱形进行创造想象

第二种水平：儿童虽然能对给定图片进行加工，但只能做简单的处理，画出的形象只有轮廓，比较粗糙，欠缺细节。

第三种水平：儿童能对给定图片进行加工，并且能画出细节。比如，儿童能用画了两只眼睛的圆圈画一只完整的小猪。

第四种水平：儿童不仅能对图片进行较细致的处理，还能画出想象的形象。比如，儿童不只是画出了小猪，还画了小猪在吃西瓜。

第五种水平：儿童不仅能完成一个想象的形象，还能画出与这个形象有联系的其他形象。比如，儿童可以画出小猪和小猫在玩皮球。

第六种水平：儿童能从新颖的角度利用给定的图片。达到这种水平的儿童表现出很高的自由度，很少受知觉形象的束缚。比如，小猪不再是画的主体，而是变成了小男孩衣服上的图案。

4. 创造想象发展的表现

学前儿童创造想象的水平将随着其年龄的增长而提高，学前儿童创造想象的发展具体有哪些表现呢？

（1）提出“无稽”的问题。提问是儿童的天性，当他能够提出不符合常理的问题时，说明他的创造想象正处于发展之中。比如，儿童会问“希望长什么样子”，这是其独立地、从新的角度想要深入了解希望这一抽象词汇的深刻内涵的过程，成人对此应给予积极的回应。

（2）自编故事。随着创造想象的发展，学前儿童逐渐开始能够将其之前听过的故事、生活的经验以及其他各种事物进行加工和改造，重新整合为新的故事。另外，儿童在看图说话时也能表达出很多图画上没有呈现的情节。

案例

幸福的生活[1]

每个童话的结束语都是从此王子和公主过上了幸福的生活。那么，幸福生活会是什么样的呢？

孩子们七嘴八舌说道："他们生了好多孩子，他们搬到了宫殿住。后来又遇到了一个女魔，她试图破坏王子和公主的生活。然后就来了一位法术师，像哈利·波特一样，会变魔术，救了王子和公主……再后来蜘蛛侠来了，带着王子和公主去了未来世界。"

▲ 图7-12 儿童想象自己成为了医生

（3）创造性游戏。创造性游戏（如：角色扮演、建筑游戏等）是最能表现学前儿童创造想象的活动。在创造性游戏中，学前儿童能重现生活中的场景和情节。随着儿童经验的增长，创造性游戏的内容更丰富，范围也更广。另外，年龄较大的学前儿童能够在游戏活动开始前，想象游戏的过程、规则和情节。这说明此时的儿童已经开始通过想象来控制活动的进程，体现了其创造想象的发展。

案例

排　队[2]

毛豆在床上给玩具排队，一边排队一边点名，还自问自答："毛毛，到；枝枝，到；洋洋，到；蝴蝶，到；小汽车，到；拖拉机，到；毛豆，到……"然后自言自语地说："挖掘机呢？挖掘机藏猫猫了吗？"他拿着晾衣竿在角落里乱敲，大喊道："挖掘机，不要藏了，快出来！"找了半天，发现挖掘机藏在窗帘背后。毛豆盛气凌人地鼓着腮帮，说："举起手来！"同时自己弯腰帮助挖掘机举起长长的手臂。"你说大侠饶命！"然后模仿挖掘机的声音说："大侠饶命！""好吧，这次就放过你，下次不准迟到啦！"毛豆放下晾衣竿，又爬到床上和他的"部下"讲话去了。

---

① 此木. 打开想象的大门［J］. 家庭教育（幼儿家长），2010（Z1）：86.
② 唐凡茹. 2—6岁，有趣的幼儿心理学［M］. 北京：中国纺织出版社，2016：12.

（4）创造性绘画。绘画是艺术的创造性活动。前文提到的研究儿童创造想象发展水平的实验，便是以绘画作为研究媒介的。在绘画时，年龄稍大的儿童甚至能不按教师的示范进行创作。如图 7-13 所示，儿童在大树上画了各种各样的玩具，以新颖而独特的想法创作出了一幅创造性的儿童绘画作品。

▲ 图7-13　结满玩具的大树

案例

龟兔赛跑

区域活动结束后，媛媛老师让浩舟向小朋友们介绍一下他的绘画作品。浩舟一边指着画，一边讲解着："这幅画的名字叫'龟兔赛跑'，乌龟在森林里慢腾腾地跑步，上边这些蓝色的圈圈是入口，右上角那个橙红色的出口是终点。你看，它离终点还远着呢，但是它没有放弃，一直跑。而小白兔在睡大觉呢，它一边睡觉还一边戴着粉红色的耳机听音乐呢！下面是橙红色的树干、绿色的树叶、绿色的小草和蓝色的太阳花。它们都是乌龟和小白兔的好朋友，它们在观看比赛呢！"

▲ 图7-14　儿童绘画作品

三、学前儿童的想象与现实

（一）学前儿童的想象脱离现实，主要表现为具有夸张性

1. 想象夸张的表现

学前儿童在想象中总是夸大事物的某种特征或某个部分，还经常沉浸在夸张的想象中，这也是他们喜欢童话故事的原因之一。学前儿童在创造性活动，比如绘画和语言表达中都会出现夸大事物某个部分的现象。如图 7-14 所示，儿童为了表现开心快乐的心情把嘴巴画成大大的向上的月牙状的嘴巴。

2. 想象夸张的原因

学前儿童想象的夸张性是其心理发展特点的一种反映。首先，儿童夸大事物的某个部分或混淆事实与其认知水平有紧密的关系。学前儿童思维的概括性较差，有较强的片面性，往往会走向极端。因此，他们一般认识不到事物的本质特征，只能抓住其中的突出特点，忽略其他部分。学前儿童头脑中的表象也是贫乏的、不完全的、局部夸张的。正是因为这样，在想象的过程中，学前儿童只能加工和利用这些有缺陷的表象，最终的结果就是夸张的。比如，学前儿童认为小猪有一个大鼻子，在绘画的时候，可能会把小猪的鼻子画得异常的大。其次，情绪使得学前儿童的想象具有夸张性，能唤起儿童情绪的事物往往会被其夸大。比如，儿童会将自己喜欢的人物画在最显眼的位置，也更大些，不喜欢的则放在次要位置，画得也不那么认真。再次，表现能力的局限也是造成学前儿童想象夸张的主要原因。这主要是因为想象需要通过某些手段表现出来，而表现能力的限制会使儿童不能完整恰当地表达自己的想象。

（二）学前儿童的想象容易和现实混淆

学前儿童在想象中经常会混淆事实，他们会把自己想象的情节当作真实发生的，这种表现经常让成人误认为儿童在说谎。比如，教师讲警察抓坏人的故事时，儿童会说他爸爸是警察，而实际上他的爸爸并非警察，儿童把爸爸想象成了勇敢的警察。

为什么学前儿童的想象容易和现实混淆呢？这主要是由于学前儿童感知分化不足，并且容易混淆想象与记忆。由于感知分化不足，儿童便不能认识到事物之间的差别；由于想象与记忆的混淆，儿童便不能认清哪些是真实发生过的事情，哪些是自己的想象。但是，年龄较大的儿童已经逐渐开始能够认识到想象和真实之间的差别了。最明显的例子就是，他们经常会提出“真的是这样吗”或是类似的怀疑问题。另外，学前儿童混淆真实与想象也不是凭空产生的，这往往是由于某些事物唤起了其非常强烈的渴望情绪。比如，儿童没有吃糖却说自己吃了好多糖，客观事物“糖”唤起了儿童想要吃的强烈渴望，所以才会想象自己真的吃到了。

▲ 图7-15　儿童将爸爸想象成了警察

案例

想象的钻圈①

幼儿园今天举办亲子运动会，王阿姨问甜甜今天参加了什么项目，甜甜想了想说：“扔乒乓球、跳山羊、钻圈，还有运气球。”实际上，这次运动会中没有“钻圈”活动。甜甜是把“想象与现实混淆”，把自己经常和邻居家小朋友玩的“钻圈”游戏移植到幼儿园的运动会中，她对自己所说的与事实不符一事既无“意识性”，也无“有意性”。

① 董会芹．幼儿说谎不能轻易下定论［N］．中国教育报，2013-09-22（003）．

总体而言，学前儿童的想象以无意想象为主，有意想象开始发展；以再造想象为主，创造想象开始发展，同时学前儿童的想象脱离现实且容易和现实混淆。在了解了学前儿童想象发展的特点的基础上，应重视学前儿童想象力的培养。

第三节 学前儿童想象力的培养

想象力是创造发明的基础。有了大胆的创想，科学才能不断发展；有了丰富的想象，时代才能不断前进。想象力对人类社会的发展非常重要。进入信息时代的今天，想象力尤其是创造性想象的培养，已成为教育中不可忽视的重要课题。

想象力的培养应从婴幼儿开始，针对学前儿童想象发展的特点，探索想象力培养的适宜途径。儿童天生具有丰富的想象力，成人要尊重儿童，顺应发展，正确引导，为其想象力的发展创设适宜的环境和活动，从而促进学前儿童想象力的发展。

一、尊重儿童的想象

学前儿童最初的想象没有预设目的，主题也不稳定，易于变化，想象脱离现实且具有夸张性。尽管如此，成人也应尊重儿童的想象，理解儿童的心理需求，为想象力的发展创造良好的心理氛围，培养儿童敢想、爱想的性格和习惯，而不是一味地批评教育。

比如，妈妈并没有给青青买爱莎公主裙，青青却对小伙伴说妈妈给自己买了，此时成人不能简单将其视为撒谎而进行批评教育，而是要理解儿童内心对公主裙的渴望。再如，很多儿童都会有一个自己假想的朋友，有的家长知道后会担心孩子这样会不会出问题，甚至直接告诉孩子那个朋友根本不存在。其实，这也是儿童想象力的体现，当儿童有了恐惧或担忧时，他会通过这种方式来缓解自己的情绪。成人要尊重儿童的想象，可以让儿童继续和他的“朋友”玩，当这个“朋友”让儿童出现不好的行为时，再对其进行纠正。

案例

我想和月亮玩

美国宇航员尼尔·阿姆斯特朗很小的时候，有一天晚上在花园里玩耍，看到一轮明月挂在天上，又大又亮。于是小尼尔就伸手去抓，这一切都被在厨房里做晚餐的妈妈看到了。妈妈问：“宝贝，你在做什么呢？”尼尔指着月亮说：“妈妈看，好漂亮！我想抓它来陪我玩！”妈妈笑着告诉他：“宝贝，那是月亮，离我们蛮远的。”尼尔忽闪眼睛天真地问：“那我可不可以上去玩玩？”妈妈说：“你当然可以去，但是要记得回来吃晚饭！”

二、成人的引导

学前儿童的想象在一定程度上依赖于成人的引导，成人的引导可以激发儿童已有的表象，并引发儿童想象的需要。因此，在儿童进行想象活动的时候，成人应为其创设环境，并适时提供言语引导或动作引导。

案例

美丽的饰品店①

在中三班的娃娃家中，饰品店开张了，几个女孩来到店里东瞅瞅西看看。当老板的苗苗很有礼貌地招呼着。顾客晓晓买了一条项链，乐呵呵地走了。接着又来了几位顾客，也和晓晓一样买到了自己喜欢的饰品。老板苗苗开心地数着盒子里的钱，嘴里还说："今天生意不错！"这时候没有顾客了，我就扮成顾客进店说："老板，我想买条手链，你帮我介绍一下。"老板苗苗推荐了几种，我都不满意，我说想要一条别致一点的。苗苗皱了皱眉头说："我们店里就这些了。"看着她犯难的样子，我进一步引导说："你可以帮我设计定做一条吗？"一经提醒，她马上说："好的！"她让我留下了电话号码，嘱咐我过两天来取货。

第二天，饰品店里多了两名员工，她们正用塑料吸管段、小珠子、小扣子等材料细心地穿着手链，老板苗苗在热情地招呼客人，饰品店里的人都在忙着。过了一会儿，老板通知我去取手链，我看到这条手链是由一个珠子、一截吸管和小扣子三样物品有序地间隔穿成的，虽然有点粗糙，但是和店里展示的商品都不一样。我表示很满意，并夸她们的手艺精湛。

▲ 图7-16 饰品店的新货

一周后的一天，饰品店生意淡了很多。一位妈妈带着宝宝来到饰品店。妈妈说："我想给我的宝宝买个漂亮的发夹。"老板和员工互相看看，不好意思地说："对不起，我们店里没有。"妈妈有点失望地领着孩子走了。我观察到饰品店生意冷清，还有缺货现象，但幼儿并没有积极主动地去解决问题，而是一副没有就不卖的态度。也许幼儿不知道饰品店里还有发卡一类的东西，为了丰富他们的生活经验，我决定给幼儿提供支持。因此，我扮

① 孙芬．美丽的饰品店［J］．山西教育（幼教），2017（5）：48—49.

演成一个推销员进入他们的角色游戏。“老板，我是推销饰品的，我们厂生产各种发卡、项链、手链等，我带来了一些我们厂的录像资料和图片，你们看看怎么样？”幼儿都过来欣赏视频和部分饰品的展示图片。看完后，幼儿感到很惊讶，他们发现饰品店里的饰品品种多样，每件饰品都很精致、漂亮，于是表示很想进一些货。但我接着说：“由于要货的人太多，生产不出来。如果你们想要的话，我给你们提供原料，你们自己制作，我只收成本费，行不行？”幼儿同意了我的建议。于是，我把样品图片张贴在角色区的墙面上，并提供了丰富的游戏材料，让幼儿欣赏饰品店里的各种饰品，并制作各种饰品，游戏因此得到了深入开展。

案例中的教师通过参与角色游戏，引导儿童做出新的手链，丰富角色游戏。在饰品店生意冷清且儿童没有积极主动地解决问题的时候，教师又适时地为其提供丰富的表象，使得游戏得到了深入的开展。

三、增加儿童经验的积累

想象需要以头脑中已有的表象为加工材料，想象的内容是否新颖、想象的发展水平如何都取决于原有的记忆表象是否丰富，而记忆表象是否丰富又取决于儿童的感性知识和经验积累的程度。如果儿童从未见过自行车、向日葵、棒棒糖，就不可能通过想象用废旧光盘制作出这些东西；如果儿童从未感知过警察的形象，就不会想到扮演警察叔叔这一角色。因此，知识和经验的积累，是儿童想象力发展的基础。在日常生活中，成人要指导儿童去感知客观世界，使其置身于大自然中，多让他们去看、去听、去模仿、去观察，通过参观、旅游等活动开阔儿童的视野，积累感性知识，丰富生活经验，增加表象内容，为儿童的想象增加素材。除了直接经验的积累，成人也可以为儿童提供丰富的图片、视频资源，从而进一步丰富他们的表象，为其丰富的想象奠定良好的基础。

四、在活动中培养儿童的想象

学前儿童的想象力表现在各种活动中，同时也能够在各种活动中得到发展。这些活动主要包括：语言活动、艺术活动和游戏活动。

（一）通过语言活动促进学前儿童想象力的发展

学前儿童的想象发展离不开语言活动。儿童通过语言得到的间接知识可以丰富其想象的内容，同时儿童也可通过语言表达自己的想象，因此成人要善于在语言活动中培养儿童的想象力。比如，可以运用语言向儿童提出开放性的问题，要求他们续编或创编故事、扮演故事中的人物形象、表演故事情节，为儿童创造有利于激发他们想象力的语言环境。

案例

大象和蚂蚁①

我要求孩子用动物王国中的庞然大物大象和小动物蚂蚁作为故事的主角编一个故事。这两个动物相差甚远，要编故事难度不小。出乎意料的是孩子仅想了半分钟就连贯地讲了起来。其梗概是：河边，一只大象用鼻子吸着水，再喷出去，多好玩呀！水珠溅到草地上，吓得一群蚂蚁从蚁窝里爬出来。爬呀爬，那边来了一只大灰狼，蚂蚁吓得往回跑。大灰狼紧紧追赶，一直追到蚂蚁窝边，蚂蚁进了窝，大灰狼没办法了。这时大象看见了，长鼻子一甩，一股水冲到大灰狼的眼睛里，大灰狼害怕得逃走了。

（二）通过艺术活动促进学前儿童想象力的发展

艺术活动能很好地促进学前儿童想象力的发展，主要包括美术活动、音乐活动、舞蹈活动。

要想通过美术活动发展学前儿童的想象力，首先，要带领儿童走出教室，走进自然，感知万物，对于儿童不容易感知的事物则通过影像资料呈现给他们。在这个过程中，要注意引导儿童细心观察，从而为美术创作提供素材。其次，可以开展多种形式的美术活动，比如：要求儿童根据想象自主作画；在提供线条和简单图形的基础上作画；利用一些废旧材料进行手工创作等。需要注意的是，在这一过程中，要避免仅仅追求绘画技能的示范画教学，避免儿童画的模式化、概念化，成人应尊重儿童，为打开儿童想象的大门创造机会，提高其想象力与创造力。

▲ 图7-17　儿童利用废旧材料制作企鹅

案例

漂亮的水母

在大班手工制作活动“漂亮的水母”中，教师充分发挥幼儿的自主性，让他们依据想象进行大胆而自由的选择与制作。在做水母的身体时，幼儿选择了废旧纸杯、方便面碗、薯条包装筒等不同的材料，单从主体材料的选择上就彰显了幼儿的求异思维。在

① 刘苗虎．我教孩子编故事［J］．幼儿教育，1988（1）：29.

讨论用什么来做水母的触手时，有的说用彩色纸条，有的说用皱纹纸，还有的说用塑料袋剪成条，也有的说用毛线。在讨论怎样将水母的触手与身体衔接时，幼儿的回答更是五花八门，很有创意：有的说用双面胶把“触手”粘在方便面碗上，有的说用打孔器将纸杯边上打一圈孔，然后将“触手”穿进去绑住，还有的说把所有的“触手”一头对齐，打一个孔，穿上绳子，最后粘在纸杯上……虽然幼儿最后制作的“水母”和真正的水母差距较大，但他们都极力选择自己喜欢的材料和颜色大胆进行制作和装饰。在这一过程中，幼儿不仅学会了思考、学会了选择，而且能够通过亲自动手操作来提升自己的想象力与创造力。

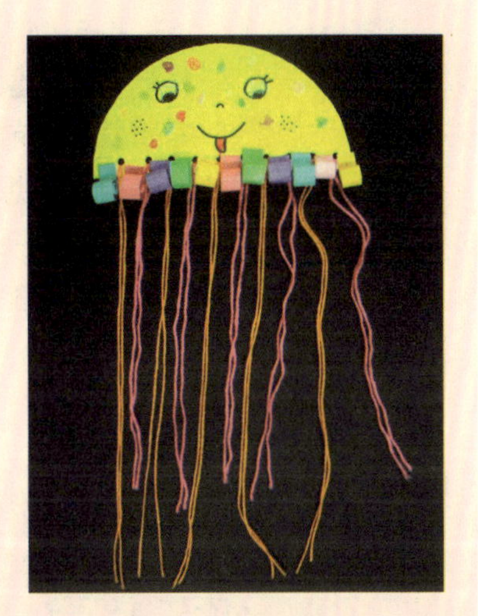
▲ 图7-18　漂亮的水母

音乐和舞蹈活动是培养学前儿童想象力的重要途径。通过对音乐舞蹈的欣赏，儿童可以运用自己的想象去理解音乐和舞蹈，并且创造性地表达艺术形象。比如，在播放一段轻音乐的时候，儿童会想象自己像一只小鸟，在森林里自由地飞翔。

（三）通过游戏活动促进学前儿童想象力的发展

游戏是学前儿童日常活动的主要内容，游戏本身就存在虚构与想象。学前儿童的想象与成人相比更为丰富，由于儿童没有太多的知识和经验，所以他们想象的随意性非常大，一旦有一个事物触动儿童的思维，他们立刻就能创造出一个想象的世界，并且将其渲染得多姿多彩。因此，儿童的想象力可以在游戏中得以发展。

在游戏活动中，学前儿童可以扮演各种各样的角色，展开想象演绎多样的故事情节。例如，在小班的一节体育课上，体育老师引导儿童像小乌龟一样做拉伸运动（活动前的热身），之后又引导儿童想象自己是小飞机，开心地飞来飞去。儿童在这样的象征性游戏中既玩得开心，又发展了想象力。

▲ 图7-19　儿童想象自己是小飞机

思考与练习

1. 什么是想象?
2. 想象在学前儿童心理发展中有哪些作用?
3. 学前儿童想象的发展有哪些特点? 请举例说明。
4. 如何培养儿童的想象力?
5. 设计一个能够激发儿童想象力的教学案例。

推荐资源

1. 纸质资源:

(1)刘倩倩,李晓巍:《乖宝宝为啥老说谎?》,《中国教育报》2016年12月11日。

(2)陆琴芳:《绘画活动中幼儿想象的呵护与培养》,《中华少年》2016年第26期。

(3)侯娟珍:《手工制作对儿童创造想象发展研究》,《中国教育学刊》2013年第05期。

(4)陈文聪:《巧用"替代"培养幼儿的美术想象力与创造力》,《早期教育》2014年第42期。

2. 视频资源:

(1)纪录片《幼儿园》,张以庆导演。

(2)纪录片《小人国》,张同道导演。

(3)纪录片《成长的秘密》,北京师范大学纪录片中心。

第八章

学前儿童思维的发展与教育

目标指引

1. 了解思维的概念、特点、分类、基本过程与基本形式。
2. 理解思维在学前儿童心理发展中的作用。
3. 掌握学前儿童思维发生发展的趋势。
4. 理解学前儿童思维发展的基本过程与基本形式。
5. 了解学前儿童理解的发展特点。
6. 有效运用促进学前儿童思维发展的策略。

内容结构

学前儿童思维的发展与教育

- 思维概述
  - 思维的概念与特点
  - 思维的分类
  - 思维的过程
  - 思维的基本形式
  - 思维在学前儿童心理发展中的作用
- 学前儿童思维的发展
  - 学前儿童思维的发生
  - 学前儿童思维发展的趋势
  - 学前儿童思维过程发展的特点
  - 学前儿童思维形式发展的特点
  - 学前儿童理解的发展特点
- 学前儿童思维的培养
  - 保护学前儿童的好奇心，激发求知欲
  - 不断丰富学前儿童的感性知识
  - 发展学前儿童的言语能力
  - 通过活动锻炼学前儿童的思维能力
  - 教给学前儿童正确的思维方法

▲ 图8-1 蛋炒饭和饭炒蛋

妈妈在厨房做饭，宇杰来到厨房："妈妈，我肚子饿了，今天吃什么？"妈妈边搅拌鸡蛋边说："今天我们吃鸡蛋炒饭哦。"宇杰说："妈妈，我不要吃蛋炒饭，我要吃饭炒蛋。"①

团团和妈妈去商场购物，团团看到一个洋娃娃，她很喜欢，就跟妈妈说："妈妈，我想要那个娃娃。"妈妈说："那你给我一个买它的理由吧。"团团看着妈妈说："旅游（理由）？去哪里旅游啊？"

你是否从上述儿童充满童真的语言中感受到一份童趣呢？为什么儿童认为蛋炒饭和饭炒蛋不一样呢？为什么儿童会将"理由"理解为"旅游"呢？这些都跟儿童思维发展的特点密切相关。那么，儿童的思维在其成长过程中又起着怎样的作用，儿童的思维发展有哪些特点，以及如何培养儿童的思维呢？本章将带领大家了解学前儿童思维的发展。

第一节 思维概述

一、思维的概念与特点

（一）思维的概念

思维是人脑对客观现实间接的、概括的反映，它反映的是客观事物的本质及其规律性的联系。比如，诗人经过思考酝酿创作出高水平的诗歌。思维和感知觉都是人脑对客观现实的反映，感知觉是在客观事物直接作用于感觉器官时产生的，是对具体事物个别属性以及事物之间外部联系的反映，属于认识活动的低级阶段；而思维是在感知觉的基础上对客观事物的一般属性、内部联系及规律性的直接和概括的反映，属于认识的高级阶段。比如，牛顿由被苹果砸到感知到苹果坠落这一现象，在此基础上进行深入思考，最终推算出了万有引力定律。

独立思考能力是科学研究和创造发明的一项必备才能。在历史上任何一个较重要的科学上的创造和发明，都是和创造发明者的独立、深入地看问题的方法分不开的。

——华罗庚

① 童言无忌［J］. 山西教育（幼教），2016（12）：60—61.

（二）思维的特点

思维具有两个基本的特点：间接性和概括性。

1. 思维的间接性

思维的间接性是指人们借助于一定的媒介和一定的知识经验，对那些没有直接感知过的或根本不可能感知的事物进行间接性的认识。例如，考古学家通过遗迹、文物来推知历史上发生过的事情；警察通过寻找罪犯在犯罪现场留下的痕迹，就可以推断出罪犯在现场作案时的情景。

2. 思维的概括性

思维的概括性是指在大量感性材料的基础上，把一类事物共同的特征和规律抽取出来，并加以概括。例如，人们根据春夏秋冬以及昼夜更替的规律，经过概括性的认识，形成历法；把轮船、汽车、火车、飞机、自行车等物体概括为交通工具。

拓展阅读

漩　　涡①

20 世纪 60 年代的一天，美国科学家谢皮罗在洗浴后放洗澡水时，发现水按顺时针方向转着漩涡，心想：是不是只有这个浴缸才这样呢？于是他灌满水池后再放水，水又打着漩涡流着，旋转的方向与浴缸的一模一样。谢皮罗一次次地变换方式试下去，结果发现，所有下流的水都按同样的方向打着相似的漩涡。为什么会这样呢？相同的现象一定有着共同的原因，他联想到地球的自转，想到赤道上的水流会不会有漩涡呢？南半球的漩涡转动的方向是怎样的呢？于是他不远万里来到赤道和南半球实地考察。发现赤道上的流水没有漩涡，南半球流水的漩涡方向正好与北半球相反，是逆时针方向。原来，流水的漩涡及其旋转方向的确和地球的自转密切相关。他进而把水流推广到气流，发现台风、风暴也是按这一规律旋转的。至此，谢皮罗终于由生活实践中一个司空见惯的现象揭示了水流、气流与地球自转的内在联系。利用这一理论，人们可以推测台风、风暴的移动规律等。

▲ 图8-2　漩涡

① 李之群. 思维与创新［M］. 武汉：华中科技大学出版社，2007：31.

二、思维的分类

（一）根据思维任务的内容分类

根据思维任务的内容可将思维分为直觉行动思维、具体形象思维和抽象逻辑思维。

直觉行动思维是指通过实际操作解决直观具体问题的思维活动，也称为实践思维。它们面临的思维任务具有直观的形式，解决问题的方式依赖实际动作。3 岁前的婴幼儿只能在动作中思考，他们的思维基本上属于直觉行动思维。比如，皮球滚到床底下，用手拿不到，怎么办？他们会很快爬进去将球拿出来，而不会事先想一想，然后用一根长竿或别的什么东西将球拨出来。

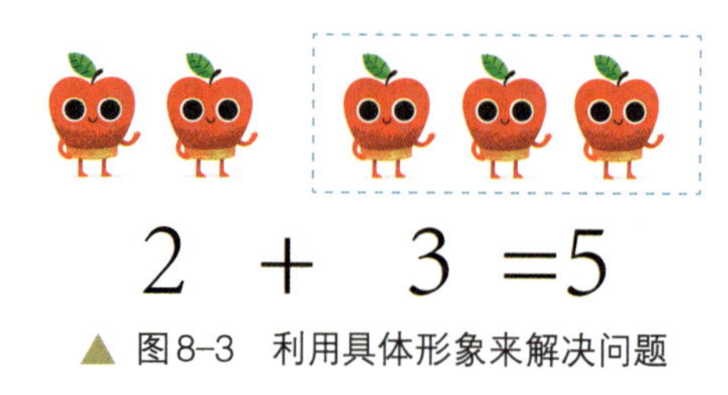

▲ 图8-3 利用具体形象来解决问题

具体形象思维是指人们利用头脑中的具体形象来解决问题。比如，三四岁的儿童是根据头脑中两个苹果和三个苹果的具体形象计算出 2+3=5 的。

抽象逻辑思维是指当人们面临理论性质的任务，并要运用概念、理论知识来解决问题的思维活动，它是人类思维的典型形式。例如，已知 A>B 且 B>C，由此推出 A>C。

拓展阅读

爱斯基摩人装电话①

在加拿大的北部，生活着原始民族爱斯基摩人，这个民族以海豹、海象、鲸鱼为食，以冰为屋，以海豹油为灯，长期过着原始的生活。他们的具体形象思维能力强，而抽象逻辑思维能力弱，没有数学概念，不会读数也不会计数。他们家里有几条狗，他们是数不上来的；如果少了一条狗，他们也能知道，因为他们会发现这只狗的形象消失了。加拿大政府为了推动爱斯基摩人经济和文化的发展，决定在其聚居区安装电话。但是，在安装电话时遇到了一个难题：当地人不认识数字，也没有数字概念，他们怎么也记不住某个亲友家的电话号码，即使安装了电话，电话也不能发挥应有的作用。如果训练他们建立数字概念，这可不是一件容易的事。

思维科学家根据爱斯基摩人具体形象思维能力很强的特点，巧妙地解决了这个问题。原来，爱斯基摩人具体形象思维能力很强，他们能很容易地记住海豹、海象之类的动物。利用他们的这种思维特点，人们把电话号码形象化，比如说，用海豹代表数字 1，在这个号码上画上一个海豹。同样的道理，海象代表 2，鲸鱼代表 3，北极熊代表 4，北极狐代表 5，北极狼代表 6……打电话时，只要按顺序拨动物代码就行了。比如说，某个人的电话是 235，只要在电话机上拨动海象、鲸鱼、北极狐就行了。这样一来，爱斯基摩人很快学会了打电话。

正是因为思维科学家的思维能力，运用转换的方法很好地解决了这一问题。

① 陶伯华，马禾．创新思维［M］．哈尔滨：黑龙江人民出版社，2000：182.

（二）根据思维的主动性和创造性分类

根据思维的主动性和创造性程度可将思维分为常规思维和创造性思维。常规思维是指人们运用已获得的知识经验，按照现成的方案和程序直接解决问题，如儿童根据数学公式、定理解答试题。创造性思维是指人们重组已有的知识经验，提出新的方案或程序，并创造出新的思维成果的思维活动，比如，莱特兄弟发明飞机。

（三）根据探索问题的方向分类

根据探索问题的方向将思维分为辐合思维和发散思维。辐合思维是指人们根据已有的信息，利用熟悉的规则解决问题。比如，根据已知的一系列条件得出一个标准答案。发散思维是指人们沿着不同的方向思考，重新组织当前的信息和记忆系统中储存的信息，产生大量独特的新思想。比如，爱迪生为了找到合适的灯丝材料，先后试用了棉纱、杉木、黄杨、月桂、亚麻、稻草、藤条、椰子壳、椰子棕、橡皮、麻绳、钓丝、纸等大约 6000 种植物纤维材料，最终找到了最合适的材料。

案例

百变报纸①

在小班“报纸发声”活动中，教师要求小朋友玩一张报纸，看看孩子们能用多少种不同的方法使报纸发声。有的小朋友用手拍打报纸，有的小朋友把报纸揉成一个球，有的小朋友把报纸卷成筒拍打地面，有的小朋友把报纸撕开，有的小朋友用嘴用力地吹，有的小朋友拿着报纸等在水龙头下面，倾听水珠滴落在纸上的声音……小朋友们通过发散思维，体验到了报纸发声的多种可能性。

▲ 图8-4 报纸发声活动

三、思维的过程

思维的过程包括分析与综合、比较与分类、抽象与概括、具体化与系统化。

（一）分析与综合

分析是在头脑中把事物的整体分解为各个部分、方面或个别特征的思维过程。比如，把一株花分为根、茎、叶、花和果实。综合是在头脑中把事物的各个部分、方面及各种特征结合起来进行考虑的思维过程。例如，从一个人的穿着打扮、言行举止可以去判断他的职业。在思维活动中，分析与综合是密不可分的，它们相互依赖、互为条件。

① 季云飞. 幼儿心理发展现象评析（三） 从“报纸发声”探孩子的发散性思维［J］. 家庭教育，2004（3）：30.

（二）比较与分类

比较是在头脑中把各种事物或现象加以比对，以确定它们之间异同点的思维过程。例如，在购物时货比三家，最终选择物美价廉的物品。分类是在头脑中根据事物或现象的共同点和差异，把它们区分为不同种类的思维过程。比如，以性别为依据，把儿童分为男孩和女孩。

（三）抽象与概括

抽象是在头脑中把同类事物或现象的共同的、本质的特征抽取出来，并舍弃个别的、非本质特征的思维过程。概括是在头脑中把抽象出来的事物的共同的、本质的特征综合起来，并推广到同类事物中去的思维过程。例如，我们对各种金属（如：铁、铜、锌）进行分析比较后，抽取出它们的共同本质属性是导电，舍弃其非本质属性（如：颜色、形态等），这就是抽象；根据铁能导电、铜能导电、锌能导电等得出凡金属都能导电的规律，这就是概括。

（四）具体化与系统化

具体化是指把概括出来的一般认识同具体事物联系起来的思维过程。例如，由抽象概括可知凡金属都能导电，铝是金属，所以铝可以导电。系统化是指把学到的知识分门别类地按一定结构组成层次分明的整体系统的过程，如根据所学知识构建知识网络图的过程。

四、思维的基本形式

思维的基本形式主要包括概念、判断和推理。

（一）概念

概念是人脑反映事物本质属性的思维方式。例如，“玩具”这个概念，它反映了娃娃、小汽车、积木、皮球等供游戏用的物品所具有的本质属性。概念都有一定的内涵和外延，内涵是指概念所反映的本质特征，外延是指属于这一概念的一切事物。例如，“家具”这一概念的内涵是在生活、工作或社会实践中供人们坐、卧或支撑与贮存物品的一类器具，外延是沙发、衣柜、餐桌、床等。概念的内涵和外延之间成反比关系，即内涵越大，外延越小；内涵越小，外延越大。

案例

方便面

萌萌：“爸爸，你知道它为什么叫方便面吗？”

爸爸：“为什么呀？”

萌萌：“因为它是方的，长得像辫子，所以它叫‘方辫面’！”

萌萌显然未能掌握“方便面”的含义，这与儿童的思维特点和经验密切相关。

▲ 图8-5 方便面

（二）判断

判断是对某种东西是否存在，或者指明某种事物是否具有某种性质的肯定或否定的思维形式。例如，“今天是个大晴天”，“他是一名好教师”，这两句话是肯定判断。“这辆车的性能不可靠”，“今天路况不好”，这两句是否定判断。任何判断都是人们对事物的一种认识，都是对事物之间关系的反映。思维过程要借助判断去进行，思维的结果也是通过判断的形式表现出来的。判断是在概念的基础上形成的，例如“人是高级动物”这一判断，运用了人与动物这两个概念，并揭示了它们之间的关系。

（三）推理

推理是从已有的判断推出新的判断的思维形式。推理分为归纳推理、演绎推理和类比推理。

归纳推理是从个别到一般的推理，通过考察个别事物或现象具有的属性，进而推导出该类事物或现象所共同具有的属性。例如，由“正方形有四个角，长方形有四个角，平行四边形有四个角，梯形有四个角”可归纳出“四边形有四个角”。

演绎推理是一般到个别的推理，三段论是演绎推理的一般模式。它包含一个一般性的原则（大前提），一个附属于前面大前提的特殊化陈述（小前提），以及由此引申出的特殊化陈述符合一般性原则的结论。例如，“大班的小孩暑假后要上小学了”（大前提），“茜茜是大班的孩子”（小前提），“茜茜暑假后要上小学”（结论）。

拓展阅读

战场上的猫

第一次世界大战期间，德国、法国军队在一片开阔地带相持不下。一连几天早晨，德军都发现法军前沿阵地后方一块坟地上，有一只猫在那里安闲地晒太阳。他们认为：在两军对垒的战场上，这只猫肯定是法军的什么人的。而军队中的普通士兵和中、下级军官不会在阵地上养猫，这猫一定是高级指挥机关的，于是德军集中炮火轰炸坟地，彻底摧毁了法军一个指挥所，进而全线出击，打垮了法军。在瞬息万变、生死攸关的战场上，推理显然十分奏效，反映了演绎思维的巨大创造活力。

类比推理是指根据两个或两类对象有部分属性相同，从而推出它们的其他属性也相同的推理，是从特殊到特殊的推理。比如，根据棉花和积雪都疏松多孔，能存贮空气，棉花有保温效果，从而推知积雪也有保温效果。

拓展阅读

思维与创新①

人们仿照蜘蛛结网、桑蚕吐丝发明了人造丝；仿照蝇眼发明了复眼照相机；仿照蛋壳建造了北京工人体育馆；仿照蝙蝠用超声波实现飞行定位的特异功能，把超声波广泛应用于航海、航空定位及各种测量、勘探领域。又如人造蛙眼、电子警犬、滑翔机、机械手、鱼雷、导弹等层出不穷的人工模拟系统，这一系列的成果与类比思维密不可分。

---

① 李之群．思维与创新［M］．武汉：华中科技大学出版社，2007：62.

五、思维在学前儿童心理发展中的作用

思维的发生与发展标志着学前儿童心理发展的重大质变，对学前儿童的心理发展会产生深刻影响。

（一）思维的发生标志着儿童各种认识过程已经完整

儿童的各种认识活动是在日常生活中逐渐产生的，并随着儿童年龄的增长而不断发展。思维作为一种复杂的心理活动，在个体的心理发展过程中出现得较晚，而且思维过程是建立在感知觉、记忆、想象等心理活动的基础之上的。因此，当儿童出现思维活动时，说明其他认识活动已经出现。如在上文中所提到的，3 岁的儿童感知到方便面是方形的，记住了爸爸叫它方便面，想象出方便面的形态像辫子，由此才能通过思维活动作出对“方辫面”的解释，这是儿童积极思考的结果。

（二）思维的发生与发展使其他认识过程产生质变

思维是在感知、记忆等心理过程的基础上产生的，是人类认识活动的核心。思维一旦发生，就不是孤立地进行活动，它将参与感知、记忆等较低级的认识过程，而且使这些认识过程发生质的变化。由于思维的参加，知觉已经不是单纯反映事物的表面特征，而是在思维指导下进行的理解性的知觉。以时间知觉为例，思维的参加使得学前儿童能够使用时间参照物，如根据太阳的位置判断上午、下午等。学前儿童在活动中体现出的发展水平，实际上是知觉活动中思维成分的不断增加。以幼儿园“搭积木”游戏为例，小班、中班的儿童同样会搭积木，但是中班儿童要比小班儿童搭得复杂。

(a) 小班儿童搭的积木

(b) 中班儿童搭的积木

▲ 图8-6　儿童搭建的积木体现了其不同的思维水平

案例

停车场的斜坡[①]

小杰用基础单元积木两横两竖很熟练地搭建了一座4层的“停车场”，然后把“小汽车”一辆一辆地沿着垂直的侧壁挪了上来。

这时，旁边的浩浩走过来说：“你怎么把汽车都放进去了？”

“我这是停车场。”

“那汽车怎么上去呀？”

“爬上去呀。”

“汽车还会爬？”

“嗯。”小杰似乎没有意识到自己的问题。

这时教师适时介入：“是啊，怎么让你的小汽车开到车库里呢？”浩浩提议说：“那得搭一个坡。”小杰接受了浩浩的提议：“那得用一块长的积木！”他去取来一块4倍积木，从3层直接斜着连接到了地面，感觉不合适，就把4倍积木从3层平着出来，再用一块2倍积木立起来做支撑。但是还没连到地面，于是又取来一块2倍积木斜着放，还是有点短，他再去换了一块4倍积木，斜着连接到地面。小杰在不断地反复尝试中终于搭好了斜坡，他高兴地将“小汽车”从“车库”中开上开下。

▲ 图8-7 停车场的斜坡

积木游戏为儿童各方面的学习与发展创造了无限的空间，促进了儿童观察、记忆、想象、思维能力的发展。

（三）思维的发生与发展使儿童的情绪、意志和社会性行为得到发展

由于思维的发生与发展，学前儿童对周围事物的理解加深，情绪更加复杂化，恐惧、害怕、同情心等情绪出现，道德感、责任感等高级情感开始养成。另外，思维的发生与发展使儿童出现了意志行动的萌芽，他们能够明确自己的行动目的，理解行动的意义，从而能按照一定的目的去实现行动。思维的发生与发展也使他们开始理解人与人之间的关系，理解自己的行动会产生一定的社会性后果。

案例

树妈妈和小树叶

周末，阳阳和爷爷去公园玩，阳阳看到地上的落叶后，抱着一捧捡到的树叶，在地上摆了个心形，她有些难过地问爷爷：“爷爷，树妈妈是不是不要小树叶了？”爷

① 王晓霞. 在积木游戏中培养幼儿解决问题的能力［J］. 山西教育（幼教），2015（3）：33.

▲ 图8-8　阳阳将树叶摆成心形

爷看着富有爱心的阳阳，轻声说："小树叶只是暂时离开了妈妈，因为冬天快来了，树妈妈怕小树叶冷，就让他回到大地的怀抱，等明年春天天气暖和的时候，小树叶会回到妈妈身边的。""真的吗？树妈妈真好！"阳阳脸上露出了开心的笑容，爷爷也开心地笑了。

由于思维的作用，小女孩阳阳才会同情小树叶并且用树叶摆出心形。

（四）思维的发生标志着儿童意识和自我意识的出现

在心理学中，意识是一种对客观现实的高级心理反映形式，其基本特征是抽象概括性和自觉能动性，它是人类所特有的活动。思维的发生使儿童具备了对事物进行概括和间接反映的能力，具有了区别于动物的心理活动，出现了意识的最初形态的萌芽。自我意识是意识的一方面，是个体对自己身心活动的觉察，即自己对自己的认识。它具体包括认识自己的生理状况、心理特征以及自己与他人的关系三个主要方面。学前儿童是通过思维活动，在理解自己和别人的关系过程中，逐渐认识自己的。

第二节 学前儿童思维的发展

一、学前儿童思维的发生

儿童思维的发生是在感知、记忆等过程发生之后，与语言真正发生的时间相同，即1.5—2岁左右，而最初的语词概括的形成，是儿童思维发生的标志。

儿童概括地反映客观事物的能力是逐渐发展的，大致经历直观概括、动作概括、语词概括三个阶段。直观概括是感知水平的概括，动作概括是表象水平的概括，语词概括才是思维水平的概括。

到两岁左右时，儿童出现了语词概括的能力，即儿童能够按照物体的某些比较稳定的本质特征进行概括，舍弃了一些可变的次要特征，即使物体不在眼前，也能从概括的意义上使用代表这种物体的词。只有当儿童能够借助语词概括物体的一些具有稳定性的一般特征，即语词具有了概括的意义时，才有了概念性概括的产生，儿童的思维活动方才诞生。

二、学前儿童思维发展的趋势

学前儿童思维的发展经历了直觉行动思维、具体形象思维、抽象逻辑思维三种方式。它是随着儿童年龄的增长而逐渐发生发展的。在整个学前期，儿童思维发展的主要特点是具体形象性，它是在直觉行动思维的基础上发展而来的。到学前后期时，抽象逻辑思维开始萌芽。

（一）直觉行动思维的发展

所谓直觉行动思维，就是儿童在动作中进行的思维，是一种以直观的、行动的方式进行的思维。它的两大基本特征是基于直接感知和基于实际行动。直觉行动思维的进行需要儿童自身对事物进行直接感知，同时也离不开儿童自身的动作。比如，婴儿在澡盆中的戏水动作，只有当置身澡盆中时才会发生。当离开澡盆时，动作就停止了，而且很难在没有澡盆的时候出现。这就是因为婴儿离开了澡盆的环境，没有对澡盆进行直接感知，脱离一定的情境，没有自己的动作，婴儿很难进行思考。换句话说，儿童在进行这种思维的时候，只能反映自己动作所能触及的具体事物，依靠行动思考，而不能离开情境和动作去思考，更不能计划自己的动作，预见动作的结果。

案例

蒙蒙与娃娃[①]

3岁的蒙蒙是个非常内向的女孩，刚上幼儿园几个星期，因为不爱说话，班上的小朋友都不愿意跟她玩，有几个稍大的孩子甚至还会欺负她。一天，牛叔叔来蒙蒙家做客，看见蒙蒙跟娃娃玩，就随口问道："蒙蒙，幼儿园好玩吗？"谁知，平时非常安静的蒙蒙突然狠狠地咬了一口手里的娃娃，然后一把扔在地上，再用脚狠狠地去踩。旁边的妈妈和牛叔叔看得面面相觑："这孩子到底怎么了？"妈妈始终也没想明白。

蒙蒙为什么会突然变样？其实这只是孩子的正常表现，跟这个时期的思维特点有很大的关系。蒙蒙的种种激动行为，只是想向牛叔叔表示一种她在幼儿园所受到的不友好的对待，因为直觉行动思维的特点，她只有借助自己的动作和手势才能表达。换句话说，孩子这个时期的思维就在她的具体行动中进行。父母如果限制孩子的动作、活动，就意味着限制了孩子的思维，动作的中断也意味着思维的中断。

▲ 图8-9　蒙蒙与娃娃

① 田昊. 2岁—4岁思维在行动中进行［J］. 家庭教育，2005（4）：44.

▲ 图8-10 儿童搭建的城堡

直觉行动思维是思维发生初期的主要特点。3 岁以前的儿童主要是直觉行动性思维，3 岁以后，直觉行动思维继续发展，一直延续到小班，并出现质的变化。这些变化的趋势主要有：

（1）思维解决的问题逐渐复杂化。儿童能够用相同的行为对相似的环境做出反应，开始学会用间接的手段去达到自己的目的。2 岁左右时，思维解决的问题通常都很简单，活动基本上没有主题和情节，例如绘画时只是画出一个个孤立的意象，如：太阳、人等。而 3 岁以后，儿童有主题、有情节设计的游戏活动增多，解决的问题比以前复杂。例如，在日常生活中，儿童为了实现自己的某个需求，会不停地和父母讨论，而不是直接提出或者向父母索要，他已经学会用间接的方式来实现自己的目的。

案例

请你跟我这样做

妈妈：“今天在幼儿园学什么啦？”
语嫣：“请你跟我拍拍手。”
妈妈：“我就跟你拍拍手。”
语嫣：“请你跟我跺跺脚。”
妈妈：“我就跟你跺跺脚。”
语嫣：“请你给我买条连衣裙。”
妈妈瞬间恍然大悟，原来这里有陷阱。
儿童不是直接要求妈妈给她买连衣裙，而是采用委婉的方式来达到目的。

（2）思维解决问题的方式逐渐概括化。2 岁左右的儿童需要依靠直观的行动，并且在实际行动中通过不断地尝试错误而找到解决问题的办法。随着年龄的增长，到 3 岁时，儿童运用思维解决问题的方式逐渐概括化。具体表现在解决问题的过程中，某些具体行动可以压缩或省略，儿童开始思考行动的计划，在完成第一步以后，开始思考下一步是什么。比如，在娃娃家中，儿童在假装吃饭时，只需把碗端起来比画一下。

（3）思维中语言的作用逐渐增强。在儿童最初的思维中，语言的主要作用是在活动之后，对活动进行一些总结。儿童根据感知和联想，说出活动的结果。随着年龄的增长，即使到了幼儿后期，语言依然需要依靠直观形象，直观和行动在思维中仍然占据主要地位。但是，语言对思维的调节作用越来越大，而直观和行动会引起注意，补充和加强语言，并作为语言的支柱。

案例

脚上长胡子

龙龙在卧室里大喊："妈妈，快来看，我的脚上长胡子了！"我来到他的房间，只见他指着大脚趾上几根稀疏可见的汗毛说："妈妈快看，我的脚上长胡子了！"

龙龙根据感知和联想，用语言表达出了自己的新发现。

（二）具体形象思维的发展

随着儿童年龄的增长，他们的生活范围不断扩大，逐渐积累了一些知识经验，语言也进一步丰富和发展，为思维的发展创造了有利条件，思维方式也会发生一些变化。到了幼儿中期，具体形象思维逐渐从直觉行动思维中孕育，且逐渐分化出来，并成为幼儿期思维的主要形式。

具体形象思维是指依靠事物在头脑中形成的形象或表象以及它们的彼此联系而进行的思维。具体形象思维是学前儿童最典型，也是占据最主要地位的一种思维方式。具体形象思维的特点如下：

（1）具体性。具体性是指儿童思维的内容是具体的。他们能够掌握代表实际东西的概念，但却不容易掌握抽象的概念。比如，儿童很容易理解桌子、椅子，但很难理解家具这一概念。因为与每天可见的桌子相比，看不见摸不着的家具是一个抽象概括性的名词，儿童难以掌握。

案例

什么是追求①

臭宝在澡盆里边欢快地玩水，边念着元旦要朗诵的诗歌："你带给我的是希望、是追求。"随即问我们："什么是希望和追求？"我们一时回答不出，便没吭声。一会儿臭宝澡盆里的一颗球蹦了出来，臭宝一边探出身子抓球一边说："我现在开始追球了！"

（2）形象性。儿童思维的形象性主要表现在他们依靠事物在头脑中的形象进行思维。由于表象功能的发展，儿童的思维逐渐从动作中解脱出来，也可以从直接感知的客体中转移出来，从而较直觉行动有更大的概括性和灵活性。但是，由于儿童还不善于运用概念、判断、推理来论证复杂的事物，对于抽象问题往往困惑不解，因此他们往往需要依靠具体事物作为思维的支柱，对于脱离形象的抽象概念较难处理，因而思维仍有很大的局限性。

① 童言无忌［J］. 山西教育（幼教），2014（4）：62—63.

（3）经验性。儿童的思维是根据自己的生活经验进行的。比如，一名儿童听妈妈说："看那个女孩长得多甜！"于是他便问道："妈妈，你舔过她吗？"儿童只会从自己的具体生活经验出发进行思维活动，而无法进行逻辑推理。

案例

乳 牙

子博："妈妈，我的牙齿掉了。"

妈妈："没关系，掉了还会长出新牙的。"

子博："不对！爷爷的牙齿掉了那么长时间，也没长出新牙。"

子博是根据自己的生活经验来反驳妈妈的话的。

（4）拟人性。儿童常常把一些动物或物体当作人，他们把自己的行动经验和思想感情加到小动物或玩具身上，和它们交谈，把它们当作好朋友。例如，儿童把树叶当朋友，当树叶枯萎了会很难过。

案例

调皮的太阳公公

晨晨早上出门后看到天气阴沉沉的，就说："太阳公公真讨厌，自己回家休息，却派乌云弟弟来上班，害得今天天气这么阴冷，还黑乎乎的，我要去寻找太阳公公。"然后他跟妈妈说："妈妈，我要去幼儿园寻找太阳公公，他肯定是在跟我们玩捉迷藏呢，我要看看它能玩出什么新花样。"

晨晨把太阳、乌云都拟人化了，天气的变化好像玩游戏一样。

（5）表面性。儿童思维只是根据具体接触到的表面现象进行，因此儿童的思维往往只是反映事物的表面联系，而不能反映事物的本质联系。比如，问儿童灯管和蜡烛的关系，大多数儿童会回答："都是白的、长的。"儿童只从表面理解事物，而不能理解词的意义。最明显的一种现象就是处于这一思维阶段的儿童听不懂"反话"。比如，孩子在家里吵闹，妈妈说："你就闹吧，待会看我给你好果子吃！"孩子由于听不懂反话，果真会继续闹，还缠着妈妈要果子吃。因此，针对儿童的这一思维特点，在回答他们的问题时，要了解清楚他们想要知道的是什么，避免把简单问题复杂化。

▲ 图8-11　抢玩具

（6）固定性。思维的具体性使儿童缺乏灵活性，儿童较难掌握相对性的概念。例如，儿童认为儿子总是小孩，奶奶总是白头发。在日常生活中，儿童“认死理”的现象突出表现了思维的固定性。比如，两个小朋友在抢玩具，成人拿出一个同样的玩具，让他们各玩一个，儿童往往无法理解，谁都想要原来的那一个。

案例

妈妈怎么是老师呢①

一次，妈妈和毛豆一起看人物卡片，上面有工人、农民、警察、老师、护士等。当妈妈说自己是老师的时候，毛豆突然大哭起来。毛豆伤心地说：“妈妈就是妈妈，妈妈怎么会是老师呢……”在两岁的毛豆看来，一个人只能扮演一个角色，妈妈就只是单纯的妈妈，是那个天天洗衣做饭、经常抱着毛豆唱儿歌的妈妈，和“老师”这个陌生的词语没有关系。妈妈哄毛豆说：“宝贝，妈妈当老师的时候可以挣钱，当妈妈的时候才可以花钱呢！你觉得妈妈当老师好不好啊？”毛豆破涕为笑说：“原来是这样啊，妈妈，那你就天天当老师吧。这样就可以挣好多钱，给毛豆买奥特曼了！”

（7）近视性。儿童只能考虑眼前事物的关系，而不会更多地思考事情的后果。例如，儿童打人的行为常常不受控制。

（三）抽象逻辑思维的萌芽

抽象逻辑思维是使用概念、判断、推理的思维形式进行的思维。通过抽象逻辑思维可以认识事物的本质特征以及事物内部的必然联系，是一种高级的思维方式。在幼儿后期，5 岁左右儿童的思维由具体形象思维发展到抽象逻辑思维的萌芽，是思维发展过程中的质变。这种质变是一个较长的演变过程。儿童抽象逻辑思维体现在儿童不但能广泛了解事物的现象，而且开始了解事物的原因、结果、本质、相互关系等，如儿童遇到事情喜欢追根究底：“螃蟹为什么横着爬？”“人为什么直着走？”随着儿童思考力进一步发展，不仅能反映具体事物的具体属性或可直接感知的表面联系，而且逐步能反映事物的内在本质及事物间的规律性联系，如把香蕉、橘子、苹果放到一起说它们都是水果；再如儿童懂得了数字 5 可以代表任何事物的数目，可以是 5 个橘子、5 把椅子等。

由于儿童的抽象逻辑思维只处于萌芽阶段，因此还有很多局限性，主要体现在：第一，仍带有很大的具体性，他们掌握的概念大部分是具体的，与直接可以感知的对象相联系。儿童需要通过直观形象来理解抽象的超经验的概念。比如，在学习数学的时候要借助于实物包括手指的帮助；在遇到难题的时候，要依靠直观的实物或图像才能进行思考。第二，抽象逻辑思维带有不自觉性，因为他们的内部言语还不够成熟，还不能自觉地调节、检验和论证自己的思维过程，不能说出自己是如何进行思考和解决问题的。

① 唐凡茹. 2—6 岁，有趣的幼儿心理学［M］. 北京：中国纺织出版社，2016：13.

三、学前儿童思维过程发展的特点

（一）学前儿童分析综合的发展

在不同的认知阶段，分析综合有不同的水平。最初是对事物感知形象的分析综合，属于感知水平的分析综合。随着语言的发展，学前儿童逐渐学会凭借语言在头脑中进行分析综合，但是还不能把握事物复杂的组成部分。对于3—6岁的儿童来说，要求分析的环节越少，相应的概括就完成得越好。

案例

他们的耳朵是一样的

在图书角里，涛涛拿着《叭叭！公交汽车》一书指着游乐园里过山车上的五只小动物问老师："老师，车上都有哪些小动物呢？"老师指着小动物说："这是老鼠、松鼠、青蛙，这个我也不清楚。"涛涛说："老师，是小猪托尼。"涛涛找来了另一本书《突突！拖拉机》，并翻到了小猪托尼那一页说："老师你看，这个小动物的耳朵是三角形的。"他指着过山车上那只看不清的小动物，又指着小猪托尼说："托尼的耳朵也是三角形的。""嗯，确实是，还是你厉害啊！"老师夸赞说。

涛涛分析了两本书里小动物的各个部分，把它们综合起来，发现两张图片中的小动物的耳朵都是三角形的。

（二）学前儿童比较的发展

学前儿童逐渐学会了找出事物的相应部分。小班的儿童常常按照物体的颜色进行比较，还不善于找出物体的相应部分；中班的儿童逐渐能够找出物体的相应部分，并进行比较，但他们只能找到两三处相应部分。一般来说，学前儿童比较的发展，是先学会找物体的不同处，再学会找出物体的相同点，最后学会找出物体的相似处。

案例

他为什么笑了①

孩子每晚定会翻看《能够到吗》这本书。昨晚他自己来回翻时，和我的一个小小互动让我惊讶了。"妈妈，为什么这个人在这一页不笑，"他指着前一页画面中正在指挥水泥车的工程师，又指着后面一页画面中的同一个工程师说，"在这里就笑了？"

① 杨文娟．亲子阅读中的快乐［J］．山西教育（幼教），2017（10）：56.

阅读中，我一直关注文字、句子，虽然也看图，但画面中人物嘴角的变化我却没有注意到。他的提问让我跟随着他的指点重点看了一下图中的人物表情。我问：“你觉得他为什么笑？”“他指挥水泥车司机把水泥喷到这个楼房上面了。”他指着画面中的楼房，又抬起头看看我。“嗯，应该是因为这样吧。他成功了，所以高兴地笑了。”我回答道。他也看着我微微地笑了。

儿童能够通过仔细观察和比较找出事物的不同，并且能分析原因，这是难能可贵的。

（三）学前儿童分类的发展

分类能力的发展是逻辑思维发展的一个重要标志，学前儿童的分类有五种：

第一类：不能分类，把性质上毫无联系的一些图片放在一起，或者任意地分成若干类，不能说出分类的原因。

第二类：依据感知特点分类，基于颜色、形状、大小或其他特点进行分类。

第三类：依据生活情景分类，把日常生活情景中经常在一起的东西归为一类。

第四类：依据功用分类，即根据用途分类，如桌椅是写字用的，碗筷是吃饭用的。

第五类：依据概念分类，如按照玩具、交通工具、学习用具等分类，并能给这些概念下定义，说明分类的原因。

3—4 岁儿童开始具有简单的分类能力，他们的分类是按照物体的明显外部特征进行的，如：形状、颜色、大小等。4—5 岁儿童可以按物体的简单用途和数量特征进行分类，能对总类和子类作比较，能初步理解总类与子类的包含关系。5—6 岁的儿童能够按照事物的两种特征进行分类。6 岁以后，儿童能够初步按照事物的本质特征进行分类。

案例

怎么分

老师让幼儿把分别画有手套、脚、袜子、手的 4 张图片分为两组。小强分成手套和手，脚和袜子这两组，其理由是：手套是戴在手上的，袜子是穿在脚上的。小明分成手套和袜子，脚和手这两组，其理由是：手和脚是人身体上的东西，手套和袜子是服装类。

两位幼儿的思维水平是不一样的，小明的概念掌握水平强于小强，因为小强的概念掌握是基于事物的基本特征，而小明已经初步有了分类的概念。

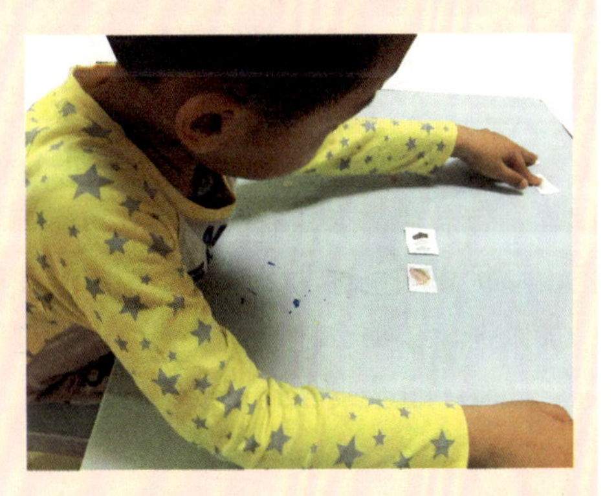

▲ 图8-12　怎么分

（四）学前儿童概括的发展

儿童的概括水平是处于从表面的、具体感知和经验的概括，到开始进行某些内部的、靠近本质概括的发展阶段。3 岁以前的儿童通常会根据物体外部的相似性来进行概括判断。比如，儿童玩过小汽车玩具，知道汽车的轮子可以推着转，当他看见其他带轮子的东西时（如：算盘），都会嚷嚷着要推着玩。尽管这种概括性反映的只是物体表面简单的相似处，但对于儿童而言非常重要，因为这是他们开始萌发的对物体之间关系的认识，是对物体性质比较的结果。①

四、学前儿童思维形式发展的特点

（一）学前儿童掌握概念的特点

1. 学前儿童掌握概念的方式

人类的概念是在社会历史发展的过程中逐渐形成的。儿童掌握概念的方式主要有两种：一种是通过成人学习社会上已经形成的概念，另一种是在儿童的社会活动实践中形成。

儿童通过观察成人学习社会上已存在的概念，在这个过程中，儿童并不是简单机械地接受成人所灌输的概念，他们具有选择所学概念的自由和能力。儿童依据自身的经验，对成人给予的概念加以选择并纳入自己的经验体系之中，经过进一步的加工形成自己的概念。

案例

不客气

每次峰峰淘气，爸爸会跟她说：“峰峰，你再这样，我不客气啦！”开始峰峰不知道“客气”的意思，总会说：“不用客气！”后来知道“不客气”表示要挨打，他就赶紧改口说：“爸爸，用客气，用客气！”

峰峰在知道了“不客气”的意思后，经过自己进一步加工形成“用客气”的概念。

儿童在活动实践中掌握概念的过程是一个概念发现的过程。例如，教师要求儿童摆弄一套卡片，卡片有圆形、三角形等各种各样的形状，同时也有红、黄、蓝等各种颜色，形状和颜色这两个维度是相互交叉的。当儿童按形状分组的时候，总得到一定的奖励加以强化，那么他就会发现以形状进行概括的概念。在日常生活中，儿童通过类似的强化经验，也会自发地形成一些概念，例如，认为哭就是伤心、不开心的表现。

① 田昊．2 岁—4 岁思维在行动中进行［J］．家庭教育，2005（4）：44.

2. 学前儿童掌握概念的类型及特点

（1）学前儿童掌握概念的一般特点。学前儿童以掌握具体实物概念为主，向掌握抽象概念发展。概念分为上级概念、下级概念、基本概念，如将狗作为基本概念，动物就是上级概念，狮子狗、贵宾狗、金毛、拉布拉多等就属于下级概念。另外，儿童对抽象概念的掌握离不开具体形象和活动的支持，如在打针不哭、摔倒了自己爬起来的实践体验中理解勇敢这一抽象概念的含义。

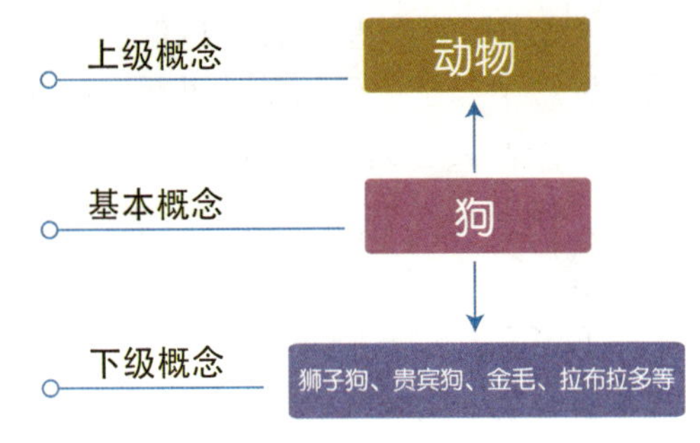

▲ 图8-13　概念的分类

概念的内涵往往不精确，外延也不恰当。儿童常常无法准确地掌握概念的内涵和外延，比如，儿童认为在动物园中看到的猴子、老虎、孔雀、大象是动物，但是当问儿童蝴蝶、蚯蚓、鱼等是不是动物时，他们常常感到困惑。又比如，儿童认为穿上一样的衣服就是双胞胎。

案例

警察叔叔也是动物吗①

一次猜谜语的时候，妈妈说了一种动物走路的特点，这个谜语的答案竟然是“人”！毛豆觉得太不可思议了，笑得前仰后合：“妈妈，你太搞笑了吧。你竟然说人也是动物！”妈妈一本正经地说：“是啊，人是会思考的高级动物啊！”毛豆觉得妈妈太不可理喻了：“那么警察叔叔也是动物啦，为什么不把他们关到动物园呢？那么毛豆也成了动物了，你今天就把我送到动物园得了！”妈妈挠挠后脑勺说：“啊，这个……我怕动物园不接受你这只动物。”毛豆噘起嘴巴，有点不开心地说：“妈妈你什么意思啊？你是不是觉得毛豆没有小熊猫可爱呀，所以动物园不接受？”妈妈结结巴巴地解释道：“这个……主要是你和它们长得太不一样啦！你想想，你长得像熊猫吗？不像吧。像大象吗？也不像吧。像猴子吗？也不像吧。”毛豆跑到镜子面前，上上下下打量着自己的模样，疑惑地说：“真的不像动物，我长得太像人类啦！”

这个时期的儿童对事物的理解常常是表面的、孤立的，不能发现事物之间的内在联系。他们往往会从自身的经验出发去理解事物。比如，经常去动物园的儿童，很容易形成对动物这个概念的片面认知，将动物等同于憨态可掬的熊猫、机灵敏捷的猴子等具体的动物，并且认为动物应该是关起来的。在儿童的认知范畴内，人如果是动物，也应该长成熊猫、猴子或者大象的模样，也应该被关在动物园的铁笼子里。成人应尊重儿童在不同成长阶段的认知特点，不必强行对他们进行知识点的灌输，诸如“人是高级动物”之类的论断。

① 唐凡茹. 2—6岁，有趣的幼儿心理学［M］. 北京：中国纺织出版社，2016：113.

（2）学前儿童掌握实物概念的特点。在学前儿童掌握的概念中，大部分是实物概念。实物概念的一般特征是以低层次概念为主，以具体特征为主。幼儿前期所掌握的实物概念主要是他们熟悉的事物，比如看到小鸡能说出这是小鸡；幼儿中期已能掌握实物概念某些比较突出的特征，由此获得实物的概念，比如看到小鸡能模仿小鸡的叫声；幼儿后期开始初步掌握某一事物的较为本质的特征，比如看到小鸡知道小鸡能下蛋。

下定义是掌握概念的一种表现，陈帼眉等曾用下定义的方法研究儿童对实物概念的掌握。结果发现所下定义可分为七种类型：

第一种：不会说。儿童不会说话或表示不会。

第二种：同义反复。比如，要求儿童说出“什么是灯”时，他说“灯灯”或“大灯”。

第三种：举出事例。解释灯时，会说出“红灯”、“绿灯”等。

第四种：说出一般性的非本质特征。如说出“灯”是长的，“花”是红的。

第五种：说出重要特征。如说出“灯”是“挂在墙上的”、“一圆圆的玻璃里面特别亮”。

第六种：说出功用或习性。如灯是用来照明的，会发亮的。

第七种：说出初步的概念。如灯是给人照亮的东西，有电、有用的东西。①

从学前儿童对实物概念掌握的趋势来看，下定义的水平随着年龄的增长有所提高。但儿童对具体名词的解释集中于具体特征水平，不会说或不会解释词的人数在 4 岁所占的比例较大，5 岁以后有所缩小，且明显降低，具有初步概念水平的人数在 5 岁以后也明显增加。总而言之，学前儿童对于具体名词的解释集中于具体特征水平。

（3）学前儿童掌握数概念的特点。掌握数概念是逻辑思维发展的一个重要方面。数概念比实物概念更加抽象，因而对于学前儿童来说，掌握起来更困难。

案例

0 和 鸡 蛋

在一次数学活动中，教师拿出实物鸡蛋让儿童认识 0 的形状，儿童都说 0 像鸡蛋。第二天，教师指着 0 问：“这是什么？”儿童都说：“是鸡蛋。”

数概念较为抽象，学前儿童在掌握 0 这一概念上存在一定的困难。

3 岁以前，儿童数概念处于萌芽阶段，大致会经历辨数、认数、点数三个阶段。

辨数是说儿童对物体的大小或多少有模糊的认识。比如，1 岁半左右的儿童虽然不太会讲话，但是知道伸手去抓数量多的糖果。

认数指产生对物体整个数目的知觉。2 岁多的儿童还不会口头数数，但是可以根据成人的指示取出 2 个或 3 个物体。

① 陈帼眉．学前心理学［M］．北京：人民教育出版社，1989（5）：226-228.

点数意味着数概念开始形成。3 岁以前的儿童对数的认识主要处于知觉阶段，数概念在 3 岁以后开始形成。儿童掌握数概念需要理解以下三方面的内容：第一，掌握数的顺序。此时儿童知道 1 的后面是 2，2 的后面是 3。一般 3 岁儿童已经能够学会口头数 10 以内的数。这时，他们只是记住了数的顺序，但并不会真正去数物体。第二，数的实际意义。如 4 是指 4 个物体。当儿童学会口头数数以后，逐渐学会手口一致地数物体，即按物点数，然后学会说出物体总数。这时可以说儿童掌握了数的实际意义。此时儿童已经具备了初步的计数能力，但还没有形成数的概念。第三，数的组成。如 3=1+1+1，3=1+2。掌握数的组成是儿童形成数概念的关键，儿童在学会点数并说出物体总数以后，逐渐能学会用实物进行 10 以内的加减。在加减的过程中，儿童会理解两个或者更多的数群可以合并为一个新的更大的数群，这个过程同样是可逆的、可拆分的，由此儿童形成了数群可分可合的观念。儿童在掌握了数的组成以后，就形成了数的概念。

林崇德的研究表明，儿童数概念的形成要经历“口头数数—给物说数—按数取物—掌握数概念”四个阶段。儿童数概念的形成是从感知和动作开始的。一开始，儿童计数要用眼睛看，动手去数。以后儿童会逐渐减少用手点数的动作，主要靠视觉去把握物体的数量，用眼看实物，嘴里默默地数。当儿童可以脱离感知而进行口头计算时，他还需要依靠物体数量的表象。这表现在儿童能够正确回答 10 以内的应用题，而不能正确回答 10 以内的算式题。这是因为应用题描述了情景，能唤起儿童关于实物的表象，这些表象可以作为计算的支柱，帮助儿童从感知阶段向数概念过渡。幼儿后期才逐渐能够用数词进行计算，开始进入数概念阶段。

（二）学前儿童判断的发展

学前儿童判断发展的特点主要有以下四个方面：

1. 判断形式间接化

从判断形式上看，学前儿童以直接判断为主，开始向间接判断发展。不参与复杂思维活动的感知形式属于直接判断，参与复杂活动的抽象形式属于间接判断。儿童在进行判断时，他们大量依靠直接判断，易受知觉线索的影响，把直接观察到的事物的表面现象或事物之间偶然的外部联系，当作事物之间内在的本质特征。例如，有的儿童认为“汽车比飞机跑得快”。对于成人而言，飞机的速度快于汽车，这是一个通过间接判断所形成的常识，但儿童“汽车比飞机跑得快”判断的形成，是因为这是他们从自己的直接经验中获得的。儿童坚持自己的观点，是因为他们坐在汽车里时，看到天上的飞机飞得很慢。

案例

胳膊上有胡子

晚上关灯后，爸爸妈妈抚摸豪豪时，豪豪能准确地说出是谁的胳膊。妈妈问：“豪豪，你怎么知道是谁呢？”豪豪说：“爸爸的胳膊又大又粗，而且还有胡子。妈妈的胳膊瘦瘦小小，摸起来滑滑的。”

在这个案例中，儿童的判断属于直接判断。

但随着年龄的增长，学前儿童间接判断的能力会不断增长。研究表明，6—7 岁是判断发展的显著时期，是两种判断变化的转折点。7 岁以前的儿童大部分进行直接判断，7 岁以后的儿童大部分进行间接判断。

2. 判断内容深入化

判断内容的深入化体现在儿童的判断从反映事物的表面联系，开始向反映事物的内在本质联系发展，这与判断形式从直接向间接变化的趋势相同。幼儿前期，儿童常常把直接观察到的物体表面现象看作是因果关系，最初他们只是根据表面现象或偶然的联系进行判断。在发展过程中，儿童会逐渐找出比较准确而有意义的原因。以“竖着的硬币不容易立起来”的现象为例，3—4 岁的儿童认为是“硬币站不稳，没有脚”，随着年龄增长，到 5—6 岁时儿童会认识到“硬币是圆的，比较薄且桌面不太平整”。可见，此时他们已经开始能够按事物的隐蔽的、本质的联系做出判断。

3. 判断根据客观化

从判断根据看，儿童从以对待生活的态度为依据，开始向以客观逻辑为依据发展。幼儿前期，儿童常常不能按事物本身的客观逻辑进行判断和推理，而是按照游戏的逻辑、生活的逻辑进行。这种判断没有一般性原则，不符合客观规律。儿童主要是从自己对生活的态度出发，属于“前逻辑思维”。例如，3—4 岁的儿童认为球会滚下来，是因为“它不想待在上面”；物体浮在水面上，是因为“它想洗澡”等。随着年龄的增长，儿童的判断依据会逐渐从生活逻辑过渡到客观逻辑上。

案例

老师属锁①

某日活动后，我根据几个幼儿脖子上的生肖挂饰，脱口说出了他们的属相，某幼儿看到我的挂饰——锁，惊喜不已，“哈哈！我也知道啦，老师属锁！”

该儿童认为生肖是由脖子上的挂饰决定的，未能掌握判断个体生肖属性的客观逻辑。

4. 判断论据明确化

从判断论据上看，儿童从开始没有明确意识到判断的根据，然后逐渐向明确意识到自己的判断根据过渡发展。幼儿前期，儿童虽然能够做出判断，但是他们没有或不能说出判断的根据，3—4 的儿童或者是以别人的论据为根据，或者是只能说出模糊的根据。前者如问儿童“为什么要刷牙”，儿童会说“是妈妈说的要刷牙”，后者如问儿童“球为什么会滚下来”，儿童会说“因为它不能停在斜面上”。甚至在某些情况下，儿童还没意识到自己的判断需要有论据作为根据。

① 童言无忌［J］. 山西教育（幼教），2016（10）：38—39.

随着儿童的发展，他们开始寻找论据，但最初出现的论据往往带有游戏性或猜测性。到学前后期，儿童会不断修改自己的论据，努力使自己的判断有合理的论据支持，对判断的论据逐渐明确，这说明儿童思维的自觉性、意识性、逻辑性开始发展。

案例

电视坏了

少儿频道放完《小猪佩奇》后，紧接着播放的是一部黑白电影，昊昊赶紧跑过去把电视关了。妈妈问："为什么要把电视关了呀？"昊昊说："妈妈，电视坏了，它都没有颜色了！"

昊昊的判断依据是电视播放出彩色的节目才是正常的，显然这样的论据是不合理的。

（三）学前儿童推理的发展

推理可以分为直接推理和间接推理。直接推理是指由一个前提引出一个结论。如从"文明的小朋友要讲礼貌"这个前提推导出"不讲礼貌的孩子不文明"这个结论。间接推理则是指由几个前提推出某一结论的推理。间接推理比较复杂，它可以进一步分为归纳推理、演绎推理、类比推理。

1. 学前儿童归纳推理能力的发展

学前儿童的概括尚处于具体形象水平，因此儿童常常只能对事物的一些外部的、非本质的特征进行归纳，难以抓住事物或现象之间本质的、必然的特征属性，进而难以实现从个别到一般的正确归纳。例如，儿童知道了"种瓜得瓜、种豆得豆"的道理后，会把自己喜欢的巧克力也种到土里，希望长出更多的巧克力。这种现象在3—4岁的儿童身上最为常见。

归纳推理这种无逻辑的推理现象说明儿童尚未形成"类"概念，因此不能把不同类的事物很好地区分开来。随着儿童年龄的增长，概括能力的发展，其类概念会逐渐形成，归纳推理的能力也会逐渐提高，这种无逻辑的推理现象会逐渐减少。

2. 学前儿童演绎推理能力的发展

有实验证明，经过专门的教学，幼儿后期的儿童是可以掌握和正确运用三段论式的逻辑推理的。该研究指出，3—7岁时，儿童的三段论式逻辑推理的发展可以分为五个阶段：

阶段一：不会运用任何一般原理。

阶段二：运用一般原理，并试图引用一些从偶然特征上做出的概括来论证自己的答案。

阶段三：运用一般原理，这个原理已经能够在一定程度上反映事物的本质特征，但只是近似性的、不准确的、不能概括一切可能的个别情况，因而还不能做出正确的结论。

阶段四：不说明一般原理，却能自信而正确地解决问题。

阶段五：会运用正确反映现实的一般原理，并做出恰当的结论。

案例

白头发

超超："爷爷你的头上怎么全是白头发呢？"

爷爷："因为爷爷劳累了大半辈子，非常辛苦，所以头发就全白了呀！"

超超："那我为什么没有白头发呢？"

爷爷："你很劳累吗？"

超超："我每天都上幼儿园，老师还要让我们做游戏、唱儿歌，怎么会不劳累呢？"

在本案例中，超超能够运用三段论进行逻辑推理，即人劳累了头发会白（大前提），我很劳累（小前提），我的头发也会白（结论）。

3. 学前儿童类比推理能力的发展

类比推理比较特殊，在某种程度上可以属于归纳推理。它是对事物或数量关系的发现和运用。3—6 岁儿童已经具有一定水平的类比推理的能力。

类比推理的能力会随着学前儿童年龄的增长而提高。3 岁儿童还不会推理，4 岁儿童类比推理的能力开始发展，但水平很低。五六岁儿童的类比推理水平有所提高，能够理解自己所熟悉的事物之间的关系，但是语言表达不够准确。大部分儿童没有达到高级水平。

案例

妈妈手记[①]

妈妈手记 1：那天，媛媛回家告诉我，今天幼儿园量身高了，真真比她高，可是露露比她矮一些。我就问她："那真真和露露谁高呀？"媛媛眨着眼睛想了想，又在门边比画了一阵，肯定地告诉我："真真高。"但是她说不出来为什么真真高。

妈妈手记 2：在公园里，豆豆把皮球放在斜坡上，皮球自己滚下去了。旁边一个 3 岁的孩子说："球球没有脚，站不稳。"豆豆听到了，急忙纠正道："不对不对，皮球是圆的，要是三角形、正方形的就不会滚了。"

妈妈手记 3：现在，梅梅会作诗了。那天，她念了两句给我听："竖起小耳朵，听，嘀嗒嘀嗒；睁开小眼睛，看，哗啦哗啦；下雨啦！下雨啦！"没想到她还会用类比呢。

五六岁是儿童抽象逻辑思维萌芽的时期，儿童的推理也向着更客观、更符合逻辑的方向发展。

① 欧阳春玲．做个小福尔摩斯——儿童推理能力的发展［J］．家庭教育（幼儿家长），2010（3）：41—43.

五、学前儿童理解的发展特点

理解的发展是儿童思维发展的一个重要方面。理解是指个体运用已有的知识经验去认识事物的联系、关系乃至其本质和规律的思维活动，理解是逻辑思维的重要环节，概念、判断、推理都离不开对事物的理解。

理解一般可分为两种类型：直接理解和间接理解。直接理解是指不需要间接的思考过程就可以立刻实现的理解，它体现在知觉的概括性中。间接理解则是时间上要经过一个逐步展开的过程，包含一系列复杂的分析综合过程。分析为理解做准备，综合则是为了完成理解。正因为如此，对主体来说，间接的理解意味着建立新的联系。

学前儿童的理解主要是直接理解，与知觉过程融合在一起，不要求任何中介的思维过程。但幼儿期也会逐渐出现间接理解。

案例

犀牛牌刀片[①]

儿子今天剃头，是个奥特曼造型，很帅。剃头时他拿着刀片的包装，上面画着一个刀片，还有一头犀牛，是犀牛牌刀片。儿子认真地自言自语："可得小心，这个刀片能杀牛！"我和老公听后大笑……

案例中的儿童的理解属于直接理解。

总体而言，学前儿童对事物理解的发展趋势如下：

（一）理解内容：从对个别事物的理解发展到对事物关系的理解

以儿童对成人讲故事的理解为例。通常儿童首先是先理解故事中的个别词句、个别情节以后才理解具体行为所产生的后果，最后才能理解整个故事的思想内容。

（二）理解依据：从主要依靠具体形象来理解事物发展到依靠语词来理解

由于儿童思维发展的特点以及言语水平发展的限制，他们常常要依靠行动和形象来理解事物。实验研究也表明，直观形象更有助于儿童对作品的理解。比如，老师想把《画鸡》这首古诗介绍给孩子，她先给孩子播放公鸡的视频，让孩子观察并说出公鸡的样子，然后再念诗句，孩子很快就能把脑海里公鸡的具体形象和古诗的描述联系起来。儿童的年龄越小，对直观形象的依赖越大。教师对儿童进行道德品质培养和教育时，不宜采用说教的方式，而应将道理与故事相结合，让儿童有直观的体验。

（三）理解程度：从对事物做简单、表面的理解发展到较为复杂、深刻的理解

儿童的理解往往很直接、肤浅。例如，对于"孔融让梨"的故事，儿童会把孔融的行为理解为"他小，吃不了那么大的梨"。在对这一阶段的儿童进行教育时，切忌使用反话，要开展正面教育。

---

① 童言无忌［J］. 山西教育（幼教），2014（8）：62—63.

案例

坐 反 了

周末，妈妈和多多乘公交车去看电影。车开了一段距离后，妈妈突然意识到："我们坐反了，这不是开往电影院的方向！"多多不慌不忙地反坐在车位上说："别担心，妈妈！我们反过来坐，就能很快到电影院啦！"

儿童把坐反了理解为只要反坐在座位上就可以了，属于对事物做出简单、表面的理解。

（四）理解的客观性：从理解与情感密切相联系发展到比较客观的理解

儿童对事物的情感态度会影响他们对事物的理解。4 岁以前这种影响尤为突出。例如，一位妈妈给孩子出了一道算术题："爸爸打碎了 5 个杯子，小宝打碎了 3 个杯子，一共打碎了多少杯子"。孩子听后哭了，说自己没有打碎杯子。这种现象表明，儿童对事物的理解带有很大的情绪性。随着年龄的增长，儿童开始能够根据事物的客观逻辑性来理解。

（五）理解的相对性：从不理解事物的相对关系发展到逐渐能理解事物的相对关系

对儿童来说，不是好人，就是坏人。他们对事物的理解常常是固定机械的，不能理解事物的中间状态或相对关系。随着年龄的增长，他们会逐渐理解事物的相对关系。在学会了 5+3=8 以后，也能理解 3+5=8 的道理。本章引言部分第一个案例中，由于儿童还不能理解事物的相对关系，因此不知道蛋炒饭和饭炒蛋是一样的。

第三节 学前儿童思维的培养

学前期是智力发展的关键期，作为智力核心要素的思维能力，其发展对个体的一生意义重大。要培养学前儿童的思维能力，可以采取以下策略：

一、保护学前儿童的好奇心，激发求知欲

学前儿童天性好奇好问、求知欲望强，这是宝贵的学习动机，也是积极思考的产物。他们常问"是什么"、"为什么"、"怎么样"，企图了解事物的名称、特征、类别和变化的可能性，探索事物之间的异同，了解人与自然、社会的联系等。成人要保护他们的好奇心，激发他们的求知欲，注意倾听并鼓励儿童敢提问、多提问，在启发提问中引导积极思考。

需要指出的是，在提问、讨论、回答问题的过程中，成人应注意几点内容：第一，倾听并鼓励儿童的提问，不要嫌他们的问题过于简单、幼稚。要引发他们继续深思而不

要急于给出答案，以免错过儿童之间或者儿童与成人之间展开讨论的好机会。第二，要善于向儿童提出思维的任务和要求，给予他们充分动手操作、思考和讨论的时间和机会。第三，引导儿童在观察和实践中自己求得答案。第四，当儿童回答问题有错误时，不必立即纠正，可以让他们有时间验证自己的观点。第五，对于有创见、有意义的问题，可以设计一些实验、操作、调查、观察活动去展开和深入探索，逐步求答。第六，成人对自己不懂的问题，可以回答“我不知道，我们一起来想一想”，以便使儿童在求知欲和好奇心的驱动下更积极地探索与思考，从而促进思维能力的提升。

案例

老师，天上有个“熊大”①

秋高气爽，湛蓝的天空清澈如水，被一团团雪白的云点缀着，姿态万千。突然，我听到小琰小声叫起来：“快看，天上有熊大！”我停下了脚步，摸摸他的头，饶有兴趣地向大家宣布：“今天小琰小朋友有个新发现，我们请他来做个介绍。”小琰像个指挥家一样神气地说：“你们看，天上的云像不像熊大啊？”大家一起向天上看去，那个云团胖乎乎的，像个张牙舞爪的大熊。孩子们都很喜欢动画片《熊出没》，看到有点像熊就想到了“熊大”的形象，孩子们都说像。小琰因为得到了肯定所以很满意，笑着继续说：“我以前还在天上看到过大白象呢！”他说完，孩子们纷纷回忆起自己在天上看过的云，队伍完全凌乱了。我丝毫不恼，启发说：“小琰刚刚看到天上的一朵云像熊大，你们再看看，看到的云像什么？”孩子们继续聚焦白云，边看边发表自己的见解，我任由孩子们三五成群地聚集在一起看云，后来索性走到他们中间，听着他们的发现。有的孩子说云像老虎，有的孩子说云像棉花糖、像枕头。还有的孩子已经开始编故事了，说有一只老鼠想逃，后面有只猫在抓它，真有意思。突然一阵风吹过，小成喊起来：“龙卷风，看，龙卷风。”其实孩子们并没有见过龙卷风，但是看到云被风吹得直打转，就纷纷说像是龙卷风。他们只是根据自己的观察和想象来判断事物的变化。随后我问孩子们：“云朵还在不断地变化中，那你们知道云是怎样形成的吗？”孩子们都说不知道。于是当天下午，我们的学习活动临时变更为“云的秘密”，孩子们对云的兴趣明显浓厚了许多，主动加入了观察和探究的队伍。

二、不断丰富学前儿童的感性知识

思维是在感知的基础上发展的人们对客观世界正确、概括性的认识，是通过感知觉获得大量具体、生动的材料后，经过大脑的分析、综合、比较、抽象、概括等过程才达到的。思维的广阔性是指一个人在思维的过程中，能够全面地看问题，着眼于事物之间的联系和关系，并能从多方面去分析研究，找出问题的本质。它的反面是思维的片面性

① 贺红霞．捕捉散步活动中的“哇”时刻——随笔札记两则［J］．山西教育（幼教），2017（7）：56—57.

(a)

(b)

▲ 图8-14　幼儿园组织迎新年活动

和狭隘性，即只根据一点知识或有限的经验去解决问题。因此，一个人的感性知识、经验是否丰富，制约着其思维的发展。

幼儿教师和家长应有意识、有计划地组织各种活动，充分调动儿童各种感官的积极性，让儿童广泛地接触和感知外界事物，不断丰富儿童对大自然和社会的感性经验，扩大头脑中表象的范围，为形成广泛的联想提供素材。除了直接经验的积累，幼儿教师和家长也可以通过提供多种多样的图片、视频资源等方式来丰富儿童的感性知识。

三、发展学前儿童的言语能力

语言是思维的工具，又是思维的物质外壳。在儿童思维发展的过程中，言语对思维的作用是从无到有、由小变大的。儿童思维能力的发展和言语能力的发展是同步进行的，言语的发展推动着思维能力不断提高；而思维的发展又促进了言语的构思能力、逻辑能力和表达能力的发展。一般来说，儿童的词汇不丰富，特别是对抽象性、概括性较高的词汇掌握得较少，这使儿童的思维能力受到了一定的限制，从而直接影响其思维的发展。作为言语发展的飞跃期，在幼儿期加强儿童的语言训练，是促进其思维发展的一个重要方法。

第一，要重视发展学前儿童的口头言语，在游戏、参观、日常生活等活动中创造与儿童对话的机会，帮助他们正确认识事物，掌握相应的词汇，并能正确运用口头言语，规范地、连贯性地表达自己的认识。同时，要适时、适量地教给儿童一些概念性的词语，如交通工具、动物、植物、水果、文具等，以增强他们对事物的概括能力。这样，才能促使儿童的思维从具体情景中解放出来，在言语发展的基础上向抽象逻辑思维转化。

第二，通过言语帮助儿童理清思路，增强思维的逻辑性。在儿童观察一件事物、完成某件事情或做好一道计算题时，都要求他们用言语有条理、清晰、准确、前后连贯地表达出来，从而提高其思维能力。

案例

蝴蝶飞舞①

有一次，我正按教学计划开展树叶画活动，教室的玻璃上站着一只美丽的花蝴蝶，原本静止的蝴蝶突然动了一下，小朋友都急忙转过脸去看蝴蝶。我连忙走过去捉住蝴蝶，因势利导，让幼儿认识蝴蝶有着美丽花纹的翅膀，认识蝴蝶的触须，数一数蝴蝶有几只脚，整个教室安静极了，孩子们眼睛睁得圆圆的，看着蝴蝶。这时我说蝴蝶喜欢到外面采花粉，接着就把蝴蝶放开，让幼儿观察蝴蝶飞舞的样子，并教幼儿学习词语“蝴蝶飞舞”，还让幼儿用树叶拼成蝴蝶的样子，如图 8-15 所示。

后来，在教秋天的儿歌时，有形容秋叶飘落的句子“好像蝴蝶在飞舞”，不用我多解释，以前蝴蝶飞舞的形象栩栩如生地再现在幼儿脑海里，他们很容易就理解并掌握了这首儿歌。

▲ 图8-15　幼儿的树叶画：蝴蝶

四、通过活动锻炼学前儿童的思维能力

学前儿童的思维表现在各种活动中，同时也能在各种活动中得到发展。

（一）在游戏活动中锻炼学前儿童的思维能力

游戏在学前儿童的生活中扮演着重要角色。在思维游戏中，儿童按照游戏中不断提出的问题和任务，通过操作材料，不断探索和尝试解决问题，从而积极动脑进行分析、比较、判断、推理等一系列思维活动，从中充分感受思维的乐趣，获得积极的情感体验，进而渐渐爱上思维游戏，享受解决问题的过程，养成爱动脑、勤思考的良好习惯。因此，幼儿教师和家长应该为儿童提供多种思维游戏，以促进儿童思维能力的提升。

▲ 图8-16　儿童操作材料

案例

1和1合起来不一定是2②

游戏时，我边操作小鸡教具，边对幼儿说：“草地的这边有一群小鸡，那边也有一群小鸡。后来，它们走到一起了（我把分开的小鸡移到一起），哈哈，现在有两群小鸡

① 邢香珠．抓紧幼儿期语言教育，促进幼儿思维发展［J］．新课程学习（上），2014（1）：92—93.
② 王丽娟.1 和 1 合起来不一定是 2［J］. 幼儿教育，1998（11）：18.

了。”孩子们惊叫起来：“不对，还是一群小鸡！”我故作惊讶地说：“是吗？我还以为1和1合起来一定是2呢。现在的一群和刚才的一群一样吗？”大家说：“不一样，现在的一群多了。”我趁势提出了问题：“是啊，1和1合起来不一定是2。请你们想一想，还有什么情况下1和1合起来不是2？”沉默片刻后，幼儿创造性地想出了许多有趣的答案。有的说：“一块橡皮泥和另一块橡皮泥糅合在一起，还是一块，但是变大了。”有的说：“一根绳子和另一根绳子连接起来，变成了一根长绳子。”有的说：“一只鞋子和另一只鞋子合起来，是一双鞋。”

（二）在艺术活动中锻炼学前儿童的思维能力

儿童是天生的艺术家。通过艺术活动可以激发学前儿童的想象力、创造力，促进学前儿童思维能力的发展。

手工活动的内容丰富多彩，有泥工、纸工、布贴、编织、自然物剪贴、自制玩具等，深受儿童的喜爱。幼儿教师和家长可以让儿童对材料进行观察、思考、选择和裁剪，在讲解完制作的基本方法后，给儿童提供充分的创作空间，让他们动手操作，参与其中，在手工创造中锻炼思维能力。

(a)

(b)

(c)

(d)

▲ 图8-17 儿童的手工作品

案例

自由创作①

我常常确定一个主题，教给小朋友制作方法，然后让他们自己设计内容，创造画面。比如在小班，我利用小朋友印过手的印画彩纸，进行撕贴教学。示范时，我只讲解了撕圆形、长方形、三角板，可以拼贴成小朋友的形象及其动作，其他的则由他们自己去发挥。中班时，我在设计“泥塑挂盘”的时候，只让他们懂得用彩色橡皮泥可以在快餐盘上进行半立体塑造，方法是中间用大图画做主题，四周用细花边装饰，并注意两者内容的相关、色彩的搭配，至于做什么，则让他们自己去创造。

① 李坤杰．在手工活动中发展幼儿思维和创造能力［J］．陕西教育（教学版），2014（10）：52.

绘画活动因其集审美、观察、动手、创造等综合能力于一体，对于开发儿童智力、培养儿童能力都会产生至关重要的影响。幼儿教师和家长应创造良好的美术教育氛围，创新美术教育的教学方法，运用适宜的教育手段，采用鼓励表扬的评价方式，为儿童绘画创作与表达创造良好的环境，为儿童的创造性思维发展插上腾飞的翅膀。

▲ 图8-18　儿童在观看舞龙舞狮表演后的绘画作品

案例

长着翅膀的汽车①

有一个小朋友根据自己的想象，画了一辆长着翅膀的汽车。教师看到这幅画，马上问小朋友："为什么汽车上长翅膀呢？"小朋友说："我希望汽车可以飞，不光会在路上跑。"教师听了马上表扬这个孩子很有创意，夸他这幅画画得很好，希望孩子好好学习，长大了制造长翅膀的汽车。

音乐活动不仅能发展儿童对音乐的理解能力，更能促进儿童的思维能力，幼儿教师和家长在开展音乐活动时要善于引发儿童积极思考的能力。

案例

狐狸与兔子

在欣赏音乐作品《狐狸与兔子》的活动中，欣赏前老师告诉小朋友作品的名称，欣赏后老师问他们哪一段是描写狐狸的，哪一段是描写兔子的？孩子们很容易就辨别出来了。然后老师再问：你们是怎么听出来的呢？有的小朋友说：小兔走路是蹦蹦跳跳的，很活泼，所以轻快的音乐就是描写小兔的；狐狸很狡猾，总是偷偷摸摸的，所以低沉的音乐就是描写狐狸的。还有的小朋友说：因为小兔好，所以听来高兴的音乐就是描写小兔的；狐狸坏，所以听来难过的音乐就是描写狐狸的。孩子们回答得合情合理。

① 盛志凌．让美术教育为幼儿思维插上创造的翅膀［J］．成才之路，2014（17）：64.

五、教给学前儿童正确的思维方法

随着年龄的增长，学前儿童积累了一定的感性认识和生活经验，语言能力也达到较高水平，为思维发展提供了必要的条件和工具。然而，要利用好这些条件和工具，进行更高水平的思维，儿童还需掌握正确的思维方法。思维的基本方法包括分析法、综合法、比较法、归类法、抽象法、概括法、系统化法和具体化法以及归纳法和演绎法等。儿童一旦掌握了正确的思维方法，就如插上了思维发展的翅膀，抽象思维能力就能得到迅速的发展和提高。但思维方法的掌握并不是儿童自发实现的，它需要成人引导儿童在逻辑思维的过程中来学习，而这一过程就离不开“辨”。所谓“辨”指的是辨析，是对事物的情况、类别、事理等的辨别分析。幼儿教师和家长要让儿童在辨析中思考，使儿童逐步掌握思维的方法，提高儿童的分析、综合、比较、分类、抽象和概括的能力。例如，在认识小动物时，不是罗列一大堆动物的名字，让儿童知道动物的名称就可以了，而是引导儿童通过辨析了解动物的主要特征，并根据它们的特点进行分类、抽象和概括。在这个过程中，儿童能逐步认识动物的一些本质特征，头脑中就不是杂乱、无序的动物名称，儿童的思维能力也得到锻炼和提高。

思考与练习

1. 思维在学前儿童心理发展中有哪些作用?
2. 学前儿童思维发展的趋势是什么?
3. 学前儿童思维的基本过程和基本形式的发展有哪些特点?
4. 学前儿童理解的发展趋势是什么?
5. 如何培养学前儿童的思维能力?

推荐资源

1. 纸质资源：

凯特·纳普顿等著，高婷婷译：《让孩子痴迷的思维游戏》，中国城市出版社2013年版。

2. 视频资源：

（1）纪录片《阳光宝贝》，托马斯·巴尔姆斯导演。

（2）纪录片《零零后》，张同道导演。

第九章

学前儿童言语的发展与教育

目标指引

1. 了解言语获得相关理论的主要观点。
2. 理解言语在学前儿童心理发展中的作用。
3. 掌握学前儿童言语发生发展的一般趋势。
4. 掌握学前儿童不同言语内容的发展特点。
5. 掌握学前儿童不同言语功能的发展特点。
6. 能够运用多种策略有效促进学前儿童言语的发展。

内容结构

学前儿童言语的发展与教育

- 言语概述
  - 言语和语言
  - 言语的分类
  - 言语获得的理论
  - 言语在学前儿童心理发展中的作用
- 学前儿童言语的发展
  - 学前儿童言语的准备
  - 学前儿童言语的形成
  - 学前儿童言语的发展
- 学前儿童言语能力的培养
  - 创设良好的语言环境，提供儿童交往的机会
  - 激发儿童言语交往的兴趣，加强不同形式的语言练习
  - 把言语活动贯穿于儿童的一日活动之中
  - 成人良好的言语榜样
  - 注意个别教育

▲ 图9-1 边刷牙边念儿歌

点点今年3岁了，最近妈妈发现他经常“自言自语”。比如，点点每天刷牙时，他一边刷牙一边念儿歌：“手拿花花杯，喝口清清水，咕噜咕噜吐出水。”点点在画画、做游戏时，也常常自说自话，如“先画个太阳，再画一朵花，再画两只蝴蝶……”，“不对，这里画错了，把它擦掉……对了，好看了……”妈妈觉得很奇怪，点点到底在跟谁说话呢？妈妈也很困惑，当点点自言自语时，要不要打断他呢？

其实，这是儿童在进行“出声的思考”，是儿童的外部言语向内部言语过渡的形式。在遇到这种情况时，成人最好不要打扰儿童。学前儿童的言语发展是一个有规律、连续的过程，幼儿期是儿童言语能力发展的最佳时期。本章将详细介绍言语的基本概念、相关理论，学前儿童言语发生发展的整个过程以及成人促进儿童言语发展的主要策略。

第一节 言语概述

言语是对语言的运用，是个体借助语言传递信息的过程。儿童并非生来就具有言语能力，言语的获得是学习的结果。学习学前儿童言语的发展，首先需要了解言语的概念。

一、言语和语言

言语是个体借助语言工具进行交际的动态过程。言语过程在人们日常生活中时刻发生着。通过言语，人们可以和自己对话，进行思维活动；通过言语，人们可以与他人对话，进行人际交往；通过言语，人们可以与事物对话，更好地表述事物，建立事物与人之间的联系。

在社会生活中，人们常常混淆言语和语言，它们看似相像，其实不然。语言是人类最重要的交际工具，是社会上约定俗成的符号系统，是一种社会现象。不同的民族在生活实践中有不同的交流符号，形成了汉语、英语、俄语、德语、阿拉伯语等不同的语言。而言语是使用语言的过程，是一个动态过程，听、说、读、写就是不同形式的言语活动。言语和语言二者你中有我，我中有你，关系密切。语言是言语活动发生的前提，且又在言语活动中逐渐形成和发展，二者相互联系、不可分割。

二、言语的分类

言语活动的表现形式各不相同，言语通常分为外部言语和内部言语两类。

外部言语指用于交际的、表现于外的、能被人感知的言语。外部言语包括口头言语和书面言语。口头言语又可分为对话言语和独白言语。对话言语是一种最基本的言语形式，是指两个或以上的人直接进行交际时的言语活动，包括聊天、讨论、座谈等。独白言语是一个人独自进行的、较长而连贯的言语，包括授课、演讲、做报告等。书面言语包括朗读、默读、写作等。

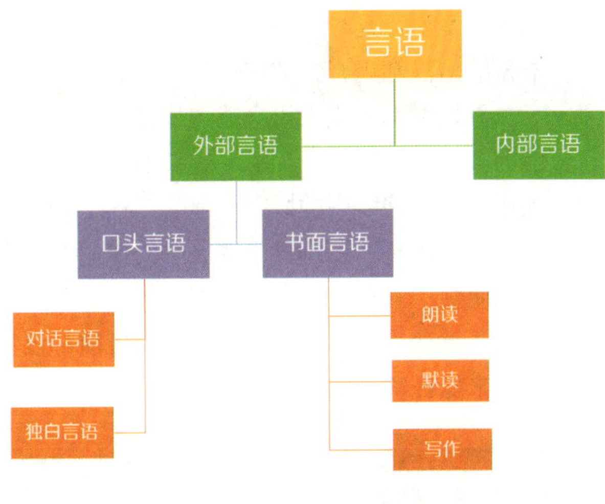

▲ 图9-2 言语的分类

内部言语是一种默默无声的非交际性言语活动，例如，人默默地思考问题，开口说话前打腹稿等。内部言语是在外部言语的基础上产生的，具有发音器官活动的隐蔽性和言语高度简略的特点。

三、言语获得的理论

儿童出生后短短的三四年中，就掌握了本民族语言的全部语音、大量词汇和语法的基本体系，并能运用这些语言知识开始言语交际活动。这个进步是很大的，甚至是惊人的。那么儿童的言语是如何获得的？梳理相关理论发现，心理学家和语言学家的众多观点基本上可以分为三种派别：先天论、环境论和相互作用论。

（一）先天论

先天论者认为，人类习得语言是生理上预先设定好的。这种主张的代表人物是乔姆斯基，他于 20 世纪 60 年代提出了先天语言能力说（又称转换生成说）。尽管在余下的 20 年内，他致力于对其理论的修正，但其关于语言习得的一般论点并没有变，即决定人类能够习得语言的基础和根本影响因素不是后天的学习和教育，而是人类具有先天遗传的语言能力。

乔姆斯基在其研究中发现，人类的各种语言，即使在时空上相去甚远，却存在着很大的相似性，即“言语的共同性”。不管哪国的儿童，学习语言都经过相同的阶段，如从单词句发展到双词句，再由简单句发展到复杂句。并且，正常的儿童学习语言都非常轻松，与成人相比，他们更容易在一定的时期内习得一种或多种语言，其习得的速度令人惊讶。因而，乔姆斯基认为，在人脑中，有一种先天语言获得装置（Language Acquisition Device，简称 LAD），它包括人类一切语言共同具有的特点，即普遍语法。

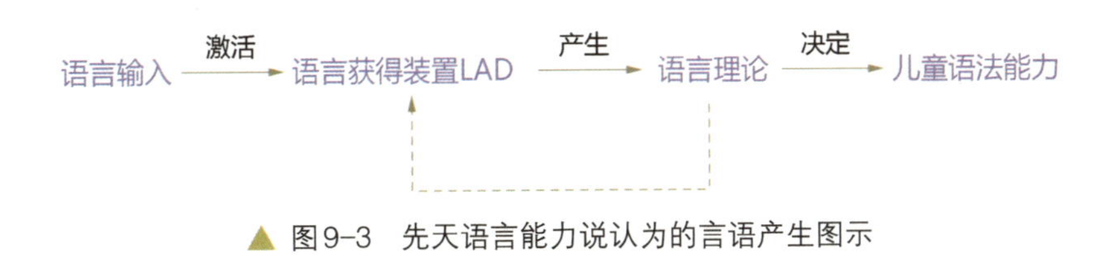

▲ 图9-3 先天语言能力说认为的言语产生图示

儿童就是运用这种普遍语法，通过自己的亲身经验，在与周围人们的交流中，逐渐学会语言的语法知识，并掌握这门语言。

乔姆斯基的先天语言能力说似乎能帮助我们解释儿童语言学习的惊人潜能。它比较能够解释在不同语言环境下成长的儿童，掌握本族语言之所以如此快速、完善，并有大致相同的发展顺序的原因。但是，这个理论过分强调言语发展的先天因素，而贬低了语言环境和教育在儿童言语发展中的作用。很多学者对大脑中是否真的有语言习得装置提出了质疑，它存在于大脑的哪个部位？儿童生来是否就有普遍语法，普遍语法又是如何帮助儿童获得语言的呢？这些疑问目前都没有办法得到解答。因为从生理解剖的研究来看，未能证实大脑中存在此装置。

拓展阅读

乔姆斯基

艾弗拉姆·诺姆·乔姆斯基博士是麻省理工学院语言学的荣誉退休教授。乔姆斯基的《生成语法》被认为是20世纪理论语言学研究上最伟大的贡献。1928年12月7日，乔姆斯基出生于美国宾夕法尼亚州的费城。1947年，在哈里斯的影响下，他开始研究语言学。从1955年秋开始，他一直在麻省理工学院工作，曾任该校语言学与哲学系主任，并任该校认知科学研究中心主任，为语言界培养了一批有素养的学者。

▲ 图9-4 乔姆斯基

（二）环境论

盛行于20世纪20至50年代的环境论强调环境和后天的学习对言语获得的决定性作用，认为言语是一种后天获得的行为习惯，是学习的结果。环境论可分为两派，一派是以美国行为主义学派的斯金纳为代表提出的强化理论，另一派是以阿尔波特为代表的模仿理论。

1. 强化理论

该理论认为，儿童的言语是通过操作条件作用获得的。儿童言语行为同其他行为一样，来自一系列的“刺激—反应”，是经强化而形成的能力。例如，当儿童在咿呀学语时，会自发地、无目的地发出各种声音，父母用赞美的目光或言语等反馈来积极强化那些像词汇一样的发音。通过这种强化的方法，儿童逐渐掌握某种语言。

案例

一段对话

孩子：一个小狗。

母亲：不，应该说“一只小狗”。

孩子：一个小狗。

（以上对话重复多次）

母亲：不，注意听，应该说“一只小狗”。

孩子：一个小狗。

可见，机械模仿说难以解释上述在生活中常见的现象。

2. 模仿理论

该理论认为儿童语言是成人语言的翻版，儿童是通过机械的模仿获得语言的，称为机械模仿说。然而，这一理论难以解释某些事实。例如，儿童常说“He goed out”（他出去了），这不可能是儿童直接模仿了成人言语，也不是随便说出的错误，而是他们在有系统、有意义地创造自己的语言体系。另外一位学者怀特赫斯特提出了选择性模仿的概念，认为儿童学习语言并非对成人语言的机械模仿，而是有选择性的。儿童只是对成人语言结构而非具体内容进行模仿，儿童可以有选择性地把语法结构应用于新的情境来表达新的内容，或者重新组织语法结构形成新的句法结构，从而产生属于自己的话语。该理论充分肯定了后天的学习对儿童言语发展的重要性，对后来的学前儿童言语发展教育产生了非常重要的影响。然而，“模仿说”不能解释清楚“人工野孩”为什么只获得词语，而不能掌握基本的语法规则的事实。

拓展阅读

“人工野孩”吉妮的悲惨世界

1958 年，当时仅 20 个月大的吉妮被认为智力迟钝，父亲克拉克·威力以保护她的名义将她单独锁在一间黑暗的房间中，强行将她与母亲和 6 岁的哥哥分开。小黑屋中有一张用渔网编成的婴儿床，旁边放着便壶，这便是吉妮能接触到的仅有的物品。在没有任何自由的 12 年的地下生活中，吉妮听到的和受到的只是父亲的辱骂和虐待。

吉妮的遭遇被曝光后，很多专家都想了解和帮助她。在儿童医院的专家们精心照料的 4 年中，吉妮的情况有了很大好转，掌握了 20 个左右的词语，然而不能掌握基本的语法规则。通过对吉妮的研究，研究者知道了语法发展需要语言刺激。当儿童被与语言隔离，错过了从出生到十三四岁的言语发展关键期后，人类个体可以掌握一定数量的词语，却不能学会语法规则，也就是说他们失去了说出整个句子的能力。

▲ 图9-5　吉妮的故事被写成书

（三）相互作用论

20世纪六七十年代以来，以瑞士心理学家皮亚杰为代表的日内瓦学派提出了认知相互作用理论，该理论认为认知结构是语言发展的基础，语言结构随着认知结构的发展而发展。儿童语言能力仅仅是大脑一般认知能力的一个方面，而认知结构发展是主体和客体相互作用的结果，因此语言能力的获得亦然。在语言能力获得的过程中，生理成熟为儿童提供了掌握语言的可能性，认知发展是语言发展的基础，而语言环境对语言发展又起到一个支持性的作用。生理、认知和环境因素三者相互作用，促进儿童语言能力的发展。我们可以看出相互作用理论很好地克服了先天论和环境论的不足，克服了它们静止、片面看待语言发展的观点，但是我们也应该看到相互作用论过分强调认知或环境是语言发展的基础，而忽略了社会性因素对儿童语言发展的作用。

拓展阅读

鲁 利 亚

苏联的鲁利亚曾经观察过一对同卵双胞胎。他们智力有点缺陷，两人总在一处，对话极其简单，常用半句话叫喊，因此言语发展很缓慢。直到5岁时，他们80%的语言还是无组织的叫喊，其他智力活动也很落后。后来，他俩分开进入幼儿园，经过训练后，言语能力进步很快。

从这个例子可以发现，与社会的相互作用、与成人进行交流能够促进儿童言语的发展。社会性因素也是影响儿童言语发展的重要因素之一。

▲ 图9-6 鲁利亚

综上所述，言语发生的过程是一个多因素相互作用、相互影响的结果。在语言习得的初期，对于成人的模仿是必不可少的。在整个获得过程中，模仿、主动性、社会交往的实践，以及强化奖励都是必不可少的因素，都发挥着作用。当然我们还要认识到语言的习得、言语的发生都离不开人们健全的发音器官等生理条件的支持。我们在面对儿童言语发展这一重要而复杂的问题时，应博采各家之长来指导儿童语言教学，促进儿童言语发展。例如：要创设一个良好的语言环境，使儿童耳濡目染，自然习得言语技巧；要树立良好的言语典范，防止儿童模仿不正确的发音、语法和语言结构；要根据儿童言语发展的规律，有目的、有计划地组织语言教学，使儿童不断提高言语技能；要耐心对待儿童独创的言语形式，不要轻易制止或机械纠正，要积极引导，从而激发儿童言语活动的主动性和创造性。

拓展阅读

黑猩猩瓦苏

黑猩猩瓦苏（雌性黑猩猩，1965年9月—2007年10月30日），是第一个学会使用人类语言（即美国手语）的非人类动物。它的出现证明了除人类以外的动物也能掌握人类的语言。但批评者则认为，瓦苏的手语是在人类的暗示之下才比画出来的，只是在机械式地重复教师的手势，而从来没有真正发展成为语言技能。

1965 年 9 月，瓦苏出生于西非，野外捕捉后被送到美国新墨西哥州的航空医学实验室。1966 年 6 月 21 日被一对博士夫妇领养到他们位于内华达大学里诺校区的家中当作聋哑儿童般交叉抚育，并学习美国手语。后来又被带到了中央华盛顿大学，直到 2007 年 10 月 30 日在中央华盛顿大学的黑猩猩与人类沟通中心去世，共活了 42 年。

▲ 图9-7 瓦苏在学语言

瓦苏不但自己学会了美国手语，还教会了三只比她年轻的黑猩猩。虽然对黑猩猩是否真正懂得人类交流方式的争辩一直存在，但有一件事是可以确定的——瓦苏改变了有关动物智能可能性的普遍观点。

四、言语在学前儿童心理发展中的作用

儿童认识世界、获得知识以及进行人际交往都要借助于语言。语言的获得使儿童的心理世界发生了重大变化，促进了儿童心理的发展。

（一）言语使儿童的认知过程发生质变

由于获得了语言这一工具，儿童可以借助词汇、语句对所要认识的事物和世界的特征进行进一步的概括和深入的认识，充分认识事物的本质，提升思维的水平。例如，儿童吃过梅子便知道梅子是酸的，后听说“山楂很酸”，儿童可以不用直接尝山楂便知其味酸。

▲ 图9-8 儿童在合作活动中谈论活动方式

（二）言语可以促进儿童的社会化进程

言语交流过程也是人际交往的过程，语言的使用使得人与人之间的交往更加深入和便利，言语促进了儿童社会化的进程。儿童 4 岁以后，相互之间的交谈大为增加。他们会在合作活动中谈论共同的意愿、活动方式，并在讨论中学会商量共事。5 岁以后，在儿童的争吵中，已经开始出现用语言辩论的形式，而不再是单纯靠行动来表示了。

（三）言语促进儿童自我意识的产生和个性的萌芽

儿童自我意识产生的标志是能够准确使用人称代词“我”。儿童在产生自我意识后能够借助语言清楚地表达自我，与他人沟通，自觉地运用语言来指

导、调整自己的心理和行为，使自己的心理和行为表现出一种比较稳定的、具有个人风格的倾向，即逐渐形成自己的个性。

第二节 学前儿童言语的发展

言语活动是双向的过程，既包括对他人言语信息的接受和理解，也包括个人发出和表达的言语信息。通俗地说，言语活动是由听和说共同构成的。但在儿童言语发生发展的过程中，这两个过程并不完全同步。一般来说，接受性言语（感知、理解）先于表达性言语出现。

人们常把儿童说出第一批真正能被理解的词的时间（1 岁左右）作为言语发生的标志，并以此为界，将言语活动的发生发展过程划分为言语准备期（0—1 岁）和言语发展期（1 岁以后）两大阶段。而言语发展期又可细分为言语形成期（1—3 岁）和发展期（3 岁以后）。在这一节里，我们讨论学前儿童言语的准备、形成和发展的过程。

一、学前儿童言语的准备

学前儿童言语的准备包括两方面内容：一是发音（说出词句）的准备；二是语音理解的准备。

（一）发音的准备

儿童发音的准备大致分为三个阶段，即简单发音阶段、连续发音阶段和学话萌芽阶段。

1. 简单发音阶段（1—3 个月）

哭是儿童最早的发音方式。在新生儿的哭声中，特别是哭声稍停的时候，可以听出 ei、ou 的声音。2 个月以后，婴儿不哭时也开始发音。当成人引逗他时，发音现象更明显。但是婴儿在这个阶段的发音不需要较多的唇舌运动，只要一张口，气流自口腔冲出，音也就发出了。这与儿童发音器官不完善有关。这阶段的发音是一种本能行为，天生聋哑的儿童也能发出这些声音。

2. 连续发音阶段（4—8 个月）

在这一阶段，当儿童吃饱、睡醒、感到舒适时，常常自动发音。如果有人逗他们，或者他们感到高兴时，发音更频繁。这个阶段的声音不具有任何符号意义。这个阶段发音的有些音节与语音相似，例如 ma—ma，成人常常认为这是儿童在呼喊自己。如果成人将这些音节与具体事物相联系，那么就可以使儿童形成条件反射，使这些音节具有意义。

3. 学话萌芽阶段（9—12 个月）

在这一阶段，儿童所发的连续音节不只是同一音节的重复，而且明显地增加了不同音节的连续发音，音调也开始多样化。同时，儿童开始模仿成人的语音，如：le—le

(乐乐)、mao—mao(帽帽)等，这标志着儿童学话的萌芽。

在成人的教育下，儿童渐渐地能够把一定的语音和某个具体事物联系起来，用一定的声音表示一定的意思。虽然此时他们能够发出的词音只有很少几个，但毕竟能开口说话了。

(二)语音理解的准备

1. 语音知觉能力的准备

语音知觉指的是儿童对语言中语音的辨别。一般来讲，儿童先能够辨别出语音的差别，之后才能够发出正确的语音。研究表明，儿童对语音非常敏感，出生不到10天的婴儿就能够区分语音和其他声音。几个月大的婴儿还具有了语音范畴知觉能力，即能分辨两个语音范畴之间的差别(如：b和p)，但对同一范畴之内的变异予以忽略。语音范畴知觉在言语理解过程中具有重要意义，即不能分辨不同的语音(两个范畴之间的差异)就无法理解词义，但如果不能忽略同一语音范畴内的各种变异(如：说话者个人发音的差异等)，语音便不再具有稳定性，成了因人而异的不可理解的东西。只有听准音才可能听懂义，语音知觉的发展为语言理解提供必要的前提。①

2. 语词理解的准备

儿童对语言(如语词)的理解，先于其语言的表达。换言之，儿童是先听懂，然后再说话的。有研究表明，8—9个月的儿童已经能听懂成人的一些言语，表现为能对成人的言语做出相应的反应。但这时，引起儿童反应的主要是语调和整个情境(如：说话人的动作和表情等)，而不是词的意义。如果成人同样发这种词音，但改变语调和言语情境，儿童就不再反应。相反，语调不变而改变词汇，反应还可能发生。一般要到儿童11个月大左右，语词才逐渐从复合情境中分离出来，真正作为独立信号来引起他们相应的反应。直到此时，儿童才算是真正理解了这个词的意义。

儿童言语发生的情况和语言环境有直接的关系。在儿童尚不理解语言的时候，若不给予语言上的刺激，儿童的言语发展就会进步得很慢。反之，如果能多和他们说话，使儿童每次感知某事物时都能听见成人说出关于这个事物的词，那么，儿童头脑中就会形成事物与词的联系，词便成了该事物的符号，这样儿童的言语就会迅速发展起来。

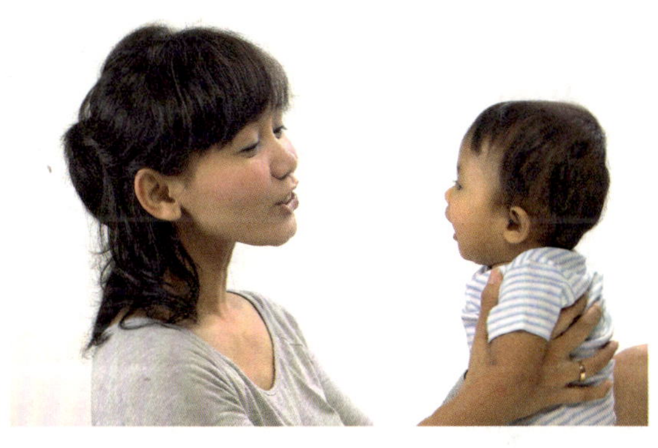

▲ 图9-9　母亲教孩子说“妈妈”

① 陈帼眉，冯晓霞，庞丽娟．学前儿童发展心理学［M］．北京：北京师范大学出版社，2013：183—185.

二、学前儿童言语的形成

一般情况下，儿童在 1 岁左右开始进入正式学习语言的阶段。在短短二三年时间里，儿童便初步掌握了本族的基本语言，所以，先幼儿期是儿童言语真正形成的时期。儿童言语发展的基本规律是：先听懂，后听说。1—1.5 岁，儿童理解言语的能力发展很快，能开始主动说出一些词。2 岁以后，儿童言语表达能力迅速发展，能逐渐用较完整的句子表达自己的思想。在先幼儿期，儿童口语的发展可分为以下两个阶段。

（一）不完整句阶段（1—2 岁）

1. 单词句阶段（1—1.5 岁）

此阶段儿童言语的发展主要反映在言语理解方面。同时，他们开始主动说出有一定意义的词。这一阶段儿童说出的词有以下特点：

（1）单音重叠。这一阶段的儿童喜欢说重叠的字音，如：饭饭、衣衣、拿拿等，还喜欢用象声词代表物体的名称，如把汽车叫作“滴滴”，把小狗叫作“汪汪”。之所以会出现这一特点，是因为儿童的大脑发育尚不成熟，发音器官还缺乏锻炼。重复前一个同一音节、同一声调的发音，不用费力，容易发出。如果发出不同的二三个音节，发音器官的部位（如：舌、唇等）就要变化动作，这对于 1 岁多的儿童来说，还是比较困难的事情。

▲ 图9-10　婴儿无法精确理解词义

（2）一词多义。由于对词的理解还不精确，此阶段儿童说出的词往往代表多种意义，故称为一词多义。例如，当儿童见到狗时叫“汪汪”，当见到带毛的东西（如：毛手套、毛领子等生活用品）时，也都叫“汪汪”。

（3）以词代句。这一阶段的儿童经常以一个词代替句子。在这种情况下，我们通常需要借助具体情境来理解句子的含义。例如，儿童说“拿”这个词时，有时代表他要拿奶瓶，有时代表他要拿玩具，还有时代表他要拿别的儿童手里的食物。在这一阶段，成人可以引导儿童学说句子。比如，儿童说“球球”时，成人可以启发他说“这是皮球，宝宝要皮球”。如果具有良好的教育与训练，到 1 岁半时，有不少儿童可以说出一些简短的双词句，如：脱衣衣、穿鞋鞋、吃饭饭等。

2. 双词句阶段（1.5—2 岁）

1.5 岁以后，儿童说话的积极性高涨起来。在很短的时间内，他们会从不爱说话变得很爱说话。另外，儿童说出的词大量增加，2 岁时可达 200 多个。这一阶段儿童言语的发展主要表现在开始说由两个词或三个词组合在一起的句子，例如：“妈妈，抱”（妈妈，抱抱我）；“妈妈，糖，没有”（妈妈，糖没有了）等。这种句子的表意功能虽较单词句明确，但其表现形式是断续的、简略的、结构不完整的，好像成人的电报式文件，故也被称为电报句或电报式言语。

案例

有趣的电报式言语

1岁8个月的晨晨能说的话越来越多。但是晨晨说话特别有意思，常常是简短、断续、不完整的，只是把实词罗列出来。比如，将“妈妈我要吃”讲成“妈妈吃”，将“妈妈在吃饭”讲成“妈妈饭饭”，把“爸爸上班”说成“爸爸班”。而且说的时候顺序常常颠倒，如将“没有两个耳朵”说成“两个耳朵没有”，把“宝宝吃糖”表达为“糖宝宝吃”等。

此时，家长应示范正确的表述方式，引导儿童学着说，但不要强迫儿童。

（二）完整句阶段（2—3岁）

2岁以后，儿童开始学习运用合乎语法规则的完整句来更为准确地表达思想。许多研究表明，2—3岁是人生初学说话的关键时期，如果有良好的语言环境，那么这一时期将成为儿童言语发展最迅速的时期。在这一时期，儿童语言的发展主要表现在两个方面：

1. 能说完整的简单句，并出现复合句

这一年龄的儿童渐渐能够用简单句来表达自己的意思，并开始会说一些复合句，是儿童终止婴儿语的时期。2岁半以后，儿童很少再说“妈妈吃饭饭”之类的婴儿语，说出的句子较长，且日趋完整、复杂，由各种词类构成。

在用语言所表达的内容方面，也发生了质的变化。以前，儿童只能以眼前的事物为话题，因为他们还不具备谈过去、将来的能力。从2岁开始，他们能把过去的经验表达出来。比如，一个2岁的儿童对妈妈说：“强强的手指流血了，朵朵哭了。”原来，朵朵在游戏时不小心扎破了强强的手指，看见强强流血，朵朵被吓哭了。事情过去一两个星期了，儿童还时时提起此事。

2. 词汇量迅速增加

2—3岁儿童的词汇量增长非常迅速，几乎每天都能掌握新词，而且他们学习新词的积极性非常高。经常指着某种物体问这是什么、那是什么？当成人把物体的名称告诉他们时，他们便学了一个新词。如果进一步扩展，即成人不但教新词，而且说明该词与某事、某物、某种经验的联系，那就不仅教会儿童一个新词，而是使他们学到更多的东西。到3岁时，儿童已经能掌握1 000个左右的词。至此，儿童的言语基本形成。

▲ 图9-11 认识果蔬，掌握词汇

三、学前儿童言语的发展

学前儿童言语的发展包括言语内容的发展和言语功能的发展。学前儿童言语内容的发展表现在语音、词汇和语法三个方面的发展上。

（一）学前儿童言语内容的发展

1. 语音的发展

随着发音器官的成熟、言语知觉（言语听觉、言语动觉）的精确化，儿童的发音能力迅速发展，特别是3—4岁期间发展最为迅速。一般认为，大概在4岁时，儿童能够基本掌握本民族语言的全部语音，甚至可以掌握任何民族语言的语音。但在实际说话时，儿童对于有些语音往往不能正确发出。根据我国心理学工作者的研究，我国3—6岁儿童语音的发展有以下特点：

（1）儿童发音的正确率随着年龄的增长逐步提高。儿童正确发音的能力是随着发音器官的成熟和大脑皮层对发音器官调节机能的发展而提高的。3岁左右的儿童，由于其生理的不成熟和相关经验的缺乏，在发音上还会经常出现一些问题。例如，3岁的果果就经常把“辛辛苦苦”说成是“辛辛苦（tu）苦（tu）”，把“瓜”字的“g”音发成“d”音。另外，平舌音和翘舌音的混淆也是儿童常见的发音错误，如把“知（zhi）”读成“知（zi）”。

（2）3—4岁是语音发展的飞跃期。儿童的发音水平在3—4岁时进步最为明显。在正确的教育条件下，他们几乎可以学会世界各民族语言的任何发音。此后发音就趋于稳定，在学习其他方言或外国语时，常会受到方言的影响而产生发音困难。

（3）儿童对韵母的发音较易掌握，正确率高于声母。在儿童的发音中，韵母正确率较高，只有“o”音和“e”音容易混淆，原因是发音部位相同。儿童对声母的发音正确率较低，这是因为他们还没有掌握某些发音方法，不会运用某些发音器官。“g”和“n”以及舌面音、翘舌音和齿音的发音率低，4岁以后发音正确率有显著提高。

（4）儿童语音的正确率与所处社会环境有关。虽然发音器官的成熟度决定了儿童的发音水平，但社会环境也严重影响着儿童发音的准确性。例如，我国南方很多地区的人们对于“n”和“l”等音节的发音存在困难，常常把“牛（niú）奶（nǎi）”读成“牛（liú）奶（lǎi）”。

拓展阅读

孩子发音不清楚，是舌头“短”吗

孩子发音不清楚、不准确，不少人认为这是“舌头短”造成的。还有人调侃，南方人不分前鼻音和后鼻音且不会卷舌头说话，就是因为舌头短。真是这样吗？

其实舌头短主要是指舌系带短，真正舌系带非常短的人不多，而因为舌系带影响到发音的情况也很少。因此，发音不清更可能是语言环境或社会环境导致的，成人应创造一切机会让孩子从小就多看、多听、多说、多练。

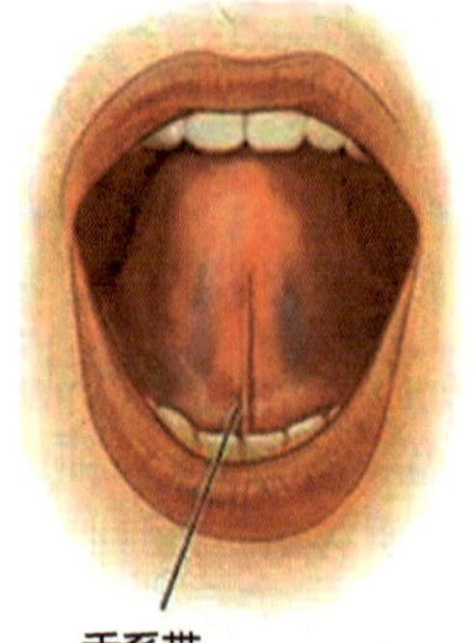

▲ 图9-12 舌系带示意图

（5）语音意识的出现。语音意识是指个体对口语中比音节更小的声音段（音素、音韵、韵脚）的反应和控制能力。在 4 岁左右，儿童的语音意识开始明显发展，儿童把语言活动作为自觉的活动，并能自觉地、有意识地对待语音。这表现在：他们对别人的发音很感兴趣，喜欢纠正、评价别人的发音；也表现在对自己的发音很注意，积极努力地练习不会发的音，学会后十分高兴；如果别人指责他发错了音，他就感到生气；对难发的语音常常故意回避或歪曲发音，甚至为自己寻找理由。这些都说明他们已有正确发音的听觉表象，并实际掌握了发音标准，能自觉主动地学习语音。

案例

不标准的发音

幼儿园新来了一位实习的张老师，她在实习过程中要进行一次试讲。试讲前，张老师进行了充分的准备，信心满满。可是一次集体教学活动讲下来，张老师产生了很强的挫败感。原来是因为张老师来自湖南，普通话有些口音，如把“狐狸”读成了“福力”，把“朋友”读成了“甭呦”，结果整个活动中，小朋友都笑个不停，而且一直在纠正她的发音。当张老师再次无意中说错的时候，小朋友就显得更加执着，甚至还有些不耐烦。

案例说明了这个班的儿童已经掌握了正确的发音标准，出现了语音意识。

2. 词汇的发展

各种语言都是由词以一定的方式组成的，因此词汇的发展是语言发展的重要标志，词的多少直接影响到儿童言语表达能力的发展。词汇量也是智力发展的重要标志之一，儿童智力水平高，其词汇量一般也较多。我们将从以下几个方面来讲述儿童词汇的发展情况：

（1）词汇数量逐渐增加。3—6 岁是人的一生中词汇量增加最快的时期。3—6 岁儿童的词汇量是以逐年大幅度增长的趋势发展的，词汇的增长率则呈逐年递减趋势。有关儿童词汇的研究表明，3 岁儿童能掌握 1 000 个左右的词汇，到了 6 岁时，他们的词汇量增长到 3 500 多个。

（2）词汇范围不断扩大。词从语法上来说，可以分为实词和虚词两大类。实词是指意义比较具体的词，包括名词、动词、形容词、代词、副词等。虚词是指意义比较抽象的词，一般不能单独作为句子成分，包括介词、连词、助词、叹词等。

已有研究显示，儿童掌握的词汇类别由少到多，体现了一定的顺序性。一般而言，实词和虚词相比，儿童先掌握的是实词。当然这个顺序只是从儿童掌握的词汇类别的总体上来分析，并不是绝对的顺序。比如，有很多儿童在掌握一定的实词基础上，受到日常生活的影响，很早就学会了一些常用的感叹词，如：哇、啊等。在对实词的掌握方面，儿童掌握的顺序是“名词—动词—形容词”，对其他实词（如：副词、代词）掌握较晚。在各类词中，儿童使用频率最高的是代词，其次是动词和名词。

（3）词汇内容不断丰富。随着年龄的增长，儿童掌握同一类词的内容也在不断扩大。儿童先掌握的是与日常生活直接相关的词，再过渡到掌握与日常生活距离稍远的词。另外，词的抽象性和概括性也进一步提高。以名词的发展为例，儿童使用频率最高的和掌握最多的名词，都是与他们的日常生活密切联系的词汇，如：日常生活用品类词汇、日常生活环境类词汇、人称类词汇和动物类词汇等。而诸如政治、军事、社交、个性等远离他们日常生活的抽象词汇，则是随着他们年龄的增长才逐渐开始发展的。

（4）对词义的理解逐渐加深。儿童的词汇可以分为积极词汇和消极词汇。儿童能正确理解又能正确使用的词叫作积极词汇。有时儿童能说出一些词，但并不理解，或是理解了，却不能正确使用，诸如这样的词叫作消极词汇。

案例

双胞胎

4岁的童童和爸爸妈妈一起外出吃饭，遇见了爸爸的同事，爸爸给童童介绍道："这位叔叔以前和爸爸是同一所学校同一个班的，现在又是同一个单位，在一个部门工作。"童童听完，特别认真地说道："哦，我知道啦，原来你们是双胞胎。"

童童所说的"双胞胎"一词就属于消极词汇，童童并没有确切地理解双胞胎的定义。在童童的理解中，双胞胎就是两个人在各方面都是相同的。

在3—6岁阶段，随着儿童生活经验的丰富和思维的发展，其对词义的理解趋向丰富化和深刻化，即积极词汇增多。成人在教育上应注重对儿童积极词汇的培养，促进消极词汇向积极词汇转化，不要仅仅满足于儿童会说多少词，而是看儿童是否能正确理解和使用这些词。成人需要根据儿童对于词义理解的发展趋势来促进这一转化，即儿童先理解的是意义比较具体的词，然后才是意义比较抽象的词；先理解的是词的具体意义，然后是比较深刻的意义，如词义的隐喻和转义。

3. 语法的发展

词汇是语言的建筑材料，语法是使用规则。人要用语言进行交际，还必须把词联结成句子，即按语法造句。我国学者的研究发现，儿童语法结构的发展是一个从简单到复杂的过程，大致有以下的发展趋势：

（1）从不完整句到完整句。儿童最初说出的句子结构是不完整的，多是单词句和电报句，如：爸爸班、妈妈走等。2岁以后逐渐出现比较完整的句子。到6岁左右，儿童基本能使用完整句，缺漏句子成分的现象逐渐减少，次序排列越来越恰当，句子成分之间的制约关系加强了，儿童的言语越来越能准确地反映他们的思想。

（2）从简单句到复合句。这是一个逐步分化和发展的过程，儿童从最初出现的主谓不分的单词句发展到双词句，而后又发展到简单句，最后出现结构完整、层次分明的复合句。

在2岁儿童说出的句子中，简单句占96.5%。到幼儿中期，简单句仍占多数，但是随着年龄的增加，简单句所占比例在逐渐减少，复合句逐渐发展。4岁以后，还出现了各种从属复合句，儿童能运用恰当的关联词构成复合句，以反映各种关系，比如会用“如果……就”、“只有……才”、“因为……所以”等关联词来造句。

（3）从陈述句到多种形式的句子。在整个幼儿期，简单的陈述句仍然是最基本的句型，占有比例较大。其他形式的句子，如：疑问句、祈使句、感叹句等，也发展起来了。其中，疑问句产生得较早。

在儿童的言语实践中，还可看到他们由于受简单陈述句的影响，往往对一些复杂的句子形式不能理解而发生误解。比如，儿童对双重否定句很难正确理解，可能会把“没有一个娃娃不是站着的”误解为“没有娃娃站着”，或者根本不理解。

（二）学前儿童言语功能的发展

学前儿童言语功能的发展包括言语表达能力的发展、内部言语的发展和书面言语的发展。

1. 言语表达能力的发展

在儿童的言语发展过程中，除了掌握语音、词汇及语法外，如何运用语言进行交际是儿童言语发展的重要方面，这种能力被称为言语表达能力。言语表达能力是现代人必须具备的重要能力之一。儿童言语表达能力的发展主要表现在以下几个方面：

（1）对话言语的发展和独白言语的出现。口头言语可分为对话言语和独白言语两种形式。对话是两个人之间相互交谈，独白是一个人独自向听者讲述。3岁以前，儿童大多是在成人的陪伴下进行活动的，他们的交际多采用对话形式，往往只是回答成人提出的问题，有时也向成人提出一些问题和要求。到了幼儿期，随着独立性的发展，儿童常常离开成人进行各种活动，从而获得了一些自己的经验、体会和印象。在与成人或同伴的交往中，他们需要独立向别人表达自己的各种体验或印象，这就促进了独白言语的产生和发展。当然，在幼儿前期，儿童独白言语的发展水平还是很低的。3—4岁的儿童虽然已能主动讲述自己生活中的事情，但由于词汇贫乏，表达显得很不流畅，常有一些多余的口头语。4—5岁的儿童能独立地讲故事或各种事情。在良好的教育条件下，5—6岁的儿童能够大胆而自然地、生动而有感情地进行讲述。

（2）情境性言语的发展和连贯性言语的产生。情境性言语是指儿童在独自叙述时不连贯、不完整并伴有各种手势、表情，听者需结合当时的情境，审察手势和表情，边听边猜才能懂得意义的言语。这种言语是儿童言语从不连贯向连贯发展的一种言语形式。连贯性言语则指句子完整、前后连贯，能反映完整而详细的思想内容，使听者从语言本身就能理解讲述的意思的言语。

一般而言，3岁前儿童的言语多为情境性言语。3—4岁的儿童，甚至5岁的儿童，其言语仍带有情境性。例如，一个3岁的儿童向别人讲自己昨天晚上做的事情时说：“看到解放军了，在电影上，打仗，太勇敢了。妈妈带我去的，还有爸爸。”他说话断断续续的，并辅以各种手势和面部表情，对自己所讲的事，丝毫不作解释，似乎认为对方已完全了解他所讲的一切。随着年龄增长，儿童连贯性言语逐渐得到发展。到6—7岁，儿童开始能把整个思想内容前后一贯地表述出来，能用完整的句子说明上下文的逻辑关系。连贯性言语的发展使儿童能独立、完整地表达自己的思想。

（3）语言的逻辑性逐渐提高。3 岁以后的儿童，其语言逐渐具有条理，主要表现为讲述的内容与主题紧密相关，并且层次逐渐清晰。年龄较小的儿童讲述常常是现象的堆积和罗列，主题不清楚、不突出。随着儿童的成长，其口头表达的逻辑性有所提高。

儿童语言的逻辑性反映了思维的逻辑性。研究表明，对儿童来说，单纯积累词汇是不够的，儿童语言的逻辑性的发展需要专门培养。

（4）逐渐掌握语言表达技巧。儿童不仅可以学会完整、连贯、清晰而有逻辑地表述，而且能根据需要，恰当地运用声音的高低、强弱、大小、快慢和停顿等语气和声调的变化，使之更生动，更具感染力。当然，这需要专门的教育。有表情地朗读、讲故事以及戏剧表演都是培养儿童言语表达技能的好形式。特别要提醒的是，儿童最初不会小声说话，常常分不清大声说话和喊叫之间的区别。在回答问题或唱歌时，他们常常用很大的力量喊叫。当然，也有儿童因为胆小而声音很小。成人要教会儿童言语表达的技巧，使儿童逐渐学会用大家都能听得见的正常的语音语调说话。

▲ 图9-13　通过戏剧表演培养儿童的语言表达技能

拓展阅读

口吃的原因和矫治①

在儿童言语表达能力的发展中，大约有 5% 的儿童会产生一种言语障碍——口吃，表现为说话中不正确的停顿和单音重复，这是一种言语的节律性障碍。儿童的口吃，部分是生理原因，更多的是心理原因所致。学前儿童的口吃现象常常出现在 2—4 岁，约 80% 的口吃儿童自发地或通过言语治疗恢复了言语流畅性。

口吃形成的心理原因之一是说话时过于急躁、激动、紧张；另一种原因可能是模仿。儿童的好奇心和爱模仿的心理特点使他们觉得口吃好玩并加以模仿，不自觉地形成习惯。在幼儿园，口吃常有很大的传染性。据统计，参加口吃矫治的人，有近 2/3 的人有幼年模仿口吃的经历。

解除紧张、恢复自信是矫正口吃的重要方法。对儿童讲话时，成人要放慢速度，每个字说清楚，同时也要求儿童讲得慢，不要着急。成人不要对儿童的口吃现象加以斥责或过急要求改正，甚至恐吓、打骂，这样只会加剧其紧张情绪，使口吃现象恶性循环。当儿童有一点改进时，成人要多表扬、多鼓励，增强他们说话的信心。

① 刘旭刚，徐杏元，林岚，彭聃龄 . 口吃的诊断与矫治［J］. 中国特殊教育，2005，5：41—46.

2. 内部言语的发展

内部言语是在外部言语的基础上形成的，是言语的高级形式，它不是用来和人交际的言语，而是自己思考问题时所使用的一种言语形式，具有调节自身心理活动的功能。它的发音隐蔽，而且比外部言语更概括和压缩。

幼儿前期没有内部言语，儿童在 4 岁左右，内部言语才产生。幼儿时期的内部言语在发展过程中，常出现一种介乎外部言语和内部言语的过渡形式，即出声的自言自语。这种自言自语有两种形式，一种是游戏言语，另一种是问题言语。

（1）游戏言语。游戏言语是一种在游戏、绘画活动中出现的言语，特点是一边做动作一边说话，用言语补充和丰富自己的行动。这种言语通常比较完整、详细，有丰富的情感和表现力。例如，儿童一边搭积木——长江大桥，一边发出声音“这里面可以走人，桥洞里可以过船……”

（2）问题言语。问题言语是在活动进行中碰到困难或问题时产生的自言自语，常用来表示对问题的困惑、怀疑、惊奇及解决问题所采用的办法。这种言语一般比较简单、零碎，由一些压缩的词句组成。例如，在拼图过程中，儿童自言自语说：“把这个放哪里呢……不对，应该这样……这是什么……就应当把它放在这里……”一般来说，4—5 岁儿童的问题言语最丰富，6—7 岁儿童已能默默地用内部言语进行思考，但在遇到较难任务时，问题言语又活跃起来。

▲ 图9-14　儿童在遇到问题时自言自语

对于幼儿期的儿童，其自言自语在口头言语中占有很大的比例。但随着年龄的增长，内部言语逐渐在自言自语的基础上形成。原来由自言自语所担负的自我调节功能，也逐渐由内部言语来实现。

3. 书面言语的发展

书面言语是指以字和义结合而成，以写和读为传播方式的言语。幼儿期书面言语的学习涉及的主要是识字和早期阅读。

说起识字和阅读，《指南》中明确指出：“幼儿的语言学习需要相应的社会经验支持……应在生活情境和阅读活动中引导幼儿自然而然地产生对文字的兴趣，用机械记忆和强化训练的方式让幼儿过早识字不符合其学习特点和接受能力。”

（1）儿童识字。从儿童对文字的认知方式来看，儿童最初是把字符当作图画来辨认的，尤其是一些较为复杂的字。在初期，儿童经常会因为观察能力有限，不能很准确地把握字的组成，而出现混淆相似字的现象。例如，儿童虽然能通过上下文来认识水和木这两个字，但当把它们单独放在一起后，却分辨不清。另外，儿童常常会把两个经常组成一个词的字混淆，如将“体”读成“身”。因此，儿童在幼儿期能够认识一些简单的常用字即可。成人需要注意的是，在帮助儿童识字时，字要大些，与语音同时出现，并有具体形象作为辨认支柱。对于一些字形比较简单、多次重复，且与儿童情绪、兴趣相联系的字，儿童更容易辨认。

（2）早期阅读。早期阅读是指儿童从口头言语向书面言语过渡的前期阅读准备和前期书写准备，它包含0—6岁的儿童运用视觉、听觉、触觉、口语，甚至还有身体动作等综合手段来理解对色彩、图像、声音、文字等多种符号的所有活动。

儿童早期阅读的材料主要是绘本。阅读时，儿童更加关注的是画面内容，而后才是关注故事、文字等。儿童无论是在自主阅读还是在与成人的共读中都可以了解画面，了解画面中的符号所代表的意义，思考、讨论故事情节，发展早期阅读能力、言语表达能力。当然，除绘本外，一些简单的儿歌、童谣、韵律诗、绕口令等也是儿童感兴趣的阅读材料。通过这些材料进行的语言学习，既可以帮助儿童习得词汇，又可以让他们感受音韵，引发他们对阅读的兴趣。

成人需要注意的是，识字和早期阅读的开展要基于儿童的发展水平。因儿童手部肌肉正在发展过程中，要避免过早让儿童写字。在学前阶段的中后期，为了更好地进行幼小衔接，可以尝试锻炼儿童学会如何正确拿笔，开始尝试简单的书写。

(a) 绘本区 1

(b) 绘本区 2

▲ 图9-15　幼儿园阅读区的阅读材料

第三节　学前儿童言语能力的培养

语言是人类重要的交际工具。人与人之间的交往、沟通往往需要语言作为中介。幼儿期是言语发展的关键期，幼儿阶段在言语发展方面的成就是巨大的。儿童的言语是在实际的言语交际过程中发展起来的，重视儿童言语的训练和培养，运用多样化的策略，为儿童创设想说、敢说、喜欢说、有机会说，并能得到积极应答的环境，对于培养儿童学习语言的兴趣，发展儿童言语能力是十分重要的。我们可以从以下几个方面来培养学前儿童的言语能力。

一、创设良好的语言环境，提供儿童交往的机会

《幼儿园教育指导纲要（试行）》明确要求，我们需要“创造一个自由、宽松的语言交往环境，支持、鼓励、吸引幼儿与教师、同伴或其他人交谈，体验语言交流的乐趣”。换句话说，发展儿童言语的关键是要为儿童创设一个儿童想说、有机会说并能得到积极应答的良好的语言环境。生活是语言的源泉，而良好的语言环境离不开儿童丰富的生活内容。成人应有意识地积极引导儿童接触生活、观察生活、体验生活，并在生活中捕捉形象、积累经验。儿童通过观察各种事物，在扩大眼界、增长知识和丰富说话内容的基础上，提高言语表达能力。成人可以有意识地引导儿童观察千姿百态的自然景象、市场上琳琅满目的商品和人们各种不同类型的穿着打扮，让他们注意商品的颜色、形状、大小，人的高矮、胖瘦、动作和姿态等。观察时或观察后，成人可以很自然地、轻松愉快地跟儿童交谈，鼓励儿童用语言描述自己所看到的，表达自己的想法。长此以往，不仅能够满足这一年龄阶段儿童好奇、好问、好思考、好想象的需求，而且对于加深认识、提高言语表达能力将起到积极的推动作用。

▲ 图9-16　为儿童创造自由玩耍的机会

同时，成人要为他们提供更多的交往机会，鼓励儿童和成人、同伴进行交往，在交往中发展自身的言语表达能力。成人在照料儿童的过程中，应尽可能和儿童进行语言交流，善于倾听他们说话，不要嘲笑他们，多给他们说话的机会。另外，成人要多创造机会让儿童在一起自由自在地玩耍，在玩的过程中，他们之间就有了言语交往；多设计一些语言游戏让儿童在游戏过程中进行言语交往。

案例

“安静”的宁宁①

詹女士的儿子宁宁已经上了幼儿园中班，老师反映他从来不主动和小朋友交流，很少听见他说话。班上活动时，老师有意让他回答问题，但他不能像其他小朋友那样很快说出完整的语句，而是非常小声、一字一字慢慢地往外吐，有时半天也只有一个单词或

① 张丽敏．语言敏感期——打好孩子全面发展的基础［J］．家庭教育，2009，6：28—29.

者干脆不回答。回到家，左邻右舍的孩子小嘴甜甜地说这说那，宁宁却总是说不上话。经过医生检查，宁宁的听力和神经系统都正常，但是词汇量却严重缺乏，已经属于严重的语言发育迟缓。

原来宁宁从小就和爷爷奶奶一起住，在祖辈的过度保护和溺爱下，4岁之前的宁宁想要什么东西只需手一指就能得到，可谓“一指百应”，很少有语言交流的机会。家长的这种百般呵护反而剥夺了宁宁宝贵的语言发展机会！

二、激发儿童言语交往的兴趣，加强不同形式的语言练习

成人可以选择儿童感兴趣的内容引发话题，应在随意、自然、无拘无束的气氛中激发儿童说话的兴趣，采用多种形式调动儿童说话的积极性，鼓励他们尽情地表达，大胆地说话，使其感受到与人交流的乐趣。例如，成人可以以大朋友、大伙伴的身份平等介入，成为他们的热心听众，经常给予微笑、赞赏，适时地给予回应和指导，并注意与儿童的互动，使他们在运用语言的过程中，学会倾听、主动表达、乐意交谈，增强儿童说的能力和信心。

另外，成人可以设计一系列有意义、参与性强、让儿童有成就感的活动来为他们言语的发展提供机会，如：儿童播报活动，角色游戏，儿歌、童谣、绕口令等的诵读，绘本阅读等。

（1）儿童播报活动。成人可以在每天的固定时间安排儿童播报活动。当然播报活动要考虑不同年龄阶段儿童言语的发展水平，设置不同难度的播报主题和播报形式。比如：大班可以开展新闻播报，鼓励儿童以自己的视角分析与其生活、经验相关的事件；中班可以开展讲述性语言活动，如讲故事、讲述自己的生活经历等；小班可以开展1分钟讲话活动，鼓励他们大胆开口说话，锻炼其语言组织能力。

（2）角色游戏。在角色游戏中，出于对各种角色之间联系的需要，儿童相互间自然地要进行对话，从一开始角色间的相互问好、结伴游戏，到逐步商讨解决游戏中遇到的问题，评价游戏时用连贯的语言恰当地评价自己和别人的游戏情况。成人还可以以角色身份加入儿童的游戏中，丰富儿童的语言，拓展游戏内容，让儿童积累更多的语言经验，从而促进其言语能力的发展。

（3）儿歌、童谣、绕口令等的诵读。儿歌、童谣、绕口令等都是深受儿童喜欢的、富有韵律的文学作品，因此，成人应多利用这类作品组织语言教学，多让儿童读一些朗朗上口且有韵律趣味的内容。成人要把握这些内容的重点，教会儿童逐渐从朗读的过程中去理解句子，掌握优美句子的表达。

（4）绘本阅读。成人要经常和儿童一起阅读，引导他们以自己的经验为基础理解图书的内容。成人要引导儿童仔细观察画面，结合画面讨论故事内容，学习建立画面与故事内容的联系。成人和儿童一起讨论或回忆书中的故事情节，引导他们有条理地说出故事的大致内容。成人要鼓励儿童自主阅读，并与他人讨论自己阅读中的发现、体会和想法。

▲ 图9-17 幼儿园的阅读活动

三、把言语活动贯穿于儿童的一日活动之中

幼儿园专门的言语活动时间是有限的，成人还应在日常生活中培养儿童的言语能力。在一日生活中，儿童通过随时的观察、交谈等方式来获得大量的感性认识，并同时复习、巩固和运用在专门的语言活动中所学过的词汇和句式，学会用清楚、正确、完整、连贯的语言描述周围的事物，表达自己的情感和愿望。

例如，幼儿园区域活动是一日生活中培养儿童言语能力的好机会。区域活动的形式改变了单调的集体上课形式，为儿童提供了自主选择的空间和自由说话的机会。在阅读区，成人为儿童投放各类图书，让儿童边看边说，或是投放活动玩具，让儿童边摆设边讲故事。在建构区，成人可引导儿童说一说要用什么建构材料，活动后再告诉伙伴们自己建构的主题是什么。除此之外，成人还可引导儿童进行自主的评价活动，让儿童用一句话或一段话来讲述活动的情况，在不断的交流过程中逐渐提高儿童的言语表达能力。

▲ 图9-18 教室中的阅读区

四、成人良好的言语榜样

儿童因为自身思维发展水平的局限和词汇量、表达技巧的欠缺，常常不知道该如何开口说话，因此在很多时候不能很好地与别人交流，需要成人的示范，而不是批评和代

▲ 图9-19　成人示范

替应答。成人良好的言语示范为儿童提供了可效仿的榜样。成人要主动、积极地与儿童交流或回应儿童。成人在进行语言教育时，除了要咬字清楚、发音准确、配合自然的表情和恰当的手势之外，还要注意语言的表达力，如：音量、语速、语调等。尤其是在语速方面，成人要恰当地放慢速度，让儿童能听懂并理解所讲的内容，只有在此基础上，儿童才能更好地模仿。此外，成人在示范的过程中要尽量使用具体、易懂的句式，如果是用来对儿童发出指令的语言，更要简练、明确和规范。无论是在专门的语言教育活动中，还是在渗透的教育活动中，成人都要运用规范性的语言，为儿童创设良好的语言环境，成为儿童学习和模仿的典范。

案例

妈妈的示范

诺诺是9月份刚入园的幼儿，每天在幼儿园中总是少言寡语。为了让诺诺尽快适应幼儿园的生活，愿意开口讲话，妈妈每天把诺诺送到班里时都会大声地主动跟带班老师问好："何老师，早上好，我和诺诺来了。"何老师每天也会热情地回应："诺诺早上好，诺诺妈妈早上好，欢迎你们。"就这样过了一周。周一，妈妈又来送诺诺上幼儿园，诺诺走到门口，主动对妈妈说："今天我和你一起跟何老师问好吧！"

在刚入园的时候，妈妈在诺诺不愿意开口说话的时候并没有强迫她，而是用实际行动给她做出了表率和示范，潜移默化地影响着诺诺，最终取得了效果。

▲ 图9-20　引导儿童向教师问好

五、注意个别教育

由于不同儿童的个性特征和智力水平都存在着差异，言语的积极性和驾驭语言的能力也不一样。因此，成人在教育活动和日常生活中，不可忽视对儿童的个别教育。比如，对言语能力较强的儿童，可向他们提出更高的要求，让他们完成一些有一定难度的言语交往任务；对言语能力较差的儿童，成人要主动亲近和关心他们，有意识地和他们交谈，鼓励他们大胆说话，表达自己的要求、愿望，叙述自己喜闻乐见的事，给予他们更多的语言实践机会，从而提高其言语水平。

案例

说不清

奇奇的发音咬字不是很清楚，但他思维发展得很好，懂的东西比同龄孩子多，性格外向，喜欢表现自己。每当老师提问时，他就迫不及待地想把自己知道的事一股脑全讲出来，可就是讲述时句子老是不连贯，发音含含糊糊的，经常急得手舞足蹈、脸红脖子粗，那种表情总惹得小朋友们发笑。老师耐心地听他把话说完，并且听明白他到底说了些什么之后，再以规范的发音、词汇、句子帮他把所要表达的意思理顺成一段话，对个别发音予以纠正。这样，多次之后，奇奇的言语水平明显提高了，能清楚、完整地讲述一件事了。

这位教师注重儿童的个别教育，并能耐心倾听，为儿童语言的学习和模仿作出了良好的示范，促进了儿童言语水平的提升。

思考与练习

1. 请简述言语的概念和分类。
2. 学前儿童言语的准备和形成阶段有哪些特点?
3. 学前儿童言语内容的发展特点是什么?
4. 学前儿童言语功能的发展特点是什么?
5. 请观察记录一名儿童在游戏或绘画情景中的自言自语，并进行简要分析。
6. 如何促进学前儿童言语的发展?
7. 请跟踪记录一名儿童在半小时内的言语情况，并分析其言语特点。

推荐资源

1. 纸质资源:

(1) 韩波:《解析幼儿的自言自语现象》,《山东教育》2010年第10期。

(2) 李晓巍:《男孩,你为何沉默寡言》,《中国教育报》2010年1月21日。

(3) 宋东升,李晓巍:《儿童分级阅读标准的国际经验及启示》,《中国校外教育》2022年第3期。

(4) 郑荔:《"语言资源观"与学前儿童语言教育》,《学前教育研究》2014年第10期。

(5) 周思妤,李晓巍:《孩子总"唠叨"是病吗》,《中国教育报》2016年11月27日。

2. 视频资源:

(1) 情景喜剧《超级保姆》,弗兰·德莱斯切尔(Fran Drescher)导演。

(2) 魔术童话剧《魔法森林》,竭力莱洱魔术艺术团制作。

第十章 学前儿童情绪的发展与教育

目标指引

1. 理解情绪的概念及其在学前儿童心理发展中的重要作用。
2. 了解婴儿情绪的发生和分化。
3. 掌握学前儿童情绪发展的主要特点。
4. 能够运用多种策略有效促进学前儿童积极情绪的发展。

内容结构

- 学前儿童情绪的发展与教育
  - 情绪概述
    - 情绪的概念
    - 情绪在学前儿童心理发展中的作用
  - 学前儿童情绪的发展
    - 婴儿期儿童情绪的发展
    - 学步期和幼儿期儿童情绪的发展
    - 高级情感的发展
  - 学前儿童积极情绪的培养
    - 营造良好的情绪环境
    - 采取积极的教育态度
    - 帮助儿童控制情绪
    - 教会儿童调节自己的情绪

▲ 图 10-1　学前儿童情绪不稳定

3 岁的琪琪是幼儿园小班的小朋友。在家里，琪琪看到喜欢的小布偶玩具被扯坏了，她就会伤心地哭起来。妈妈走过来抱着她，拿给她一块巧克力，琪琪看看巧克力又笑了起来，大大的眼睛里噙着晶莹的泪花却挂着灿烂的笑意。到了幼儿园里，琪琪看见其他小朋友哭了，自己也会跟着哭起来。教师安慰那些哭的小朋友，琪琪也自动停止了哭泣。

从上述案例中我们不难发现，琪琪的情绪很容易变化，事实上，这是学前儿童情绪不稳定的表现。学前儿童的情绪是非常不稳定的、短暂的，而且常常被外界情境所支配，某一情绪往往随着某种情境的出现而产生，又随着情境的变化而消失。年龄越小，儿童情绪的不稳定性表现得越明显。那么，学前儿童情绪的发生发展还具有哪些特点？如何培养学前儿童的积极情绪呢？通过对本章内容的学习，相信你会找到答案。

第一节　情绪概述

情绪是人们日常经验的一部分。出去郊游时，你会感到愉悦；被他人误解时，你会感到委屈；被教师或上司批评时，你会感到悲伤、烦躁……尽管我们每天都体验着不同的情绪，但究竟什么是情绪呢？

一、情绪的概念

情绪是个体对客观事物或情境是否符合人的需要而产生的主观体验。它以人的需要为中介，当客观事物或情境能够满足人的需求或符合愿望时，个体就会产生愉快、欢喜等积极的情绪体验；而当客观事物或情境不能满足人的需求或违背愿望时，个体就会产生痛苦、烦闷等消极的情绪体验。例如，当你肚子很饿，很想要赶快下课去吃饭的时候，听到下课铃声会觉得兴奋、高兴；而当你正在考试且还有题目没有答完的时候，听到交卷的铃声会产生紧张、焦躁的情绪体验。

情绪主要由三个层面构成，包括认知层面的主观体验，生理层面的生理唤醒，以及表达层面的外部表情与行为。例如，当个体出现紧张情绪时，在认知层面会体验到紧张、焦虑、担心等，在生理层面体现为心跳加快、血压增高、呼吸量增大、肾上腺素分泌增加、血糖增高等，在表达层面体现为皱眉、攥紧拳头或身体蜷缩等。情绪是对个体心理健康作用最大、影响最强的心理因素之一。积极而稳定的情绪体验能够使个体精力充沛，高效地从事学习和工作，保持身心健康。反之，如果个体产生消极的情绪体验，不仅不能保证学习和工作的效率，也会影响身心健康。例如，近期家中有人过世的人往往没有办法进行正常的工作和学习，悲伤的情绪体验甚至可能导致失眠、食欲不振等症状。随着人们对健康认识的进一步深入，具有积极的情绪已经成为检验人们身心健康的重要指标之一。

二、情绪在学前儿童心理发展中的作用

情绪在学前儿童心理发展中有非常重要的作用，对儿童心理与行为有着重大影响。儿童的年龄越小，这种影响就越明显。

（一）情绪对学前儿童心理活动的动机作用

情绪的动机作用是指情绪是儿童认知活动和行为的唤起者和组织者，也就是说情绪对儿童的心理活动和行为有着非常明显的动机和激发作用。情绪的动机作用在学前儿童身上表现得尤为明显，情绪直接指导、调控着儿童的行为，驱动、促使着儿童去做出这样或者那样的行为，或不去做某种行为。在愉快积极的情绪状态下，儿童游戏、活动的积极性高，学习效率高。相反，在消极的情绪状态下，儿童常常表现出不愿意学习、不乐意参与游戏活动等。例如，我们在教儿童学会入园时跟教师说“早上好”，离园时跟教师说“再见”的行为时，大多数儿童先学会说“再见”，而“早上好”的学习时间则相对要长。这种现象背后的重要原因是儿童早上不愿意与父母分开到幼儿园上学，情绪低落，而下午离开幼儿园时会很开心，情绪高涨，所以能够很快地学会说“再见”。可见，虽然学习的内容和难度差不多，但在不同情绪的影响下，儿童的学习效果并不相同。因此，在平日的教育工作中我们要注意，强制儿童做事会使他们产生不良的情绪，不利于激发儿童做事或学习的积极主动性，而采取一些符合儿童需要的措施则易使他们产生良好的情绪，从而表现出积极的行为。

▲ 图10-2 儿童先学会说“再见”

案例

“玩”中学音乐①

在中班欣赏活动“加伏特舞曲”中，教师根据“掌握乐曲8个乐句的曲式结构”的教学目标，设计了“种子长大”的游戏。活动一开始，教师提问幼儿：“你们知道一颗种子是怎么长成大树的吗？”这个问题激发了幼儿的兴趣，幼儿情绪高涨，纷纷迫不及待地说了起来。有的说：“种子是先长成小芽，然后长大变成小树，再长大变成大树的。”有的干脆两手在头上合拢并蹲在地上，然后慢慢站起来，学起小树长大的样子来。教师说：“对，种子是慢慢长成大树的，可是有一颗种子却是听着音乐长大的。”接着出示了一张种子生长图，让幼儿看着教师边听音乐边指图，发现种子听音乐长大的规律。有的幼儿边看边与其他幼儿讨论，有的幼儿边听音乐边拍手，还有的幼儿高兴地随着音乐扭动自己的小身体。音乐结束了，妞妞说：“音乐一开始，种子开始长，音乐一结束，种子就长成大树了。”媛媛也说：“音乐一句结束时，小种子就长大了一点。”接着教师又引导幼儿扮演小种子，听音乐做动作，体验一下种子跟着音乐一句一句长大的样子。音乐结束后，幼儿都长成了各种各样的参天大树，有的是松树，有的是柳树，有的是圣诞树……

情绪是学习的基础，幼儿的情绪好坏对教学活动的效果有着重要影响。这就要求教师采取适当的策略调动幼儿的情绪，可以寓教育于游戏之中，引导幼儿在玩中学，使之自然而然、快乐轻松地理解音乐所蕴含的内容。如上述案例，幼儿在游戏中怀着愉快和喜悦的心情，经过观察、思考，掌握了音乐的曲式结构。

（二）情绪对学前儿童认知发展的作用

情绪和认知是密切联系的，一方面，情绪随着认知的发展而不断分化和发展；另一方面，情绪对儿童的认知活动及其发展起着激发、促进作用或抑制、延迟作用。情绪对认知发展的作用集中体现在以下五个方面：

第一，促成知觉选择。知觉具有选择性，情绪的偏好是影响知觉选择性的因素之一。比如，婴儿喜欢红色、黄色，他们选择玩具时也重点选择红色和黄色的物品，而对其他颜色的物体则较少注意。

第二，影响注意过程。情绪对注意的影响主要体现在两方面：一方面，情绪影响注意对象的选择，儿童往往会对感兴趣、好奇的事物保持注意，而忽视自己厌恶、不感兴趣的事物；另一方面，情绪影响注意的稳定性，当儿童处于开心、愉快的情绪状态时往往对事物保持注意的时间较长，而当儿童处于消极的情绪状态时很难对事物保持较长时间的注意。

第三，影响记忆效果。情绪对记忆效果好坏有着重要的影响。儿童容易记住喜欢的事物，对不喜欢的事物记忆起来则十分吃力。例如，儿童会对动画片的情节印象深刻，而对家长强迫记的英语单词，记了很多遍都没有很好的效果。

---

① 周云凤．把握幼儿情绪，提高音乐活动效果［J］．教育导刊（下半月），2012，6：79.

第四，影响思维活动。情绪对人的思维活动的影响也是十分明显的。有研究者以婴幼儿为被试，研究了快乐、痛苦、愤怒和大怒等不同情绪状态对儿童智力操作的影响，结果发现，儿童在适中愉快的情绪状态下智力操作的效果最好；处于过于兴奋、愉悦或淡漠无情的情绪状态都不利于儿童的智力探究活动，对儿童智力发展不利。可见，情绪对儿童的思维活动有着直接的影响。

第五，影响语言发展。情绪对儿童语言发展的重要作用主要表现为两个方面：一是幼儿期儿童最初的话语大多是表示情感和愿望的，这一时期儿童的语言既具有情感功能，又具有指物功能。例如，刚学会单个词语的儿童会一直重复说“奶奶”，以此来表示他饿了想要喝奶。二是在日常生活中，用情绪激动法可以促进儿童掌握某些难以掌握的词。例如，妈妈问圆圆：“这台手风琴是谁送给你的？”圆圆回答：“朱老师送给你的。”妈妈立即回答说：“送给我的呀，那我拿走啦！”随即拿走手风琴，这时圆圆激动起来，立刻喊：“送给我的，送给我的！”从此以后，圆圆对“你”、“我”二字十分注意。

（三）情绪对学前儿童社会交往的作用

情绪有着明显的外显形式——表情。表情和言语一样是人际交往的主要工具，它是传播情绪情感信号的主要媒介。在婴幼儿与人交往的过程中，表情尤其占有特殊的、重要的地位。

在掌握语言之前，婴幼儿会借助表情来与成人进行信息交流。在这一时期，成人几乎全靠婴幼儿的表情动作来了解他们的需要，如通过婴幼儿打哈欠、用手揉眼睛了解到孩子有困意，需要睡觉；而婴幼儿也会通过成人的表情来调节自己的行为，如婴幼儿看到陌生人有些惧怕，这时大人以微笑、点头等表情鼓励他，他就会与陌生人接近而逐渐消除畏惧感。

在初步掌握语言之后，表情仍然是儿童重要的社会交往工具，其重要性不亚于语言，他们常常用表情代替语言回答成人的问题或用表情来辅助自己的语言表述。例如，一名2岁的儿童不想回答妈妈的追问，他抿着嘴，眉头紧锁，表示对这一话题的回避。

▲ 图10-3　母亲用微笑鼓励孩子与陌生人交往

（四）情绪对学前儿童个性形成的作用

学前儿童正处于个性形成的奠基时期，儿童情绪的发展对其有着重要影响，儿童在与人和事物的接触过程中，逐渐形成了对不同的人和事物的不同的、稳定的情绪态度。例如，成人对儿童的关爱会引起他们愉悦的情绪反应，而成人的斥责则会引起他们不愉快的情绪反应。经年累月的重复，促使儿童对于不同成人形成不同的情绪态度，对于长期关爱自己的成人，会表现出喜爱、尊敬，而对经常斥责自己的成人则会表现出害怕、厌恶等情绪。同样，由于长期潜移默化的感染和影响，儿童也会形成对事物的比较稳定的情绪态度。

随着情绪态度的逐渐稳定，学前儿童会形成固定的情绪品质。例如，一时的焦虑可以称为情绪的焦虑状态，而长期、稳定的焦虑状态则会成为一种焦虑品质，而这种固定的情绪品质特征正是个体性格特征的重要组成部分。

第二节 学前儿童情绪的发展

一、婴儿期儿童情绪的发展

（一）情绪的发生

婴儿一出生，就会有各种情绪表现。例如，新生儿的哭、笑，或是安静、皱眉、四肢舞动等，这些都是最初的情绪反应。最初的、原始的情绪是婴儿与生俱来的本能，这些原始情绪反应最主要的特点是与生理需要是否得到满足密切相关。身体内部或外部的不适宜刺激，会引起婴儿哭闹等消极情绪，例如，感到饥饿或尿布潮湿时，婴儿哭闹明显。而当不适宜刺激消失以后，这种消极的情绪反应也会被新的积极情绪所替代，例如，成人给孩子喂奶、换尿布以后，婴儿会立即停止哭声，变得愉快或安静。婴儿的这些情绪反应可以让成人了解到他们的生理需求，对其快速适应周围环境具有重要意义。

拓展阅读

原始情绪的种类①

行为主义理论创始人华生在1919年根据对500多名婴儿的观察，提出婴儿有三种主要情绪，即怕、怒、爱，并详细描述了这些情绪的原因和表现。

1. 怕

华生认为新生婴儿的怕是由于巨大声响或是身体失去支撑引起的。当婴儿安静地躺着时，在其头部附近敲击钢条，会立即引起婴儿的惊跳、肌肉猛缩，继之以哭。当身体突然失去支撑，或身体下面的毯子被人猛抖，婴儿会发抖、大哭、呼吸急促、双手乱抓。

2. 怒

华生认为怒是由于限制婴儿运动引起的。例如，用毯子把婴儿紧紧裹住，不准他活动，婴儿会发怒，把身体挺直或手脚乱蹬、屏息、尖叫。

3. 爱

华生认为爱由抚摸、轻拍或触及身体敏感区域产生。例如，抚摸婴儿的皮肤，或是柔和

① 沈雪梅．学前儿童发展心理学［M］．北京：北京师范大学出版社，2016：123—124.

地轻拍，会使婴儿安静，产生一种广泛的松弛反应，或是展开手指、脚趾，发出“咕咕”声。

但是，华生对原始情绪的划分未能得到其他研究的证实。多数心理学家认为，原始的情绪反应是笼统的，还没有分化为若干种情绪。有些人认为新生儿的原始情绪只能区分为愉快和不愉快。所谓愉快，仅是“不是不愉快”的表现而已。

（二）情绪的分化

婴儿的原始情绪是否分化一直是一个有争议的课题，目前尚无定论。但是目前越来越多的研究者认为婴儿具有各个分化的、不同的情绪，其中最有代表性的是加拿大心理学家布里奇斯（Bridges）的情绪发展理论。她通过对 100 多名婴儿的观察，提出了关于情绪分化较完整的理论和 0—2 岁儿童情绪分化的模式。她认为，初生婴儿的情绪表现为未分化的一般性的激动，只有皱眉和哭的反应。随着婴幼儿的不断学习和成熟，各种不同性质的情绪逐渐分化。3 个月以后，婴儿的情绪分化为快乐和痛苦；6 个月以后，痛苦的情绪又分化为愤怒、厌恶和恐惧，比如眼睛睁大、肌肉紧张，是恐惧的表现；12 个月以后，快乐的情绪又分化为高兴和喜爱；18 个月以后，痛苦又进一步分化出妒忌；24 个月以后，快乐中又能够分化出热情，之后其他情绪也不断地发展和分化。

我国心理学家孟昭兰根据自己的大量研究，提出新的婴儿情绪分化理论。孟昭兰认为，人类婴儿在种族进化过程中通过遗传获得大约 8—10 种基本情绪，如：愉快、兴趣、惊奇、厌恶、痛苦、愤怒、惧怕、悲伤等，它们在个体发展进程中随着个体的成熟相继显现。引起婴儿情绪反应的诱因包括社会的、视觉的、触觉的和听觉的四种，其中前两项诱因的作用最大。此外，她还提出了婴儿情绪发生的次序、时间和诱因，如表 10-1 所示。

表 10-1　婴儿情绪发生时间表

最早出现时间	诱　因	情　绪　表　现
出生后	身体痛刺激	痛苦
出生后	异味刺激，如臭鸡蛋等异味	厌恶
出生后	新异光、声和运动的物体	感兴趣和微笑
3—6 周	看到人脸或听到人语声	社会性微笑
2 个月	药物注射痛刺激，如打针	愤怒
3—4 个月	痛刺激	悲伤
7 个月	与熟人分离或从高处降落	悲伤、害怕
1 岁	新异物突然出现	惊奇
1—1.5 岁	做错事，如抢夺别人的玩具	内疚、不安

值得一提的是，儿童各种情绪的发生，既有一般规律，又有个别差异。情绪发展的常模只表现同龄儿童的平均水平，不能进行简单对照。

（三）基本情绪的发展

1. 哭

哭是与生俱来的。婴儿出生以后，最明显的情绪表现就是哭。哭是一种生理现象，也是一种心理现象，带有社会性。新生儿的哭声大多是生理性的，主要的原因是饥饿、冷、热、疼痛、困等生理需要得不到满足。另外，环境的改变也会导致婴儿的啼哭，如从熟悉的家里到陌生的室外广场的时候，他们可能会大哭。2—3 岁儿童的啼哭多与自己的生活经验不足、生活能力低下或遇到力不从心的事情相关。例如，走路时摔了一跤会哭，看到积木倒了会哭，拿不到自己喜欢的玩具会哭。

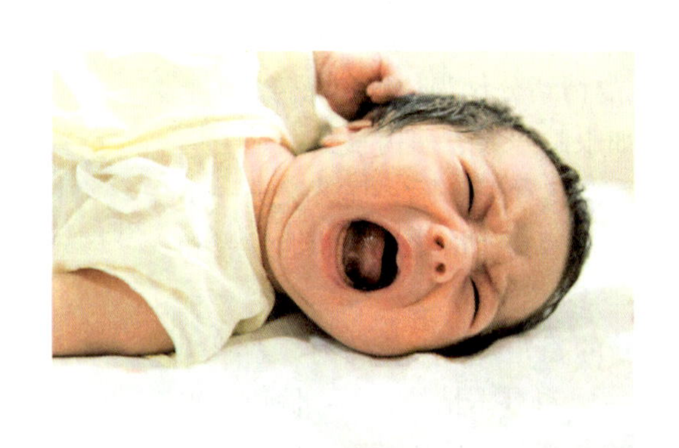

▲ 图10-4 哭

在良好的护理条件下，随着年龄的增长，儿童哭的现象将逐渐减少。一方面，由于儿童对外界环境和成人的适应能力逐渐增强，同时，儿童周围的成人，特别是初为父母的成人，也逐渐开始适应，从而减少了儿童不愉快的情绪体验；另一方面，儿童表达情绪的方式日益多样化，学会用动作、语言来表达自己的消极情绪，而不仅仅是哭。

拓展阅读

婴儿的“语言”——哭①

哭是婴儿与大人交流的唯一手段，不同的音调、不同的韵律、哭的时间长短等都能反映宝宝不同的要求。

当宝宝呱呱坠地时，他就大声地哭，好像在说：“我在妈妈的子宫里住得好好的，为什么让我离开妈妈的怀抱啊？”这种哭是新生命的奏响曲，爸爸妈妈不但不应该感到担忧，还应为新生命的诞生而感到欣慰和自豪。

当宝宝出现有节律的啼哭时，一般来说是肚子饿了，这时，孩子的嘴会左右觅食或吮手指。这时如果妈妈将奶头送到宝宝的嘴上，哭声就会立即停止。

宝宝有时会哼哼唧唧哭个没完，声音不是太大，一会儿哭的时间长一些，一会儿哭的时间短一些，这往往是因为宝宝大便了或尿尿了，待换过尿布之后，宝宝的哭声就停止了。

如果宝宝在啼哭时有大量的空气通过声带，这表明他已处于大怒之中。宝宝为什么大怒？原来是他感到热了或者冷了，想睡觉却怎么也睡不着。解决“争端”很容易，如果是

① 杨志松. 婴儿的“语言”——哭［J］. 解放军健康，2008，1：19.

孩子热了，就减少些衣被；冷了，就增加些衣被。这时宝宝就会心满意足，以香甜的入睡来感激爸爸妈妈的关爱。

有时宝宝突然高声大哭，接着便是较长时间地屏气，好像是喘不过气来似的，一般来说，宝宝在打针、碰到坚硬的东西感到疼痛时才会这样哭。这时爸爸妈妈要留心观察床上有没有不小心留下的缝衣针等坚硬的东西，只要解决了疼痛的问题，宝宝就会安静下来。

2. 笑

与哭的与生俱来不同，笑是人类的第一个社会性行为。婴儿的笑发生的时间比哭要晚，一般要经历以下几个阶段：

第一阶段：自发性的笑。婴儿最初的笑都是自发性的，也称为内源性微笑。这种微笑主要发生在婴儿的睡眠中，困倦时也可能出现。此时，它只是一种面部表情，是具有反射性质的，不具有社会交往的功能，不是“社会性”的微笑，并且在婴儿3个月左右的时候会消失。

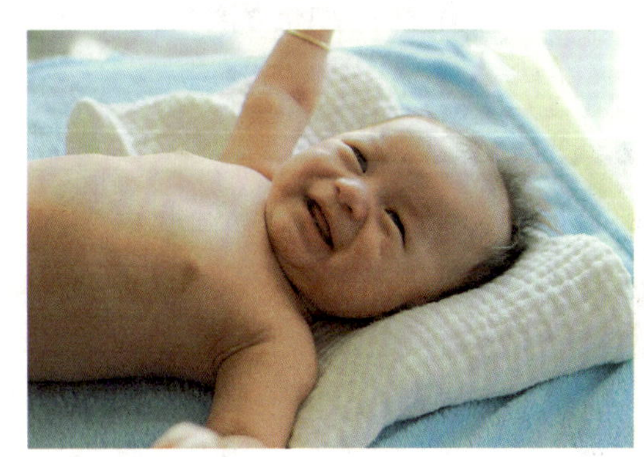
▲ 图10-5　笑

第二阶段：无选择的社会性微笑。3—4周起，婴儿开始能够区分人和其他物体。当人出现在婴儿的视野中时，婴儿会露出微笑，这是最初的社会性微笑。但是，这一阶段婴儿的笑不分对象，对所有人的笑都是一样的。

第三阶段：有选择的社会性微笑。4个月以后，婴儿开始对不同的个体做出不同的反应，出现有选择的微笑，具体表现是只对亲近的人笑，或者对熟悉的人比对不熟悉的人笑得多。有选择的微笑的出现是社会性微笑发生的标志。

拓展阅读

宝宝第一次对我笑①

午后，豆豆睡醒了，我把她抱起来放在双膝之间，用手托着她的头，让她和我小脸对大脸，又开始玩宝宝和妈妈之间的游戏了。

就这样彼此端详着，豆豆一直看着我的眼睛突然弯了一下！她对我笑了，好激动！我永远都将记得这个日子，豆豆28天的时候，第一次对我微笑，豆豆认识妈妈啦！

豆豆学会了微笑，她开始使用新的社交工具，每个看到豆豆笑容的人都抵挡不住强劲的感染力，被一一放倒。在和大人们的互动中，豆豆越来越多地笑起来，她开始更熟练地使用笑容，从微笑到月牙儿弯弯的笑，从浅浅一笑到咯咯笑出声，她的笑容和笑声带给我

---

① 子非鱼，胡慎之，曾路．宝宝第一次对我笑——给宝宝一面光洁美好的“镜子”［J］．母婴世界，2010，7：78—81.

们无限的快乐。

可以看出，豆豆的笑正处于笑的第二阶段——无选择的社会性微笑。这种笑容能够使豆豆获得成年人的更多喜爱，照顾她的成人会愿意更细心地满足她的需求。

3. 恐惧

婴儿恐惧情绪的分化大致会经历以下四个阶段：

第一阶段：本能的恐惧。婴儿一出生就具有恐惧的情绪反应，它不是由视觉刺激引起的，而是由听觉、皮肤觉、机体觉等刺激引起的。例如，尖锐刺耳的高声、皮肤受伤、失持等都会引起婴儿的恐惧。

第二阶段：与知觉经验相联系的恐惧。这种恐惧在婴儿 4 个月左右的时候出现，具体解释为过去不愉快的经验的刺激会引起恐惧情绪，也是从这个时候起，视觉对恐惧的产生逐渐起主要作用。例如，我们前面提到过的视崖实验，随着儿童深度知觉的产生，对高度的恐惧也逐渐产生。

▲ 图 10-6　怕生

第三阶段：怕生。怕生是对陌生刺激物的恐惧反应。当一个陌生人逼近时，6 个月的婴儿通常往旁边看，并且开始不安，表现出对陌生人警惕的现象。如果成人在抱起婴儿之前没有给他与之熟悉的机会，婴儿就会像被吓着一样大哭、害怕地张望，胳膊往外伸向熟悉的人。儿童的怕生与依恋几乎都在 6 个月左右出现。它体现了一种进步，说明儿童的感知、记忆等认知能力的提高，他们已经能够将熟悉的人和陌生人加以区分辨别。如果没有怕生现象，儿童也不会产生真正意义上的依恋。

案例

怕生的丁丁①

再过几天，丁丁就满 9 个月了，最近一段时间，丁丁越来越见不得陌生人。只要家里来了客人，丁丁看一眼就开始哭，怎么哄都不管用，非得把他抱到别的房间才行。带他到楼下小区玩，丁丁见人撇嘴就哭，弄得别人都不敢招他。到了晚上，丁丁妈妈更是不能离开，丁丁非得要妈妈哄才能睡着觉。

宝宝到了 6 个月左右，能够辨认熟人和陌生人。能够天天相见的父母是他最先认识的人，宝宝很容易对父母产生依恋和信任。当陌生人靠近时，宝宝会感到不安全，就会

---

① 张兰香．解读婴儿的怕生［J］．家庭育儿，2006，11：22.

寻求父母的保护。带宝宝到陌生的地方，宝宝也会产生不安全的感觉，这些情况是完全正常的。面对孩子的怕生，在平时的照顾中，成人应该注意：

1. 渐渐认识陌生人

家中来了陌生人，不要急于将孩子抱到客人面前，也不要让客人抱孩子。家长可以先把孩子抱在怀里，让孩子有一段时间的观察和熟悉，他的恐惧心理就会逐渐消退。

2. 经常到室外

只要天气好，每天都应该让孩子到室外活动，一来可以认识许多事物，二来可以接触很多不同的面孔。对这些面孔，开始孩子会惧怕，但时间长了就渐渐不怕了。

3. 多参加活动

成人可以带孩子到婴幼儿多的地方，让他参与到孩子们的活动中，增加孩子的交往机会，扩大孩子与同龄宝宝的社交范围，让他学会在陌生的环境中与陌生人相处。

▲ 图10-7　与同伴在一起

第四阶段：预测性的恐惧。儿童在2岁左右的时候，预测性恐惧开始出现，例如怕黑、怕鬼、怕大灰狼等。我们可以发现，预测性恐惧是与想象相联系的。儿童往往分不清想象和现实，甚至将自己想象的事物当成现实。当他们在听成人讲故事时，往往会随着故事的讲述展开想象，并把想象的情节当成现实，产生恐惧情绪。例如，当成人讲到怪兽来了的情节时，有的儿童会捂住自己的眼睛或跑到其他地方躲起来。成人可以通过鼓励、肯定等方式来帮助儿童克服预测性恐惧。

二、学步期和幼儿期儿童情绪的发展

进入学步期和幼儿期，儿童情绪的发展特点主要体现在三个方面：社会化、丰富化与深刻化和自我调节化。

（一）情绪的社会化

婴儿最初的情绪是源于本能，且与生理需要的满足程度密切相关的，随着儿童的成长，情绪会逐渐分化发展，并且与社会性需要相联系。社会化成为儿童情绪发展的一个主要趋势。儿童情绪社会化主要表现在以下方面：

1. 情绪中社会交往的成分不断增加

在学前儿童的情绪活动中，社会性交往的内容会随着年龄的增长而增加。以儿童的微笑为例，有研究者将学前儿童交往中的微笑分为三类：第一类是自己笑，是儿童自己玩得高兴时的微笑；第二类是儿童对教师的笑；第三类是儿童对小朋友的笑。这三类微笑中，第一类是不具有社会性成分的微笑，后两类都是具有社会交往成分的微笑。该研究所得出的1岁半和3岁儿童三类微笑的次数比较如表10-2所示。

表10-2 1岁半和3岁儿童三类微笑次数比较

年龄	自己笑		对教师笑		对小朋友笑		总数	
	次数	%	次数	%	次数	%	次数	%
1岁半	67	55.37	47	38.84	7	5.79	121	100
3岁	117	15.62	334	44.59	298	39.79	749	100

从表10-2中可见，与1岁半的儿童相比，3岁儿童在微笑的总次数和各类微笑的次数上都有所增加。其中，随着年龄的增长，儿童非社会性微笑的比例逐渐减少，而社会性微笑的比例则不断增加。

2. 引起情绪反应的社会性动因不断增加

情绪动因是指引起儿童情绪反应的原因。通过前面的学习我们了解到，生理需要是否满足是婴儿主要的情绪动因，婴儿的情绪反应主要是和他基本的生活需要是否满足相联系的。例如，温暖的环境、吃饱喝足等常常会引起婴儿产生愉快的情绪反应。1—3岁时，除受到生理因素的影响外，儿童的情绪反应开始与社会性需要是否满足相关。例如，这个阶段的儿童有独立行走的需要，当父母更多地抱着他（与儿童行走的需要相矛盾）时，儿童就会出现不良的情绪反应。

3—4岁儿童的情绪动因处于从主要为满足生理需要向主要为满足社会需要过渡的阶段。例如，刚入小班的儿童喜欢身体接触，希望教师能够摸一摸、亲一亲自己；而对于中大班的儿童来说，社会性需要对情绪的影响越来越大。此时，社会性交往需要是否得到满足以及人际关系的状况是否良好，会直接影响到儿童情绪的产生和品质的形成。这种交往不仅指与成人的交往，还包括同伴交往。他们希望得到教师的关注、重视，希望与别的小朋友交往。小朋友不和他玩、教师对他不理睬都会让他感到不愉快，表现出不良的情绪状态。因此，在幼儿园一日活动中，教师要十分重视自己与儿童的交往，注意自身对儿童的态度、行为，并且要注意观察儿童的交往情况，以便发现问题并及时矫正。

▲ 图10-8 儿童希望得到教师的关注

可见，儿童的情绪与社会性交往、社会性需要是否满足密切联系，它逐渐摆脱与生理需要的联系而逐渐社会化。随着儿童年龄的增长，社会性交往、人际关系对儿童情绪影响持续增大，成为左右儿童情绪发展的最主要动因。

案例

为什么欢欢喜欢值日①

欢欢上中班一个月后，妈妈发现他跟以前不一样了。每周三是欢欢值日的日子，他都早早起床让妈妈早点送他去幼儿园，妈妈还听说他在幼儿园都抢着打扫卫生，是老师眼中的“懂事宝宝”。

对于上中班的幼儿来说，情绪社会化越来越明显。幼儿渴望被人注意，特别是被老师注意，他们希望与别人交往。这种社会性需要得到满足，幼儿的情绪就会比较积极。这是学前儿童情绪发展社会化的表现。

3. 表情日渐社会化

表情是情绪的外部表现，儿童在成长过程中，逐渐掌握周围人们的表情手段。随着年龄的增长，表情日益社会化。主要体现在以下两个方面：

（1）理解、辨别面部表情能力的发展。

我们经常需要识别他人的情绪，并据此改变我们的行为。例如，你最近手头紧，打算等你的室友从自习室回来后向她借 50 元。很快她冲进你们宿舍，皱着眉头，猛地关上门，把背包扔到地板上。你马上改变主意，知道现在不是向她借钱的恰当时候。那么，儿童最早在什么时候能够理解、辨别他人的情绪呢？

在儿童与成人的交往和儿童的社会性行为中，表情所传递的信息能产生重大作用。6 个月左右的婴儿就能笼统地辨别成人的表情，例如，当母亲微笑着用欢快的声音说话时，婴儿会表现出欢快；当母亲生气或悲伤时，婴儿也变得沮丧。有研究表明，小班儿童已经能够辨认出他人高兴的表情，但对愤怒表情的识别，则要到幼儿园中班时期才能做到。

气　　球

美美已经是 4 岁的小朋友了。星期天，爸爸妈妈带着美美和她的弟弟阳阳出去玩，美美和阳阳高兴得不亦乐乎，他俩又蹦又跳地走在前面，而且每个人都拿着一个漂亮的气球。但是美美把阳阳的气球弄坏了，阳阳又急又气，表现出愤怒的样子。美美看到大事不好，赶紧把自己的气球送给了阳阳。

---

① 刘万伦主编．学前儿童发展心理学［M］．上海：复旦大学出版社，2014：108.

帮　　助[1]

莉莉上幼儿园中班了，有一天，妈妈带着莉莉到公园散步，突然莉莉拽着妈妈的手说："妈妈快看，那个小妹妹怎么了？"妈妈顺着莉莉的手指看过去，一名幼儿在慌张地左右看，"她好像很着急地在找东西，我们过去帮帮她吧。"莉莉说着走过去。

从上述两个案例中我们可以看出，随着语言的快速发展，4—5 岁儿童的理解能力也有了进一步发展，尤其是在情绪方面表现出来的是他们能够理解简单的面部表情，包括高兴、愤怒、难过、伤心、恐惧、惊奇以及厌恶等。他们不仅能分辨出对方是高兴还是难过，还会有策略地选择一些手段来解决一系列问题。那么，对于处于这一年龄段儿童的家长和老师来说，应该怎样进一步促进儿童表情理解能力的发展呢？

一是提供更多的面部表情。无论是图画书还是一些报纸杂志，里面都会有人物的表情，在儿童阅读的时候，成人可以有意地让他们观察并且识别这些表情，同时尝试着说出这些表情的意思。在生活中，成人也可以丰富自己的表情供儿童观察，从而提高儿童的理解能力。

二是加强同伴之间的交往。鼓励儿童与同伴交往，运用一些学到的表情提高同伴交往能力，及时并准确地表达自己内心的想法，使同伴能够准确了解自己的情绪。

（2）运用社会化表情能力的提高。

一项以盲童和正常儿童为被试的对比研究发现，个体具有先天的表情能力，但是它只能保持一定的水平，如果缺乏后天的学习，先天的表情能力会下降。新生儿时期，两类儿童的表情没有差异，而随着年龄的增长，盲童的表情较正常儿童贫乏，这主要是由于盲童缺乏对表情的人际知觉条件，其表情的社会化受到了阻碍。

婴儿一般都毫无保留地表露自己的情绪，随着年龄的增长则会慢慢根据社会的需要调节情绪的表现方式。比如，儿童在被他们喜欢的同伴激怒时比被他们不喜欢的同伴激怒时更能控制住愤怒。儿童从 2 岁开始，已经能够用表情手段去影响他人，且学会在不同的场合用不同的方式来表达自己的情绪。比如，有的儿童在家时稍有不如意就哭闹，但是在幼儿园遇到不如意的事情却会默默忍耐。

总体而言，随着年龄的增长，儿童辨别面部表情的能力以及运用表情的能力都会有所增长，但是辨别表情的能力一般会高于运用表情的能力。

（二）情绪的丰富化和深刻化

从情绪所指向的事物来看，学前儿童情绪的发展趋势越来越丰富和深刻。

1. 情绪的丰富化

情绪的丰富化主要表现在两个方面。其一是指情绪过程的日益分化。这一点在前面婴儿情绪的分化部分有所涉及，即婴儿最初只有少数几种原始情绪，随着年龄的增长又

① 秦旭芳，王源滔 . 孩子能理解高兴与悲伤吗——幼儿情绪理解的发展［J］. 家庭教育：幼儿版，2013，7：38—40.

分化出基本情绪。到了幼儿期，儿童还会分化出如道德感、理智感等高级情感。其二是指情绪所指向的事物不断增加。随着儿童年龄的增长，儿童产生了新的需要，一些之前不会引发儿童情绪体验的事物，逐渐能够引起儿童的情感体验。例如，喜爱的情感范围，从对父母的喜爱不断扩大为对幼儿园教师、同伴的喜爱。3 岁以前的儿童，不太在意同伴是否和他一起玩，但是 3 岁以后的儿童面对同伴的孤立以及成人的不理睬，特别是不公平的对待、批评等，会感到非常伤心。

▲ 图 10-9　儿童因被孤立而伤心

2. 情绪的深刻化

情绪的深刻化是指指向事物的性质的变化，从指向事物的表面到指向事物更内在的特点。例如，婴儿对父母的依恋情感，更多是因为父母在日常生活中予以照顾，满足了他们的生理需求，而稍大一点的儿童对父母的依恋情感则包含了对父母的喜爱和尊敬等内容。再如，儿童的愤怒情绪，2 岁前的儿童往往是因为生活上的需求没有得到成人的回应而愤怒（如：饥饿、口渴等），而随着年龄的增长，儿童与成人之间权威与服从的关系，如家长不允许玩手机游戏等，也可能让他们感到愤怒。进入幼儿园之后，儿童产生愤怒情绪的原因也可能是因为人际关系问题，如没有得到教师的关注、和小伙伴之间出现了争端等。

可见，随着年龄的增长，学前儿童的情绪指向的事物越来越具有内在性和深刻性，但是总体而言，受到其知识经验和认知发展水平的影响，整个幼儿期儿童的情绪指向的事物仍处于较浅显的阶段。

（三）情绪的自我调节化

拿破仑曾经说过："能控制好自己情绪的人，比能拿下一座城池的将军更伟大。"的确，调节和控制自己的情绪不是一件容易的事。随着年龄的增长，儿童对情绪的调节和控制能力会越来越强。这种发展趋势主要表现在冲动性逐渐减少、稳定性逐渐提高、内隐性逐渐增强三个方面。

1. 情绪的冲动性逐渐减少

由于学前儿童大脑皮层的兴奋容易扩散，以及大脑皮层下中枢控制能力发展不足，他们常常处于激动的情绪状态。当外界事物和情境刺激儿童时，他们的情绪就会出现爆发性，情绪冲动强烈，情绪波动极大。而当他们处于高度激动的情绪状态时，往往很难控制自己。例如，儿童大哭大闹或大喊大叫时，即便成人不断进行安抚，他们也难以在短时间内平静下来。儿童情绪的冲动性

▲ 图 10-10　儿童不如意就在地上打滚

还表现在他们用过激的行动表现自己的情绪。例如，有的儿童稍有不如意就躺在地上打滚，成人要求他们不要哭、不要闹也无济于事。再如，儿童在读绘本时，看见故事中的“大灰狼”，常常会把它抠掉。生活中引起儿童情绪处于激动状态的事例很多，比如，和小朋友争抢东西，想要一个玩具而得不到，与母亲分离，看电视、吃零食等活动被限制，打针等。

随着大脑发育的逐渐成熟以及语言能力的发展，学前儿童情绪的冲动性逐渐减少。最初，学前儿童对自己情绪的控制是被动的，即在成人的要求下，服从成人的指示而控制自己的情绪。如在某些场合下，成人要求孩子“不能哭”。通过成人的不断教育和要求，以及儿童参加集体活动和生活的要求，在幼儿后期，儿童自主调节情绪的能力才逐渐发展，减少了冲动性。例如，儿童打针的时候感到疼痛，但是认识到要学习解放军叔叔的勇敢精神，能够含着泪露出笑容。

案例

我就是想哭①

户外活动时，小班的孩子们开心地排队玩滑梯。忽然有孩子喊道“老师，小梓豪打我。”我赶快走过去询问原因：“怎么啦？发生了什么事？”“小梓豪打我。”雯雯说。“我没有，哼！”小梓豪生气地扭过头。我问雯雯：“小梓豪为什么打你呀？”雯雯回答：“因为我刚才不小心撞到他了。”“我没有打人，我只是想让他知道，他撞到我了。”小梓豪的眼泪再次噙满眼眶。我了解了情况后说：“原来如此，你们都不是故意伤害对方的，对不对？所以互相理解一下，还是好朋友，好不好？”过了一会，两个孩子都点点头答：“知道了。”

原以为经过我的调解，两个孩子会很快忘记这件事，但当我转了一圈回来之后，发现小梓豪仍站在原地，眼睛里还带着泪花。我隐约意识到他可能还在为刚才的事情生气，关切地问他：“小梓豪，你怎么不去玩游戏呢？”小梓豪抬头看了看我，噘着嘴巴说：“什么‘男子汉流血不流泪’，我不喜欢这句话。”这时，看到小梓豪满脸的泪水，我不禁感到自责。“为什么不喜欢呢？”小梓豪十分委屈地说：“因为我就是想哭嘛！”

▲ 图 10-11　我就是想哭

从这个案例中可以发现，对于像小梓豪这样的小班儿童来说，哭是他们最喜欢的表达和发泄情绪的方式，他们还很难根据成人的要求来调节自己的情绪表现，情绪的冲动性较强。而当他们不能停止哭泣时，成人千万不能数落甚至打骂他们，而是要抱紧他们，安慰他们，让他们产生安全感，慢慢地自然平静下来。

---

① 程薇嘉．悉心呵护孩子脆弱的心灵——矫正小班幼儿爱哭习惯个案分析［J］．动漫界：幼教365，2017，36：50—51.

2. 情绪的稳定性逐渐提高

俗语常说“六月天，娃娃脸，说变就变”，说的就是儿童情绪不稳定、短暂且易变的特点。比如，当儿童由于得不到心爱的玩具而哭泣时，如果给他一块糖，他又会破涕为笑。儿童情绪的不稳定性，一方面与其所处的情境密切相关。儿童的情绪常常被外界情境所支配，某种情境下儿童会产生某种情绪，但是情境变了儿童情绪也随之而变。例如，成人不让儿童吃摆在他眼前的蛋糕，儿童会产生不愉快的情绪，但是当蛋糕从眼前消失，儿童感兴趣的动画片开始播放，儿童不愉快的情绪也很快就烟消云散了。另一方面与儿童的易受感染性有关。儿童的情绪很多时候不是自身发出的，而是非常容易受到周围人的情绪的影响。幼儿园里有一个常见现象是，当一个孩子在哭时，其他孩子受到影响，也会陆陆续续哭起来。当一个孩子因为某件事高兴地跳起来时，周围的孩子也会跟着跳，而且情绪也和第一个孩子一样兴高采烈。一个孩子拉着阿姨的手，亲昵地表示要和阿姨一块玩，其他孩子也会围上来，做同样的表示。这种情况在小班阶段尤其多见。

随着年龄的增长，儿童情绪的稳定性逐渐提高，情境性和受感染性逐渐减少。但是，总的来说，儿童的情绪仍然是不稳定、易变化的。直到幼儿后期，儿童的情绪会比较稳定，较少受一般人感染，但仍然比较容易受亲近的人（如：家长和教师）的感染。因此，父母和教师在儿童面前需注意控制自己的不良情绪。

3. 情绪的内隐性逐渐增强

幼儿前期的儿童常常不能意识到自己情绪的外部表现，他们的情绪往往会毫无保留地显露出来，不加以控制和掩饰。他们不高兴就哭，高兴了就笑，情绪具有明显的外露性。例如，当教师哄劝新入园的儿童不哭的时候，儿童会一边答应着“我不哭”，一边啜泣流泪。儿童情绪外显的特点有利于成人及时了解他们的情绪，并给予正确的引导和帮助。但是，调节与控制自己的情绪表现是社会交往的需要。

▲ 图10-12　儿童在成人的鼓励下爬轮胎山

随着言语和儿童心理活动有意性的发展，儿童逐渐能够调节自己的情绪及其外部表现。幼儿后期，儿童调节自己情绪表现的能力已有一定的发展，逐渐学会控制和掩饰自己的情绪。例如，在认识到大人喜欢勇敢的小孩后，即使在面对平衡木、独木桥、轮胎山等有挑战性的游戏时，儿童也会鼓励自己勇敢去面对，不害怕、退缩。再如，儿童懂得在收到别人的礼物时应该表示高兴和感激，即便这些礼物并不合自己心意，也要掩饰自己的情绪。在幼儿后期，儿童的情绪已经开始有内隐性，这就要求成人细心观察，及时了解儿童内心的情绪体验。

三、高级情感的发展

在个体发展的过程中，情绪出现得较早，多与个体的生理需要相联系；而情感出现较晚，多与个体的社会性需要相联系。儿童情感的发展主要体现在儿童高级社会情感，即道德感、理智感以及美感的发展，这些高级情感的形成和发展对儿童个性与社会性的形成与发展具有重要意义。

（一）道德感

道德感是指由自己与别人的举止行为是否符合社会道德标准而产生的情感。儿童道德感的形成是一个复杂的过程。3 岁以前的儿童只有某些道德感的萌芽，3 岁以后，特别是在幼儿园的集体生活中，在儿童掌握各种行为规范的过程中逐渐形成了道德感。

不同年龄层次的儿童的道德感有所差异。小班儿童的道德感通常是由于成人的评价而引起的，且主要指向个别行为。例如，以下是一位母亲与 3 岁半儿子的对话。妈妈问："浩浩，这几天在幼儿园有什么进步？"儿子回答："王老师说了，我开始会自己穿衣服了。"妈妈继续问："还有哪些进步？"儿子说："王老师说了，我越来越有礼貌了……王老师说了，我吃饭不挑食了。"

▲ 图 10-13　爱朋友、爱集体

中班儿童已经掌握了比较概括化的道德标准，在关心自己的行为是否符合道德标准之外，也开始关心他人的行为是否符合道德标准，并会产生相应的情绪。这一阶段儿童的"告状"行为就是由道德感所激发的，告状实际上反映了儿童正在把其他儿童的行为与教师经常教导他们的行为准则做比较，并且主动产生某种道德体验。

大班儿童的道德感进一步发展和复杂化。他们对好与坏、好人与坏人、美与丑已经有鲜明的情绪和稳定的认识。在这个年龄，爱朋友、爱集体等情感已经有了一定的稳定性。

总体而言，学前儿童的道德感大多是在模仿成人、服从成人的指示，以及集体活动和成人道德评价的影响下慢慢发展起来的。

在了解了儿童道德感的发展过程后，成人对儿童进行道德教育时，一定要尊重儿童的道德发展水平，注意在生活中树立道德榜样，并做到对儿童"晓之以理，动之以情"，以激发儿童情感共鸣，使其获得积极、正确的道德情感体验。

案例

告　状[1]

今天是中班小朋友阳阳的生日，老师和小朋友们一起给阳阳庆祝生日。老师把庆祝活动安排在下午两点半，吃完蛋糕后，涛涛发现装蛋糕的盒子很精致、漂亮，还有两条丝带。他就拿起丝带把盒子拎起来玩儿，几个小朋友看到了，都围过来。涛涛可能担心别人跟他抢盒子，就拎着盒子在教室里跑，另外几个小朋友追。这时正在吃蛋糕的璇璇跑到老师面前说："老师，你看涛涛他们，老师说过的不能在教室里跑。"说完，她就回到自己座位上了。老师喊了一声："涛涛！"并投去一个警告的眼神，孩子们就都停下了奔跑的脚步。老师又说："把蛋糕盒放回去。"孩子们就把蛋糕盒放回桌子上，坐回自己位置上去了。

类似上述案例中的告状行为，在幼儿园时常发生。实际上，这正是儿童道德感得到发展的表现。教师对儿童告状行为的回应，会对儿童产生深刻的影响。如果对儿童的每次告状都问清缘由，合理引导，必然会帮助他们明辨是非，提高道德水平。因此，教师正确认识和处理儿童的告状行为十分重要。教师要具体问题具体对待，积极捕捉儿童告状行为背后潜藏的教育价值与教育契机，从而采取正确有效的应对策略。

（二）理智感

理智感是在认识客观事物的过程中所产生的情感体验。它与人的求知欲、认识兴趣、解决问题的需要是否满足相联系，是人类所特有的高级情感。儿童的理智感有一种特殊的表现形式，即好奇、好问。2—3 岁的儿童总是喜欢问"这是什么"、"那是什么"，这是理智感萌芽的表现。到了 5 岁左右，理智感得到了明显的发展，一个表现就是儿童的问题从"是什么"发展到"为什么"、"怎么样"。当儿童得到了满意的回答，他们会感到极大的满足和愉悦。而 6 岁的儿童喜爱进行各种智力游戏，或者动脑进行问题解决的活动，如：猜谜语、下棋等。这些活动能够满足他们的求知欲和好奇心，促进理智感的发展。因此，这一阶段的儿童往往会出现一些破坏性行为。例如，儿童好奇闹钟为什么会响，就把家里的闹钟拆了，还会无辜地说："我只是想看看它里面是什么样的"。当遇到上述情况时，成人一定不能简单粗暴地惩罚儿童，而应当珍惜儿童的这种探求知识的热情，并为他们创造动手探究的机会，满足他们的好奇心。

（三）美感

美感是指人对事物的审美体验，它是根据一定的美的评价而产生的。孩子一出生，就有了美感的萌芽。例如，有研究表明，新生儿已经倾向于注视端正的人脸，而不喜欢五官凌乱颠倒的脸，喜欢有图案的纸板多于灰色的纸板。婴儿喜欢鲜艳悦目的东西以及整齐清洁的环境。幼儿前期，儿童仍然主要是对颜色鲜亮的东西容易产生美感。

---

① 张瑞，杨阳．中班幼儿告状行为及应对策略［J］．青年文学家，2013，1X：119.

▲ 图10-14　儿童在绘画中体验美感

儿童对美的体验也是一个社会化的过程。在幼儿园中，相貌漂亮的小朋友会更受到其他小朋友的喜欢；颜色鲜艳、外表美观的玩具更受欢迎。在环境和教育的影响下，儿童逐渐形成了审美的标准，对拖着长鼻涕的样子感到厌恶，对于衣物玩具摆放整齐产生快感。同时，他们能够从音乐、绘画等作品中对自己所从事的美术活动、音乐活动、艺术表演等产生美感，对美的评价标准也会日益提高，从而促进了美感的发展。

案例

苗苗喜欢表现美①

4 岁的苗苗现在最喜欢做的事情就是画画，每天都要画三四幅画，画完之后会跟妈妈说画的内容，还会为画取一个名字。平时看电视节目，看到小朋友在跳舞唱歌，苗苗也会跟着扭动身体唱几句。如果有人观看，她会更卖力。得到他人的表扬，她会喜笑颜开。

儿童对美的体验是一个逐步发展的过程，儿童会逐渐对绘画、舞蹈和音乐等艺术形式产生兴趣。可见，4 岁的苗苗已经具备一定表现美的能力，美感开始发展。

第三节　学前儿童积极情绪的培养

在日常生活中，学前儿童可能会产生各种各样的消极情绪，如与父母分离时的焦虑、与同伴出现矛盾时的愤怒、怕黑怕鬼、羞怯等，这种消极情绪长期存在会影响儿童身心的健康发展。因此，培养学前儿童的积极情绪非常重要。那么，如何培养学前儿童的积极情绪呢？

一、营造良好的情绪环境

学前儿童的情绪非常容易受到周围环境的影响和感染。可以说，学前儿童的情绪发展主要依靠周围情绪氛围的熏陶，其作用比专门的、理性的说教要大得多。因此，促进学前儿童情绪的健康发展，需要为其营造良好的情绪环境。

① 刘万伦．学前儿童发展心理学［M］．上海：复旦大学出版社，2014：114.

（一）保持和谐的气氛

▲ 图 10-15 家庭矛盾影响儿童

现代社会发展迅速，竞争日益激烈，很容易让人产生紧张、焦虑的情绪。儿童也容易受到成人不良情绪的感染，这对儿童的发展极为不利。因此，在家庭中，家长要努力营造温馨和谐的家庭氛围，布置相对宽松舒适的环境，避免脏乱、嘈杂。家庭成员之间也要互敬互爱，避免矛盾冲突。在幼儿园中，教师也要以积极的情绪面对儿童，平等关爱每一个儿童，并建立合理的一日常规，以保证和谐、安全的心理气氛。更为重要的是，成人不能把儿童当作出气筒，把自己内心的负面情绪发泄在他们身上，这可能会对儿童造成难以磨灭的身心伤害。

案例

帅帅的转变①

圆嘟嘟的小脸，圆溜溜的眼珠，笑起来嘴边绽出两个圆圆的小酒窝，留着西瓜太郎的发型，是个懂礼貌又十分活泼可爱的小男生，这就是我们对帅帅小朋友的第一印象。然而，不知从何时起，帅帅变了——他不再彬彬有礼，与小朋友相处的时候还有了暴力倾向，活动后总有孩子来告他的状。我们很是不解：究竟是什么原因让原本活泼可爱的帅帅出现了这样的变化？

在走访了帅帅的家庭后，我们找到了答案。原来，帅帅的父母和很多年轻小夫妻一样，冲动、好面子、易争执，即使是一件很小的事情也能让他们争吵半天。最近两人的关系陷入僵局，甚至闹到要离婚的境地。因为情绪不好，爸爸妈妈对待帅帅也不再有耐心了，甚至为了一点小事对帅帅动手。

父母在孩子的眼里永远是最亲近的人，也是孩子最想依赖的人。如果这两个人在孩子的面前发生争吵，不能保证营造一个和谐、温馨的家庭气氛，孩子会不知所措，产生紧张、恐惧等负面情绪，严重时会引起孩子的个性转变。因此，为了孩子的心理健康，家长应该避免矛盾冲突，营造一个良好的家庭心理气氛，为孩子诠释最完整的“爱”：爸爸爱妈妈，妈妈爱爸爸，爸爸妈妈都爱我！

（二）建立良好的亲子关系和师幼关系

亲子关系维系着人的终身发展。依恋是健康亲子关系的表现，它对儿童的情绪发展有重要价值。分离焦虑是亲子依恋形成的体现，分离焦虑处理不当或不能从亲人那里得到爱的满足，可能会导致儿童的情绪发展产生障碍，其不良影响甚至会持续到成年期。

① 李书军. 关注幼儿情绪变化，创设良好心理环境［J］. 动漫界：幼教 365，2016，24：48—49.

▲ 图10-16 教师耐心与儿童互动

儿童初次进入幼儿园的时候，是分离焦虑表现最为突出、明显的时期。由于离开了熟悉的家庭环境，以及长时间没有亲人的陪伴，儿童会哭泣、焦虑。此时教师的悉心关照以及家长的说明解释，对于舒缓儿童情绪极为重要。

师幼关系是儿童成长过程中第一次开始与亲人以外的重要他人建立的人际关系。积极的师幼关系能够促进儿童情绪的健康发展，它的建立主要依靠教师有意识的培养，儿童需要得到教师较多的关注、尊重和理解。例如，幼儿园小班的儿童很愿意与教师进行身体接触，教师的抱一抱、摸一摸都会使他们产生良好的情绪。有位教师规定：谁做得好，就让他多坐一次“车车”（教师背着儿童走一段路），小班儿童很喜欢争得这种奖励。因此，良好的师幼关系能够有效增强儿童的积极情绪，促进儿童情绪情感的健康发展。

案例

开学第一天①

小宝今年3岁了，到了该上幼儿园的年龄了。开学第一天，小宝的妈妈与外婆很早就把他送到了幼儿园，小宝看到老师，露出了非常害怕的表情，大哭着说：“小宝要找妈妈！”小宝妈妈与外婆把小宝交给老师后，转身就走了。小宝一边哭，一边歇斯底里地喊着：“小宝要回家，妈妈早点来接我！”

小宝这样的情况对于刚入园的幼儿来说非常常见，3岁多的孩子，离开熟悉的家庭和亲人，来到陌生的幼儿园，与陌生的老师、同伴在一起，很容易处于消极的情绪状态中，影响身心健康发展。而对于教师来说，应该如何与幼儿建立起良好的师幼关系，帮助他们获得愉快情绪呢？

首先，教师要以温暖、热情的态度对待初入园的每一个幼儿。教师可以微笑迎上前从家长手里接过孩子，针对每个孩子不同的性格与表现，用亲切的话语与之交谈，给予幼儿适当的鼓励，让幼儿从教师的眼神、表情、语气中感受到教师对他们的欢迎和接纳。其次，小班幼儿刚入园，由于与教师存在着一定的心理距离，不敢对教师讲出自己的某些需要，但他们的神情和动作会表现出自己的需要，这就要求教师在日常生活中要对幼儿怀有爱心、细心和耐心，及时发现并满足幼儿的需要，这是使他们获得愉快情绪的重要条件。最后，户外游戏活动是培养幼儿愉快情绪的最佳手段。在户外活动中，孩子们会完全放松自己，自由自在地玩耍。老师若以自己的童心、童趣与幼儿相伴相随，幼儿会感到老师格外亲切，师幼关系会得到进一步发展。

① 叶馨，纪萍.小宝不“哭”了——小班幼儿情绪问题及相关策略［J］.科技信息，2014，11：160—161.

二、采取积极的教育态度

学前儿童情绪的发展很大程度上取决于成人的教育和引导。为培养儿童积极健康的情绪体验，成人要注意采取积极的教育态度，主要包括多肯定、多鼓励，耐心倾听儿童的心声，正确运用暗示、强化等手段。

（一）多肯定、多鼓励

成人对儿童积极、肯定的评价，能够提高儿童对活动的兴趣，激发他们积极的情绪体验。例如，旭旭平时不常讲故事给别人听，有一天，他在幼儿园中讲了一个故事得到了一朵小红花，他将小红花带回家给妈妈看，妈妈高兴地说："太好了！孩子，你今天在幼儿园表现真棒，看小红花多漂亮。"从此，旭旭对讲故事产生了兴趣，经常会给爸爸妈妈以及周围的同伴讲故事。而每给爸爸妈妈讲一次，妈妈就会说他讲得好、有进步，旭旭果然越讲越好了。而有些父母总是吝于赞美、肯定自己的孩子，常常对孩子说"你太笨了"、"你不行"等等。经常处于这些负面评价影响下的儿童，其情绪消极，活动缺乏热情。因此，成人应该多肯定和鼓励儿童的行为和表现，使儿童获得愉快的情绪体验，促进其心理健康发展。

▲ 图 10-17　母亲鼓励孩子继续尝试

（二）耐心倾听儿童的心声

耐心倾听儿童说话，对儿童的情绪培养十分重要。有研究发现，在情绪体验上与父母有更多交流的 3 岁儿童，3 年后在小学阶段能更好地理解他人情绪，更好地解决与同伴的争执。一般情况下，儿童总是愿意把自己的见闻与家长、教师分享，但成人常常会因为忙，没有时间听他们讲话，对他们的兴趣缺乏反应、缺乏兴趣、缺乏关心。这会使得儿童逐渐减少对成人的诉说，进而变得孤独、压抑、情绪低落。更有甚者，会出现逆反心理，故意做错事或搞破坏，以引起成人的注意。

▲ 图 10-18　父亲倾听孩子的想法

案例

粉红色的西瓜①

在一次画“切开的西瓜”的活动中，我要求孩子们画西瓜。在最后完成的作品中，我发现一块西瓜被涂成了粉红色，是希希画的。我也没多想，就问他：“平时我们吃的西瓜只有红颜色和黄颜色的瓤，你怎么乱涂了颜色呢？”希希很委屈地看着我，张张嘴想要说话却什么也没有说。这时保育老师刚好进来，听见了之后，她笑着对我说：“也没错的呀，没有熟的西瓜不就可以是那个颜色的吗？”“恍然大悟”的我赶紧又当着大家的面对希希说：“原来你画的是没熟的西瓜呀！”希希想了想之后，害羞地点了点头。于是我便把希希的这一特别的想法和其他小朋友进行交流，大家一致认可了他的想法。希希开心地咧开嘴笑了。

从上面的案例可以看出，一开始教师没有耐心地倾听儿童说话，主观地对儿童的想法和行为做出判断，使得儿童产生了消极的情绪体验，不利于儿童健康情绪和师幼关系的发展。因此，幼儿教师需要注意询问儿童的意见和想法，耐心倾听儿童说话，而不是主观臆断。只有细致、专心地倾听彼此的心声，才能够实现教育的意义。

（三）正确运用暗示和强化等手段

学前儿童的情绪很容易受到成人暗示的影响。例如，当孩子摔倒时，家长说“好孩子，摔跤以后会自己爬起来，不哭”，此时儿童是能够控制自己的情绪的。如果家长常常对别人说：“我家的孩子特别胆小，让她干什么都不敢。”这种暗示容易让儿童越来越胆怯、退缩。

此外，强化也会影响儿童的情绪。例如，妈妈要去上班，孩子因为分离焦虑而哭闹。此时，妈妈为了能够尽快离开，会给孩子一块糖，以示安慰。但这只能暂时解决问题，孩子哭的行为相当于得到了一个正强化，以后再遇到类似情况时，他可能会哭得更大声。

三、帮助儿童控制情绪

学前儿童往往还不能够很好地控制自己的情绪，成人可以使用转移法、冷却法、消退法等方法来帮助儿童控制情绪。

（一）转移法

转移法是指将儿童的注意力从引起情绪的刺激物转移到其他物体上的方法。例如，让一个正在接种疫苗的儿童观察墙上色彩鲜艳的画报，能够使他将注意力转移到画报上，暂时忘掉打针的痛苦。转移法也可以通过离开当时的情绪环境实现。例如，两三岁的孩子在超市哭着要买玩具，成人常常用转移注意的方法说“等一会儿，我给你找一个更好玩的”，孩子就会跟着走了。但有时候此法并不奏效，这往往是由于大人之前不守

① 岳飞虹．浅析教师如何有效地倾听幼儿的声音［J］．考试周刊，2017，12：186.

承诺造成的。对于4岁左右的儿童，当他们遇到情绪困扰时，宜采用精神的而非物质的转移方法。例如，爸爸对正在大哭的孩子说："看你这么多泪水，咱家正缺水呢，快来接住吧。"爸爸真的拿来一个杯子，孩子就破涕为笑了。

案例

输了之后①

记得有一次，我带孩子们玩"滚地雷"的游戏，在游戏的第一回合，杰杰输了，他急得要哭。我却笑着对他说："杰杰，你最爱讲故事了，待会游戏完了，老师就请你给小朋友们讲个故事好吗？"他使劲点点头。游戏结束后，当我看到杰杰绘声绘色地给小朋友们讲故事时，我心里乐了。因为他不再为"输"生气了，我的情绪转移法赢了。

在幼儿园一日生活中，教师应该引导儿童运用转移法消除不良情绪，真正让儿童明白在遇到挫折或冲突时，不能让自己陷入引起冲突或挫折的情绪之中，应该转移自己的情绪，投入自己感兴趣的活动之中。

（二）冷却法

冷却法是指当儿童情绪激动时，可以采取暂时置之不理的方法。成人可以对儿童的情绪做出选择性回应，对其表现出的愉快、好奇等积极情绪给予更多注意，对其表现出的消极情绪不太关注。一般情况下，"没有观众看戏，演员也就没劲儿了"，没有了关注的强化，儿童的消极情绪会随着时间的流逝而慢慢平复。当儿童处于激动状态时，成人切忌激动，如果这时成人对他们大声喊"你再哭，我就把你嘴巴缝上"或者"你哭什么，不准哭"，会使得儿童的情绪更加激动。

（三）消退法

消退法是指逐渐撤销促使某些不良情绪和行为产生的因素，从而减少这些情绪和行为的发生。消退法对于纠正儿童的不良情绪具有重要作用。例如，由于要离开父母和熟悉的环境，孩子在初入幼儿园时会大哭大闹。这时可采用消退法，即可以让父母在幼儿园陪伴孩子一段时间再离开，且对孩子的哭闹不予理睬，之后每次减少陪伴时间。经过一段时间后，孩子的哭闹会逐渐减少，最后即便没有父母的陪伴，孩子也可以待在幼儿园。

四、教会儿童调节自己的情绪

儿童情绪表现的方式更多是在生活中学会的。因此，在生活中有意识地引导儿童学会适当调节情绪及其表现方式的技巧是十分必要的。经过成人引导，儿童会逐渐懂得大哭大闹、撒泼打滚、大发脾气等是不正确的情绪表现方式，这样并不能达到满足自身需求的目的，而反思法、自我说服法和想象法等才是适宜的情绪调节方式。

---

① 韩玉凤. 让幼儿学会宣泄情绪［J］. 早期教育（教师版），2010，12：45.

（一）反思法

反思法是让儿童自己去思考自己的情绪表达是否合适的方法。这种方法不仅能够引导儿童调节自己的情绪，还能够让儿童学会独立思考，促进他们自我反省能力的发展。比如，在儿童的要求得不到满足而产生了消极情绪后，成人可以让他们想一想自己的要求是否合理？在和小朋友发生争执时，想一想是否错怪了对方？

（二）自我说服法

自我说服法是让儿童通过自我暗示来宣泄不良情绪的方法。初入园的儿童由于要找妈妈而伤心地哭泣时，可以教他自己大声说："好孩子不哭。"他们起先是边说边抽泣，以后渐渐地不哭了。儿童之间发生冲突很生气时，可以要求他们讲述冲突发生的过程，他们会越讲越平静。

（三）想象法

想象法就是让儿童通过想象创造的情境来调节情绪的方法。当儿童遇到困难或挫折而伤心时，让他/她想象自己是"大哥哥"、"大姐姐"或某个英雄人物。也可以引导儿童通过想象美好的事物进行情绪调节，比如，当妈妈必须去上班时，让孩子想象"妈妈下午就下班了，她下班回来会给我带很多好吃的，晚上还会陪我一起看动画片"。

案例

我不吃青菜①

5岁的方方很不愿意吃青菜。当晚餐时，妈妈把青菜端上桌，方方立即激动起来，愤怒地大喊大叫："怎么又有青菜呢？我不要吃！不吃青菜！"说完捂住自己的嘴巴。妈妈见状，灵机一动说："方方不吃妈妈吃，青菜里有很多营养分子，营养分子是妈妈的好朋友，妈妈的胃笑哈哈地迎接着新朋友……瞧，妈妈更有精神啦。"方方听了之后，想了想跟妈妈说："妈妈，方方也要迎接新朋友。"说罢，便夹了一口青菜放到嘴巴里。妈妈又说："哇，营养分子一个一个争先恐后地跑进方方的胃里啦……营养分子进到身体各个部位了。"就这样，方方边吃，妈妈边讲，方方边想象。方方开心地吃完了半盘青菜。在方方吃完青菜的第二天，妈妈拍拍她的肩膀说："瞧，我们方方多有精神啊，像个小解放军！"

▲ 图10-19 运用想象法让儿童吃青菜

案例中妈妈运用想象法，让儿童在想象中如临其境，本身激动、愤怒的情绪在想象的过程中逐渐消失，进而产生积极的情绪和心态，再进一步产生相应的积极行为。并在第二天对儿童因情景想象而出现的良好行为，运用想象法及时给予肯定，使儿童对青菜产生积极的情绪和欲望，促进良好饮食习惯的养成。

---

① 宋宁．情境想象法［J］．父母必读，1998，7：15.

思考与练习

1. 学前儿童的情绪对其心理发展有什么作用？请举例说明。
2. 请结合具体案例，分析学前儿童情绪发展的特点。
3. 学前儿童的高级情感是如何发生发展的？
4. 如何培养学前儿童的积极情绪？

推荐资源

1. 纸质资源：

（1）莫源秋著：《幼儿情绪管理的方法与策略——给幼儿教师和家长的教育建议》，中国轻工业出版社2018年版。

（2）杨曼华，李晓巍：《2—3岁幼儿情绪调节策略的特点研究》，《幼儿教育》2020年第6期。

（3）郁晓洁：《用画笔解开“怒”绳的捆绑——“绘画疗法”矫正幼儿“易怒”行为的实践研究》，《家教世界》2016年第30期。

2. 视频资源：

（1）超级育儿师《如何教孩子控制情绪》，安徽卫视制作。

（2）纪录片《婴儿日记》，中央电视台出品。

第十一章 学前儿童个性的发展与教育

目标指引

1. 了解个性的概念、结构、基本特征及形成时期。
2. 理解学前儿童自我意识的形成过程和发展特点。
3. 掌握学前儿童气质的类型以及根据学前儿童的气质类型进行教育的方法。
4. 了解学前儿童性格的年龄特点及影响性格形成的主要因素。
5. 能够运用所学的知识对学前儿童个性发展案例进行分析，并提出相应的指导策略。

内容结构

学前儿童个性的发展与教育

- 个性概述
  - 个性的概念
  - 个性的结构
  - 个性的基本特征
  - 幼儿期是儿童个性开始形成的时期
- 学前儿童自我意识的发展
  - 自我意识及其心理成分
  - 学前儿童自我意识的形成
  - 学前儿童自我意识发展的特点
- 学前儿童气质的发展与教育
  - 学前儿童气质的类型
  - 学前儿童气质发展的特点
  - 根据学前儿童的气质类型进行教育
- 学前儿童性格的发展与教育
  - 学前儿童性格的萌芽
  - 学前儿童性格的年龄特点
  - 影响学前儿童性格形成和发展的因素

在现实生活中，我们会发现性格迥异的人：有人开朗热情，有人冷漠苛求；有人成熟稳重，有人烦躁易动；有人主观武断，有人谦让依赖……这都是个性差异的表现。个性是一种心理特性，它使每个人在心理活动过程中表现出各自独特的风格。本章将介绍个性的概念、结构、特征及形成时期，以及学前儿童的自我意识、气质和性格的概念、类型、特点及培养方法，以便我们能更好地了解儿童在不同发展阶段的个性特点，从而在教育活动中因势利导，促进儿童形成良好的个性特征。

第一节 个性概述

一、个性的概念

个性是指一个人比较稳定的，具有一定倾向性的各种心理特点或品质的独特组合。人与人之间个性的差异主要体现在每个人待人接物的态度和言行举止中，行为表现更能反映一个人真实的个性。在日常生活中，我们会发现每个人都是独特的。世界上没有两个完全一样的人，即使是孪生兄弟姐妹，在相貌上，你可能分不出谁是谁，但熟悉他们的人会从他们的言谈举止上把他们区分出来；即使是初次见到他们，只要和他们接触一段时间，注意观察他们的神态、动作、语言及待人接物的态度，也会把他们区别开来。这种差异就是人与人之间的个性差异。

儿童个性是指儿童在其生活、实践活动中经常表现出来的，比较稳定的带有一定倾向性的个性心理特征的总和，是一个儿童区别于其他儿童的独特精神面貌和心理特征。

二、个性的结构

个性是一个多侧面、多层级的复杂的动力结构系统，包含三个彼此紧密相连的子系统，它们是个性倾向性系统、个性心理特征系统和自我意识系统。

（一）个性倾向性系统

个性倾向性是指人对社会环境的态度和行为的积极特征，它是推动人进行活动的动力系统，是个性结构中最活跃的因素。个性倾向性决定着人对周围世界认识和态度的选择和趋向，决定人追求什么，包括需要、动机、兴趣、理想、信念、世界观等。个性倾向性是人的个性结构中最活跃的因素，它是一个人进行活动的基本动力，决定着人对现实的态度，决定着人对认识活动对象的趋向和选择。个性倾向性是个性系统的动力结构，较少受生理、遗传等先天因素的影响，主要是在后天的培养和社会化过程中形成。

个性倾向性的各个成分是相互联系、彼此影响的，其中总有一个成分居于主导地位，并随着年龄的增长和发展阶段的不同而有所不同。在6岁前，支配儿童心理活动和行为的主要是需要和兴趣；在青少年期，占主导地位的则是理想；到青年后期和成年期，人生观和世界观则成为支配人心理与行为的主导心理倾向。

（二）个性心理特征系统

个性心理特征指一个人身上经常、稳定地表现出来的心理特点。个性心理特征系统是个性独特性的集中表现，包括气质、能力、性格等心理成分。其中性格是个性最核心的特征，反映一个人对现实的稳定性态度和习惯化了的行为方式。

（三）自我意识系统

自我意识系统是一系列自我完善的能动结构，是人心理能动性的体现。自我意识是个性系统的自动调节结构，它包括自我认识、自我体验、自我调节三个方面。自我认识是个体对自己的能力、道德品质、行为、社会行为等方面的社会价值的认识和评价，是自我意识的核心，也是自我意识在认知方面的表现。自我体验是人在对自己进行自我评价时产生的情绪体验，是自我意识在情感方面的表现。自我调节是个体对自身心理和行为的主动掌握，是人所特有的心理现象，是自我意识在意志方面的表现。自我调节水平与一个人心理发展的整体水平，尤其是与个性品质及自身修养不可分割。

三、个性的基本特征

人的行为中，并非所有的行为表现都是个性的表现。要了解一个人的个性行为，就有必要了解作为个性的一些基本特征。

（一）个性的独特性

个性的独特性是指人与人之间没有完全相同的个性，人的个性千差万别。在现实生活中，我们无法找到两个完全一样的人，即使是躯体相连的兄弟、姐妹之间也存在着明显的差异。

▲ 图 11-1　害羞的儿童

个性的独特性并不排斥人与人之间的共同性。虽然每个人的个性是不同于他人的，但对于同一个民族、同一性别、同一个年龄的人来说，个性往往存在着一定的共性。一个国家、一个民族、一种文化背景中的人，都有一些比较普遍的特点，如中国人的性格都或多或少地有儒家思想的烙印，在情感方面比较害羞含蓄，内热外冷的较多，遇事考虑多，善于克制自己等，表现出与西方人迥然不同的心理特点。而同一年龄人的身上更是存在一些相似的典型特点，如幼儿期的儿童有一些明显的共同特征：好动、好奇心强等。从这个意义上说，个性是独特性与共同性的统一。

拓展阅读

不同的个性

调查显示，以色列儿童据说是世界上最大胆的儿童，而日本和中国儿童是最害羞的，英国和美国的儿童则介于两者之间。一种比较普遍的解释就是：西方国家更加鼓励儿童张扬个性，敢于表达自我，而东方国家则更主张内敛和低调。

（二）个性的整体性

个性是一个统一的整体结构，是由各个密切联系的心理成分所构成的多层次、多水平的统一体。这个整体的各个成分相互作用、相互影响、相互依存，使一个人的各种行为都体现出统一的特征。因此，从一个人行为的一个方面往往可以看出他的个性，这就是个性整体性的具体表现。

（三）个性的稳定性

个性的稳定性是指个体的个性特征具有跨时间和跨空间的一致性。一个人暂时的、偶然表现的心理特征，不能认为是这个人的个性特征。一个人经常、一贯表现的心理特征才是他的个性特征。人的个性心理特征是相对稳定的，这样才能表明一个人的个性，才能把一个人同其他人区分开，也才能预测一个人在一定情况下会有什么样的行为举止。

个性是相对稳定的，并不是一成不变的，因为现实生活非常复杂，现实生活的多样性和多变性带来了个性的可变性。对于一个处于成长发育期的儿童来说，即使是已经形成的一些比较稳定的个性特点，在一定的外界条件作用下，也会产生不同程度的改变。所以说，个性是稳定性和可变性的统一。

（四）个性的社会性

人的个性是在先天的自然素质的基础上，通过后天的学习、教育与环境的作用逐渐形成起来的，因此，个性首先具有自然性。人们与生俱来的感知器官、运动器官、神经系统和大脑在结构与机能上的一系列特点，是个性形成的物质基础与前提条件。但人的个性并非单纯的自然产物，它总是要深深地打上社会的烙印。初生的婴儿作为一个自然的实体，还谈不上有个性，既没有表达能力和运动能力，也表现不出勇敢或怯懦、勤劳或懒惰的个性特点，更没有克服困难的坚强意志。个性是个体在生活过程中逐渐形成的，它在更大程度上受社会文化、教育教养内容和方式的塑造。可以说，每个人的个性都打上了他所处社会的烙印，是个体社会化的结果。由此可见，个性是自然性与社会性的统一。

四、幼儿期是儿童个性开始形成的时期

个性是在儿童心理过程及其他心理成分出现的基础上发生的。2 岁前，儿童的各心理成分还没有完全发展起来。比如，儿童还没有很好地掌握语言，他们的思维也尚未形成，在这一阶段里，其心理活动是零碎的、片段的，还没有形成系统，因此个性不可能

▲ 图11-2 外向、热情

▲ 图11-3 文静、心细

发生。2岁左右，个性逐渐萌芽。所谓个性开始萌芽，是指心理结构的各成分开始组织起来，并有了某种倾向性的表现，但是还没有形成有稳定倾向性的个性系统。3—6岁时，儿童的个性开始形成。

我们说幼儿期是儿童个性开始形成的时期，是因为这时期个性的各种心理结构成分开始发展，特别是性格、能力等个性心理特征和自我意识已经初步地发展起来。同时，各种心理活动不仅已经结合成为整体，而且表现出明显的稳定的倾向性，形成了各自的独特性。每个儿童在不同场合、不同情境、对不同事件，都倾向于以一种自身独有的方式去反应，表现出自己所特有的态度与行为方式。比如，有的儿童已经形成了比较明显的兴趣爱好，有的儿童大大咧咧，或者外向、热情，而有的儿童则文静、心细，或者内向、不多言谈。有经验的教师之所以能正确判断不同儿童在遇到某一情境（如班上来了参观者）时的反应，并采取行之有效的预防性措施，原因就在这里。

但应该强调的是，在幼儿期，儿童个性只能说是形成的开始，或者说是个性初具雏形，它距离个性的定型还差得很远。直到成熟年龄（大约18岁），个性才基本定型，而且在个性定型以后，还可能发生变化。

第二节 学前儿童自我意识的发展

自我意识是人对自己以及自己与客观世界关系的一种意识。自我意识是个性形成和发展的前提，是个性发展和成熟的重要标志，是整合、统一个性各个部分的核心力量，也是推动个性发展的内部动因。

一、自我意识及其心理成分

（一）自我意识的概念和特征

自我意识指的是个体对自己行为的看法和态度，主要包括个体对自身的存在以及与外部事物关系的意识，即自己对自己的认识，包括认识自己的生理状况（如：身高、体重、体态等）、心理特征（如：兴趣、能力、气质、性格等）以及自己与他人的关系（如：自己与周围人们相处的关系；自己在集体中的位置与作用等）。自我意识是在人类演变的历程中逐渐产生的，是人和动物的最后分界。人从两三岁就开始初步具备自我意识，而动物却不具备自我意识。在自我意识发展的过程中，个体既是认识的主体，也是认识的客体。

自我意识有两个基本特征，即分离感和稳定的同一感。分离感是指一个人意识到自己作为一个独立的个体，在身体和心理的各方面都是和他人不同的。稳定的同一感是指一个人知道自己是长期的持续存在的，不管外界环境如何变化，不管自己有了什么新的特点，都能认识到自己是同一个人。

自我意识是个性系统中重要的组成部分，影响、制约着个性的发展。自我意识的成熟标志着个性的成熟，自我意识的发展水平越高，个性也就越成熟和稳定。比如，当人的自我意识发展得较好时，就能够恰当地评价自己和他人，既不妄自菲薄，也不会刻意贬低别人，有意抬高自己。相反，当一个人对自己没有足够认识的时候，要么自卑，要么自负，就会影响其学习、工作和交往。

拓展阅读

卡米拉

绘本《糟糕，身上长条纹了！》用一个不可思议的故事告诉我们，人不能过于背离自己。戏剧化的故事呈现的是孩子接纳自己特点、性格与各种喜好的重要性。原来，卡米拉喜欢吃青豆却不敢承认，因为她所有的朋友都讨厌吃青豆。后来，经过一系列事件后，卡米拉不再盲目追求别人的认同，真实地做她自己，成为一个虽不受众人喜爱却愉快自在生活的寻常小孩。

我们来到这个世界上，注定不是单独的一个人。我们要与亲人一起生活，与教师、同学、邻居、朋友朝夕相处，与各种各样认识的和不认识的人交往。所以我们做事，不可能想怎样就怎样，还要考虑别人的感受，就像别人要考虑我们的感受一样。但是，如果太在乎别人的感受，也是不行的。那会把自己弄得不知所措，甚至寸步难行。

▲ 图11-4　卡米拉

（二）自我意识的心理成分

自我意识包括自我认识、自我体验和自我调节三种心理成分。

1. 自我认识

自我意识的首要成分是自我认识。自我认识是对自己的洞察和理解，在自我意识系统中具有基础地位，属于自我意识中的认知成分。自我认识包括自我观察、自我分析和自我评价三个方面。自我观察指对自己的感知、所思所想等内部感受的觉察。自我分析是将所观察的情况与自己的思想、行为结合起来进行分析、综合，并在此基础上概括出自己个性品质中的本质特点。自我评价指人对自己的想法、期望、品德、行为及个性特征的判断和评估，是自我意识发展的主要成分和主要标志，是在认识自己的行为和活动的基础上产生，并通过社会比较而实现的。

2. 自我体验

自我体验是由人对自身的认识而引发的内心情感体验，属于自我意识中的情感成分，自信、自卑、自尊、自满、内疚、羞耻等都是自我体验的具体内容。自我体验往往与自我认知、自我评价有关，也和自己对社会的规范、价值标准的认识有关，良好的自我体验有助于自我意识的发展。

3. 自我调节

自我调节是个人对自己的行为、活动和态度的调控，属于自我意识中的意志成分，它包括自我检查、自我监督、自我控制等。自我检查是人在头脑中将自己的活动结果与活动目的加以比较、对照的过程。自我监督是人根据内在的行为准则对自己的言行进行监督的过程。自我控制是人对自身的心理和行为的主动把控。自我调节是自我意识中直接作用于个体行为的环节，是一个人自我教育、自我发展的重要机制。

二、学前儿童自我意识的形成

（一）0—1 岁：自我感觉的发展

自我感觉是自我意识的最初级形式。1 岁前的婴儿没有自我意识，分不清自己和客体的区别。婴儿最初甚至不能意识到自己身体的存在，不知道身体的各部分是属于自己的。几个月的婴儿常常摆弄、吮咬自己的手指脚趾，就像咬其他玩具一样，有时候甚至会把自己咬疼而大哭不止。在此过程中，儿童逐渐发觉，咬自己的手指脚趾与咬其他玩具的感觉不一样，从而慢慢地意识到手指脚趾是自己身体的一部分。

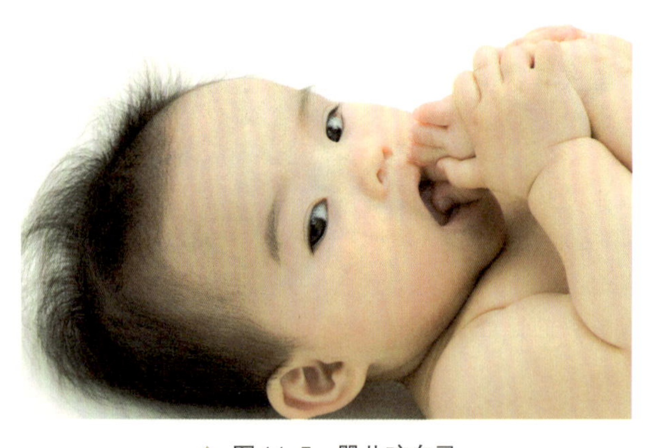

▲ 图 11-5 婴儿咬自己

（二）1—2 岁：自我认识的发展

儿童自我认识最主要的方面是对自我形象的认识。这个阶段的婴儿能够意识到自己的特征，可以通过外表特征认识自己，能从客体（如：照片、录像）中认出自己，这表明婴儿已经具有明确的自我认识。我们如何知道婴儿能否认出镜子中的自己呢？一个巧妙的方法是让母亲在擦婴儿的脸时，悄悄在婴儿鼻子上点个红点，然后让婴儿转向镜子。如果婴儿具有某种关于自己面部的心理表象，并认识到镜子里面的人是自己，他们能很快注意到红点，伸手摸或擦自己的鼻子，而不是擦镜子里面婴儿的鼻子。这一实验的结果显示，9—14 个月的婴儿会摸镜子里的人，好像镜子里红鼻子的人与他们无关；而 15—17 个月的部分婴儿会摸自己的鼻子；18个月以上的绝大多数婴儿会摸自己的鼻子；到了2岁，所有的婴儿都会这么做。去摸自己鼻子的婴儿已经知道自己的长相，能够将自己和其他婴儿进行区分，逐渐形成了对自我的认识。认识镜子中的人是自己，对于婴儿自我发展而言是一个关键的里程碑。

▲ 图11-6 红点实验（9月龄婴儿会摸镜子里的人）

（三）2—3岁：自我意识的萌芽

儿童自我意识的萌芽与言语的发展有着密切的关系。随着言语的发展，儿童掌握了与自身相关的词汇，比如自己的名字。但此时，儿童只是把名字当作自己的代号，如果别人也叫这个名字，他就会产生疑惑。实际上，大约在2岁以后，儿童逐渐学会使用代词“我”，学会用“我”来称呼自己。掌握“我”字是自我意识形成的主要标志，意味着儿童自我意识的产生。

三、学前儿童自我意识发展的特点

学前儿童自我意识的发展主要表现在自我评价、自我体验和自我控制的发展上。

（一）学前儿童自我评价的特点

学前儿童的自我评价呈现出以下发展趋势：

1. 主要依赖成人的评价

幼儿前期，儿童还没有独立的自我评价。他们的自我评价往往依赖于成人对他们的评价，其所谓的自我评价往往是成人评价的简单重复。如儿童评价自己是好孩子，是因为老师说他是好孩子，而且儿童对成人的评价往往有一种不假思索的轻信态度。

幼儿后期，儿童开始出现独立的评价，逐渐对成人的评价持批判态度。如果成人的评价不符合实际情况，儿童会质疑、申辩，甚至表示反感。

2. 自我评价常常带有主观情绪性

儿童不是从事实出发，而往往是从情绪出发进行自我评价。在一个实验中，让儿童对自己的绘画作品与别人的做比较性评价，当儿童得知比较的一方是教师的作品时，尽管一望而知这些作品比自己的差（这是实验故意设计的），儿童还是评价说教师的作品好，而当把儿童自己的作品与其他小朋友的进行比较时，即使自己的不如别人，也往往评价自己的作品好。

过高估计自己是幼儿期比较普遍的现象。但随着年龄的增长，儿童对自己的过高评价渐趋隐蔽。例如，儿童想说自己好，又不好意思，于是说“我不知道我做得怎么样”。在良好的教育下，儿童逐渐能够对自己做出正确的评价，有的儿童还会出现谦虚的评价。

3. 自我评价具有笼统性、片面性和表面性

幼儿前期，儿童的评价一般是比较笼统的，只是从某个方面或局部对自己进行评价。如三四岁的儿童是从个别方面或局部评价自己，说自己是好孩子的原因是“我不打人”或“我帮老师收积木”。随着年龄的增长，儿童的评价逐渐向具体、细致、全面的方向发展。如5岁儿童说自己是好孩子，原因是“星期天我帮妈妈扫地、抹桌子、刷碗”；6岁儿童的自我评价表现出多面性，如“我是好孩子，客人来了要主动问好，我上课发言好，帮老师……”等。

拓展阅读

如何提高儿童的自我评价能力

自我评价是自我认识的一个方面。儿童自我评价大约从2—3岁开始出现。正确的自我评价有助于儿童客观地认识自己和做出正确的判断，成人要有意识地提高儿童的自我评价能力。促进提高儿童自我评价能力的策略如下：

1. 成人对儿童评价要实事求是、恰如其分

因为学前儿童的自我评价是根据父母、教师及其他成人对自己的态度形成的，所以，成人应特别注意对儿童的评价要实事求是、恰如其分。同时，对儿童的自我评价要进行及时的引导和调控，尤其是对自我评价过高或过低的儿童，让每个儿童都看到自己既有优点，也有缺点，使他们对自己的评价变得比较客观、全面。

2. 通过交往活动提高儿童自我评价能力

儿童的自我评价是在与人的交往活动中形成与校正的。交往活动是自我认知、自我评价产生和发展的基础。成人要改善儿童的交往环境，经常带儿童到大自然、社会、幼儿园中去，增加儿童与成人、儿童与教师、儿童之间的交往频率，积累交往经验，使之理解是非善恶，养成团结合作、关心爱护、助人为乐等个性品质。

3. 加强儿童交往中的个别指导

对自我评价过高、有着盲目优越感的儿童，采取个别说教的方法常常不能奏效。重要的是，应该有针对性地引导他们参加一些活动，通过活动让他们切切实实认识到自己的不足，从而消除优越感和激情情绪，逐步使行为变得正常起来。

（二）学前儿童自我体验的发展

1. 儿童自我体验的发展水平不断深化

儿童的各种自我体验随年龄增长而发展，其发展水平不断深化。如对愤怒感的情绪体验，不同年龄的儿童体验的程度不同，从“会哭”、“不高兴”、“会生气”到“很生气”、“很恨他”等，从中可看到儿童体验的发展在不断深化。

2. 儿童自我体验的社会性明显发展

儿童不仅能对生理需要产生自我体验，也会对社会性需要产生自我体验，儿童往往会因成人的赞扬、批评、误会等产生不同的自我体验。随着年龄增长，儿童自我体验的社会性也在明显发展，如儿童的自尊感、羞愧感、委屈感等自我体验在4岁以后明显发展。

3. 儿童自我体验的明显特点是受暗示性

儿童的自我体验容易受成人的暗示，年龄越小表现越明显。比如，当成人问 3 岁儿童："如果在游戏中违反游戏规则又被老师发现，你会觉得难为情吗？"有 27% 的 3 岁儿童给予肯定回答，但当实验者改用"你觉得怎样"的笼统提问时，只有 3% 的 3 岁儿童有自我体验。说明很多儿童只有在成人的暗示下才会有自我体验，成人要充分注意儿童受暗示性强的特点，多采用积极暗示促进儿童良好道德情感的发展，同时要注意避免消极暗示对儿童的不良影响。

（三）学前儿童自我控制的发展趋势

儿童自我控制的发展主要表现在坚持性和自制力方面。总的来说，三四岁儿童的坚持性和自制力都很差，到了五六岁才有一定发展。儿童自我控制发展的趋势如下：

1. 从主要受他人控制发展到自己控制

幼儿前期，儿童自我控制的水平是比较低的，在遇见外界诱惑时，主要依靠成人的控制，儿童很难进行自我控制，所以违反行为规则的情况较多。幼儿后期，儿童自我控制的能力逐渐增强。

2. 从不会自我控制逐渐发展到学会使用控制策略

控制策略是影响儿童控制力的一个重要因素。幼儿前期，儿童还没有掌握有效的控制策略。幼儿后期，儿童逐渐开始使用简单的策略进行自我控制。例如关于延迟满足的研究表明，有少数四五岁的儿童能采用小声唱歌、用脚敲打地板、把手藏在手臂里或睡觉的方式让自己分心而不去碰诱惑物，而五六岁的儿童已经懂得把诱惑物遮盖起来（不让自己看见），以此来避免被诱惑。

拓展阅读

延迟满足实验[①]

20 世纪 70 年代，在沃尔特·米歇尔（Walter Mischel）的策划组织下，美国斯坦福大学附属幼儿园基地内进行了著名的延迟满足实验。实验人员给每个 4 岁的儿童一颗好吃的软糖，并告诉儿童可以吃糖。但是如果马上吃掉的话，那么只能吃一颗软糖；如果等 20 分钟后再吃的话，就能吃到两颗。然后，实验人员离开，留下儿童和极具诱惑的软糖。实验人员通过单面镜对实验室中的儿童进行观察，发现：有些儿童只等了一会儿就不耐烦了，迫不及待地吃掉了软糖，是"不等者"；有些儿童却很有耐心，还想出各种办法拖延时间，比如，闭上眼睛不看糖，或头枕双臂，或自言自语，或唱歌、讲故事……成功地转移了自己的注意力，顺利等待了 20 分钟后再吃软糖，是"延迟者"。

研究人员进行了跟踪观察，发现那些以坚韧的毅力获得两颗软糖的儿童，到上中学时表现出较强的适应性、自信心和独立自主精神；而那些禁不住软糖诱惑的儿童则往往屈服于压力而逃避挑战。在后来几十年的跟踪观察中，也证明那些有耐心等待吃两块糖果的儿

① 黄蕴智．延迟满足——一个值得在我国开展的研究计划［J］．心理发展与教育，1999（1）：54—57.

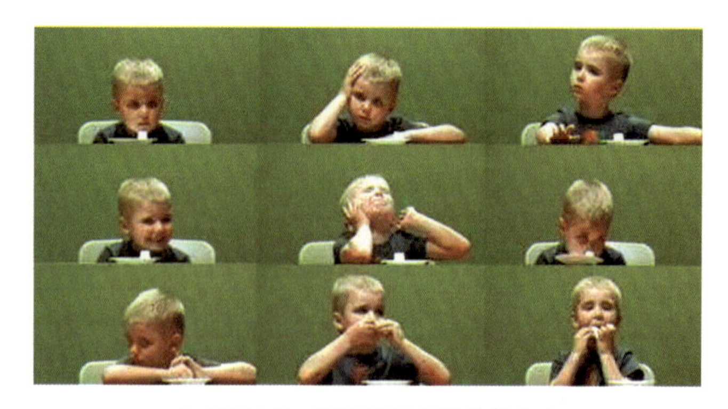

▲ 图11-7 延迟满足实验中的儿童

童，事业上更容易获得成功。

延迟满足是个体有效地自我调节和成功适应社会行为发展的重要特征，是指一种为了更有价值的长远结果而主动放弃即时满足的抉择取向，属于人格中自我控制的一个部分，是心理成熟的表现。

实验说明，那些能够延迟满足的儿童自我控制能力更强，他们能够在没有外界监督的情况下适当地控制、调节自己的行为，抑制冲动，抵制诱惑，坚持不懈地保证目标的实现。自我控制是自我意识的重要成分，是一个人走向成功的重要心理素质。

3. 儿童自我控制的发展受父母控制特征的影响

虽然在整个幼儿期，儿童的自我控制能力有所发展，但是其控制自身行为的能力很弱，需要父母的不断监控和提醒。在儿童自我控制能力发展的同时，父母也要求他们遵循更多的规则，从安全、爱护财产、尊重他人，到家庭常规、礼貌和日常琐事等。研究表明，儿童的自我控制发展往往受到其父母控制特征的影响。儿童在父母控制下所形成的自我控制特征在其后期的自我控制发展中比较稳定。

完全不同的两家人

在一个普通的居民小区中，有几户邻居都是丈夫在工程公司做相似的工作，妻子在家里做家庭主妇。尽管几户家庭夫妻工作情况类似，但是他们的生活方式没有一点相似之处。有一个家庭似乎总是小区里第一个有新“玩意儿”的：第一台彩色电视、第一辆越野车、第一部平板电脑等。另一个家庭则十分俭朴：看一台时常需要修理的彩色电视，孩子们的衣服都是老大穿过了老二穿，父亲搭公交车上下班。显然，生长在这两个家庭的孩子接触到的是截然不同的自我控制模式。第一个家庭的成人喜欢立即满足，第二个家庭的成人则喜欢为了长期的目标进行储蓄。

鉴于自我控制对于儿童发展的重要意义，以下列出了培养儿童的自我控制能力的几点建议：

（1）对儿童做出温和而敏感的反应。具有温暖和敏感的抚养经验的儿童，其服从和合作行为比消极和反抗行为多。

（2）进行许多监督和提醒。儿童记忆和遵守规则的能力是有限的，需要成人不断地监督与提醒。

（3）用言语和身体的赞许对儿童自我控制行为做出反应（强化）。表扬和拥抱能强化适当的行为，提高它再次发生的概率。

（4）支持性的语言。儿童早期的语言发展与自我控制密切相关。1 周岁以后的儿童开始使用语言提醒自己记住成人的期望。

（5）逐渐增加符合儿童正在发展能力的规则。认知和语言发展的同时，儿童也能遵守更多规则。

第三节 学前儿童气质的发展与教育

气质是人的三大个性心理特征之一。它是指一个人所特有的心理活动的动力特征。它使人的整个心理活动都带上了个人独特的色彩，制约着心理活动的进行。与其他个性心理特征相比，气质和人的解剖生理特点具有最直接的联系，具有较突出的生物性。儿童生来就具有个人最初的气质特点。同时，气质与其他个性心理特征相比，具有更大的稳定性。

一、学前儿童气质的类型

对儿童的气质类型，有各种划分标准。传统的划分方法是以高级神经活动类型为标准的。近年来，比较有代表性的托马斯、切斯的气质类型的划分也被广泛运用。

（一）传统的气质类型

传统上根据神经类型活动的强度、平衡性及灵活性的不同，在日常生活中，一般将人的气质划分为四种类型：抑郁质、胆汁质、黏液质及多血质（如表 11-1 所示）。每种类型的人都有其各自的典型特征。

表 11-1　传统气质类型的划分

神经类型	气质类型	心理表现
弱	抑郁质	敏感、畏缩、孤僻
强、不平衡	胆汁质	反应快、易冲动、难约束
强、平衡、惰性	黏液质	安静、迟缓、有耐性
强、平衡、灵活	多血质	活泼、灵活、好交际

1. 抑郁质

相当于神经活动弱型。兴奋和抑郁过程都弱。这种气质的人沉静、内向、易相处、人缘好，办事稳妥可靠，做事坚定，能克服困难，但比较敏感，易受挫折，孤独，行动缓慢。

2. 胆汁质

相当于神经活动强而不平衡型。这种气质的人兴奋性很高、脾气暴躁、性情直率、精力旺盛，能以很高的热情埋头工作。兴奋时，决心克服一切困难；精力耗尽时，情绪又一落千丈。

3. 黏液质

相当于神经活动强而均衡的安静型。这种气质的人平静，善于克制忍让，生活有规律，不为无关事情分心，埋头苦干，有耐久力，态度持重，不卑不亢，不爱空谈，严肃认真，但不够灵活，注意力不易转移，缺乏激情。

4. 多血质

相当于神经活动强而平衡又灵活的活泼型。这种气质的人热情、有能力，适应性强，喜欢交际，精神愉快，机智灵活，注意力易转移，情绪易改变，办事重兴趣，富于幻想，但不够耐心。

案例

迟到了怎么办

国外的一座戏院里正上演大受欢迎的戏剧。戏剧已经开场时，来了位迟到的A先生。为维持良好的观赏环境，检票员制止他进入，让他幕间休息时再进去。结果他立刻火冒三丈，面红耳赤地与检票员吵了起来，声称自己有票，一定要进去……正当他们吵得不可开交时，走来了第二个迟到的B先生，他知道检票员是不会让他进入剧场的，他想了想，灵机一动，绕剧场一周，发现了一个无人看管的边门，就溜进去了。第三个迟到的C先生来到门口，见检票员不让他进去，便想反正第一场戏也不会太精彩，“看戏是休闲，看报也是休闲”，于是去买了张报纸，坐在台阶上读起报来，等待幕间休息时再进去。第四个迟到的D先生见检票员不让他进去，仰天长叹：“我怎么这么倒霉呢！偏偏今天堵车这么严重，没看到开头还有什么意思呢？算了，我还是回家吧！”

如果是你，你会怎么做呢？这四位先生恰好代表四种典型的气质类型，说明不同气质的人在同一情境中的行为表现是不同的。

其实，在现实生活中，只有非常少数的人具有单一的、典型的气质类型，大多数人都是混合型的，只是某一种类型的表现更突出一些。

（二）托马斯、切斯的气质类型

托马斯、切斯从9个维度将出生到3岁前儿童的气质类型划分为三种类型，如表11-2所示。

表 11-2 托马斯、切斯划分婴儿气质的主要维度

维 度	表 现
活动水平	在睡眠、饮食、玩耍、穿衣等方面身体活动的数量
规律性	在睡眠、饮食、排便等方面机体的功能性
常规变化适应性	以社会要求的方式调整最初反应的难易性
对新情境的反应	对新刺激、食物、地点、人、玩具或玩法的最初反应
感觉阈限水平	产生一个反应需要的外部刺激量
反应强度	反应的能量内容，不考虑反应质量
积极或消极情境	高兴或不高兴行为的数量
注意分散度	外部刺激（声音、玩具）干扰正在进行活动的有效性
坚持性和注意广度	在有无外部障碍的条件下，某种具体活动的保持时间

1. 容易型

许多儿童属于这一类，约占托马斯、切斯全体研究对象的 40%。这类儿童吃、喝、睡、大小便等生理机能活动有规律，节奏明显，容易适应新环境，也容易接受新事物和不熟悉的人。他们情绪一般积极、愉快，对成人的交流行为反应适度。由于他们生活规律、情绪愉快，且对成人的抚养活动提供大量的积极反馈，因而容易受到成人最大程度的关怀和喜爱。

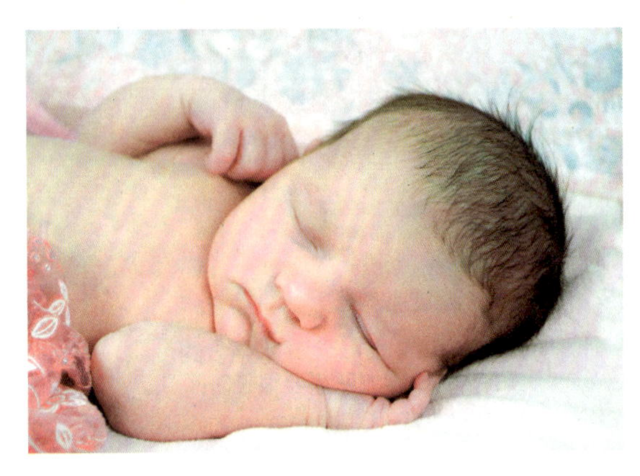

▲ 图 11-8 容易型儿童

2. 困难型

这一类儿童的人数较少，约占托马斯、切斯全体研究对象的 10%。他们时常大声哭闹、烦躁易怒、爱发脾气、不易安抚。在饮食、睡眠等生理机能活动方面缺乏规律性，对新食物、新事物、新环境接受很慢，需要很长的时间去适应新的安排和活动，对环境的改变难以适应。他们情绪总是不好，在游戏中也不愉快。成人需要费很大力气才能使他们接受抚爱，很难得到他们的正面反馈。由于这类儿童对父母来说较难抚养，因而在哺育过程中需要成人给予极大的耐心和宽容，否则易使亲子关系疏化，儿童缺乏抚爱和教养。

▲ 图 11-9 困难型儿童

3. 迟缓型

约有 15% 的研究对象属于这一类型。他们的活动水平很低，行为反应强度很弱，情绪总是消极而不甚愉快，但也不像困难型儿童那样总是大声哭闹，而是常常安静地退缩、畏缩、情绪低落，逃避新刺激、新事物，对外界环境、新事物、生活变化适应缓慢。在没有压力的情况下，他们会对新刺激缓慢地发生兴趣，在新情境中能逐渐活跃起来。这一类儿童随着年龄的增长，随着成人抚爱和教育情况不同而发生分化。

托马斯、切斯认为，以上三种类型只涵盖了 65% 的研究对象，另有 35% 的儿童不能简单地划归到上述任何一种气质类型中。他们往往具有上述两种或三种气质类型混合的特点，情绪、行为倾向性和个人特点不明显，属于上述类型中的中间型或过渡型。

二、学前儿童气质发展的特点

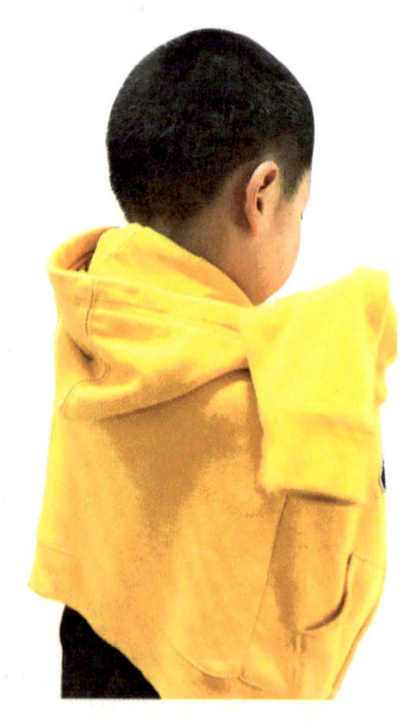

▲ 图 11-10 活动水平低的儿童穿衣服需要很长时间

在人的各种个性心理特征中，气质是最早出现的，也是变化最缓慢的。因为气质和儿童的生理特点关系最直接。儿童的气质类型具有相对稳定的特点，但并不是一成不变的。在后天环境、教育的影响下，儿童天生就具有的活动或情绪行为模式是可以改变的。儿童的气质往往是先天和后天的结合。学前儿童气质的发展表现出以下特点：

（一）学前儿童气质具有稳定性

儿童出生时就已经具备一定的气质特点，在整个儿童期内常会保持相对稳定。有人对 198 名儿童从出生直到小学的气质发展进行了长达 10 年的追踪研究，结果发现，在大多数儿童身上，早期气质特征一直保持稳定不变。比如，一个活动水平高的儿童，2 个月大时，在睡眠中爱动，换尿布后常蠕动；到了 5 岁，在进食时常离开桌子，总爱跑；而一个活动水平低的儿童，小时候睡眠或穿好衣服后都不爱动，到 5 岁时穿衣服也需要很长时间，在电动玩具上能安静地坐很久。

（二）学前儿童的气质具有一定的可变性

俗话说“江山易改，禀性难移”，就是针对气质的稳定性而言的。儿童的气质类型具有相对稳定的特点，但并不是一成不变的。一方面，后天的生活环境与教育可以改变儿童原来的气质类型，比如长期生活在集体中，可以使一些情绪容易激动的人变得比较能够克制自己。另一方面，在儿童气质发展中存在掩蔽现象。所谓掩蔽现象，是指一个人的气质类型并没有发生变化，但因受环境、教育的影响而没有充分地表露，或改变了其表现形式，这在心理学上称为气质的掩蔽。例如，某儿童的行为表现明显属于抑郁质，但神经类型的检查结果都是强、平衡、灵活型。究其原因，发现这个儿童长期处于十分压抑的生活条件下，在这种生活条件下形成的特定行为方式掩盖了原有的气质类型，而出现了颓丧、畏缩和缺乏生气等行为特点。由此可见，后天的生活环境与教育可以在一定程度上改变儿童原来的气质类型。

（三）学前儿童的气质影响父母的教养方式

▲ 图11-11　儿童长期处于压抑的生活条件下

研究发现，儿童的气质类型对家庭教养方式有较大影响。母亲对待不同类型的儿童的行为方式是不同的，如果儿童适应性强、乐观开朗、注意持久，则母亲的民主性表现突出。而影响母亲教养方式的消极气质因素包括：较高的反应强度（如平时大哭大闹）、高活动水平（如好动、淘气）、适应性差及注意力不集中等。可见，儿童自身的气质类型，通过父母亲教养方式而间接影响自身的发展。因此，成人平时要注意儿童的气质特点，同时，还要不断觉察，有意识地避免儿童气质中的消极因素对教养方式的影响。

教师、家长应该把关爱、指导和限制巧妙地结合起来，根据儿童的气质类型，制定相应的策略，增加亲子和师幼间的适应性，这是十分必要的。

三、根据学前儿童的气质类型进行教育

气质无所谓好坏，但由于它影响到儿童的全部心理活动和行为，影响父母、教师等对儿童的态度，如果不加以重视，将会成为形成不良个性的因素。研究儿童气质的意义在于：第一，全面、正确、清楚地了解儿童的气质特点；第二，使成人自觉地正确对待儿童的气质特点；第三，便于成人针对儿童的气质特点进行培养和教育。成人在对学前儿童的教育中应注意以下几点：

（一）了解学前儿童的气质特点

成人对学前儿童的抚养和教育措施，必须充分考虑到每个儿童的气质特点。成人可对学前儿童在游戏、学习、劳动等活动中的情感表现、行为态度等进行反复细致的观察。例如，进行活动能否坚持，注意是否稳定持久，跟别人是否热情亲近，脾气是否急躁，情感是否容易激动，对新环境或陌生人能否很快适应，旧的生活习惯是否容易改变，活动时有没有信心，在集体中是否容易羞涩退缩等，把观察结果和气质类型的典型特征相对照，以确定学前儿童的气质特点。

（二）不要轻易对学前儿童的气质类型下结论

学前儿童虽然表现出各种气质特征，但教师或父母不应轻率地对学前儿童的气质类型作出判定。不能轻易下结论的原因主要有三个：第一，在实际生活中纯粹属于某种气质类型的人是极少的；第二，某一种行为特点可能为几种气质类型所共有，例如情绪敏感、易于激动、容易改变，既可能是胆汁质的表现，也可能是抑郁质的表现；

第三，学前儿童虽然表现出气质的个别差异，但他们的气质还在发展之中，尚未稳定，还可能发生变化。因此，成人必须经过长期的反复观察，比较、综合各种行为特点，再审慎地确定学前儿童的气质是否接近或属于某种类型，以免引起教育上的失误。

（三）针对学前儿童气质的特点，采取适宜的教育措施

教师进行教育教学工作时，要针对学前儿童的气质特点，采取相应的教育措施。对于容易兴奋、不可遏制的儿童，要教会他们自制，例如，午睡先醒时要安静躺着，不喊叫、不吵闹别人，养成安静、遵守纪律的习惯；对于容易抑制、行动畏怯的儿童，要多肯定他们的成绩，培养他们的自信心，激发他们活动的积极性；对于热情活泼、难以安静的儿童，要着重培养他们专心工作、耐心做事的习惯；对于反应迟钝、沉默寡言的儿童，要鼓励他们多参加集体活动，引导他们多与同伴交往，教给他们各种活动技能和工作方法。

▲ 图11-12 安静午睡，不影响他人

拓展阅读

气质类型无好坏之分

气质作为人的心理活动和行为动作等方面特点的综合，它本身无所谓好坏，在评定儿童的气质时不能认为一种气质类型是好的，另一种类型是坏的。任何一种气质类型都既有其积极的一面，又有其消极的一面。例如，胆汁质的儿童有精力充沛、生气勃勃等优点，但也有暴躁、任性、感情用事等缺点；多血质的儿童活泼、灵敏，但也有情绪多变、不踏实的一面；黏液质的儿童有缺乏活力、冷淡、反应慢等缺点，但沉着、冷静、坚毅；抑郁质的儿童有孤僻、羞怯、多疑等缺点，但情感深刻稳定、感情细腻、观察力敏锐。

气质本身没有好坏之分，每一种气质既有优点又有缺点。比如，情绪性强、活动水平高的儿童适合进行戏剧表演、儿歌表演；活动水平低、注意分散性水平低的儿童更适合做科学小实验。教育的目的不是设法改变学前儿童原有的气质，而是要克服气质的缺点，发展它的优点，使学前儿童在原有气质的基础上形成优良的个性特征。对于胆汁质的儿童，要培养勇于进取、豪放的品质，防止任性、粗暴；对于多血质的儿童，要培养热情开朗的性格及稳定的兴趣，防止粗枝大叶、虎头蛇尾；对于黏液质的儿童，要培养

积极探索精神及踏实、认真的特点，防止墨守成规、谨小慎微；对于抑郁质的儿童，要培养机智、敏锐和自信心，防止狐疑、孤独。

拓展阅读

孔子因材施教

子路和冉有向孔子请教同一个问题："听到一个很好的主张，是不是应该马上去做呢？"

孔子对两个人做出了不同的回答。他对子路说："家里父兄在，你应该先向他们请教再说，哪能马上去做呢？"而对冉有却加以肯定："应当马上就去做。"

站在一旁的公西华想不通，便问孔子这是为什么呢？孔子解释说："冉有遇事畏缩，所以要鼓励他；子路遇事轻率，所以加以抑制。"

第四节 学前儿童性格的发展与教育

性格是个性中最重要的心理特征，代表个体个性的本质。它表现在对客观现实的稳定态度和惯常的行为方式中。性格是人与人之间个性不同的最明显的特征。性格是在后天生活过程中形成的，是主体与客体相互作用的结果。如上节所述，气质在相当大程度上受神经系统基本特性的影响，这些特性是出生时已经具备的。而性格则主要受后天环境的影响，在出生头几年逐渐形成。

一、学前儿童性格的萌芽

学前儿童的性格是在儿童与周围环境相互作用过程中形成的。在婴儿的成长环境中，最主要的客体是照顾他的成人。一般来说，母子关系在婴儿性格的萌芽过程中起着最重要的作用。母亲的良好照顾和爱抚，使婴儿从小得到安全感，形成对母亲的信任和依恋，为以后良好性格的形成打下基础。

气质差异对婴儿性格的萌芽有所影响。比如，性急的儿童饿了立刻大哭大闹，这使成人不得不马上放下其他事情，急忙给他喂奶。而对那些饿了只是断断续续地细声哼哼的婴儿，成人则可能把手头的事情做完，再去喂奶。日积月累，前一种儿童可能形成不能等待别人，自己的要求必须立即满足的态度和行为习惯，而后一种儿童则可能养成自制、忍耐的性格特征。

▲ 图11-13 受到母亲良好的照顾

▲ 图 11-14 与好朋友分享蛋糕

成人的抚养方式和教育在儿童性格的最初形成中起着决定性作用。比如，成人自己总是而且要求儿童把东西放得整整齐齐，衣服扣子扣好，饭前便后洗手等，这种耳濡目染的周围现实使儿童在潜移默化中形成了逐渐稳定的态度和行为习惯，也就是好整洁、爱劳动性格特征的萌芽。又如，儿童看见糖就拿起来吃，甚至大把大把地抓到自己身边。这时如果成人不加以教育，反而报之以赞赏的表情和语言，那么就会使独占、自私的种子得以孕育。反之，如果经常注意引导儿童同众人分享，则可以为形成分享、大方的性格特征打下基础。

2 岁左右，随着儿童心理过程、心理状态和自我意识的发展，出现了最初性格的萌芽。

二、学前儿童性格的年龄特点

在原有性格差异的基础上，学前儿童性格差异更加明显，并越来越趋向于稳定。但总的说来，学前儿童的性格发展相对于小学和中学的儿童具有更明显的受情境制约的特点，家庭教育、幼儿园教育对儿童性格的发展有着至关重要的影响。同时，儿童的性格具有很大的可塑性，行为容易得到塑造。

在儿童性格差异日益明显的同时，儿童性格的年龄特征也越来越明显，具体表现在以下几个方面：

（一）活泼好动

活泼好动是儿童的天性，也是幼儿期儿童最明显的性格特征之一，不论是何种类型的儿童都有此共性。即使那些非常内向、羞怯的儿童，在家里或者与非常熟悉的小伙伴玩耍时，也会自然而然、流露无遗地表现出活泼好动的天性。

儿童好动的性格特征，有助于儿童形成勤快、好劳动的良好品质。儿童喜欢跑跑跳跳，走来走去，搬动东西，参加各种力所能及的劳动。在成人的指导下做事，他们感到非常愉快与自豪。如果成人对儿童自己做事的限制和干涉过多，或经常包办代替，则可能使儿童反感、不高兴，或者使之形成懒惰的性格倾向。

▲ 图 11-15 儿童对新鲜事物感兴趣

（二）好奇好问

儿童有着强烈的好奇心和求知欲，主要表现在探索行为和好奇好问上。好奇主要表现在，对客观事物，特别是未见过的、新鲜的事物，学前儿童会非常感兴趣，什么都想看看、摸摸、敲敲打打。好问是学前儿童好奇心的一种突出表现。儿童天真幼稚，对于提问毫无顾虑。他们经常要问许多个“是什么”和“为什么”，甚至连续追问，可谓“打破砂锅问到底”。

案例

不速之客①

一场大雨过后，活动场地上来了一位“不速之客”——蚯蚓。晨间活动时，孩子们发现它在场地上躺着，于是一个个好奇地瞅着它。有的用小手轻轻地触碰它，有的用小脚试图轻轻地踩它……正当小朋友们观察得起劲时，老师温柔的声音传过来了：“小班的宝宝，快来抓妈妈的‘尾巴’哦。”在老师的呼唤下，小朋友们极不情愿地离开了。可是不一会儿，又有几个孩子偷偷地跑过来关注这个“不速之客”。这时，老师十分生气地说：“还不快来抓我的‘尾巴’！”

在户外活动中，儿童常常会无意间遇到一些“不速之客”，这些“不速之客”往往会吸引儿童的注意力，致使一些儿童表现出“不听话”的行为。教师应积极引导，因为儿童是出于好奇才表现出这种“不听话”的行为。

妈妈给我摘星星

可能每个孩子都曾经梦想过要到天上去摘一颗星星，这种想要探索未知世界的好奇心，一直是人类科技进步的重要驱动力。我国航天英雄王亚平的女儿对浩瀚太空非常好奇，经常缠着妈妈讲太空故事。她5岁那年，当知道妈妈要搭乘载人飞船奔赴中国空间站时，她要求妈妈给自己和班上同学摘星星回来。

半年后，神舟十三号胜利返航。在见到日思夜念的女儿后，王亚平将一颗金灿灿的“星星”亲手递给女儿，兑现了为女儿上天摘星的浪漫承诺。

儿童好奇、好问的特征，如果得到正确引导，很容易发展成为勤奋好学、进取心强的良好性格特征。反之，如果指责或约束过多，甚至对儿童的提问采取冷漠或讥讽的态度，则会扼杀他们良好性格特征的幼芽。

（三）模仿性强

模仿性强是幼儿期儿童的典型特点，小班儿童表现尤为突出。儿童模仿的对象可以是成人也可以是儿童。对成人模仿更多的是对教师或父母行为的模仿，这是由于这些人是儿童心目中的偶像。他们希望通过对成人行为的模仿而尽快长大，进入成人的世界。儿童之间的相互模仿更多，儿童模仿的内容多是社会性行为，还有一部分是学习知识方

① 刘静．试论幼儿好奇心的培养［J］．好家长，2017，59：101.

▲ 图11-16　好模仿的儿童

面的模仿，如一个儿童看到或听到另一个儿童在做一件事或背一首儿歌，他会有意无意地模仿。儿童的模仿方式有即时模仿（马上照着做），也有延迟模仿（过一段时间后的模仿）。

儿童的模仿和他们的受暗示性有关。儿童往往没有主见，常常随外界环境影响而改变自己的意见，受暗示性强。比如，当成人问小班儿童“好不好？”时，儿童回答“好”。接着问“坏不坏？”他会回答“坏”。

针对儿童爱模仿的特点，可以积极利用它作为一种教育手段。有经验的教师特别注意为儿童创设良好的榜样，使儿童在模仿中学习。例如，上课时老师说：“看，小刚坐得多直！”顿时就有许多儿童挺起腰来坐直，而不必逐个点名叫他们坐直。教师可以有意选择与同伴友好分享、共玩的儿童，引起其他儿童的注意、观察和效仿，以引导全体儿童合作、谦让。

案例

你有几只眼睛

幼儿园小班开展计算活动，作业内容是手口一致地点数2。老师讲完后，带小朋友一起练习。老师问一个小朋友：“你数一数，你长了几只眼睛？”小朋友回答：“长了3只。”年轻老师一时生气，就说：“长了4只呢。”那个小朋友也跟着说：“长了4只呢。”老师说：“长了5只。”那小朋友又说：“长了5只。”老师气得直跺脚，大声说：“长了8只。”小朋友也跟着猛一跺脚说：“长了8只。”老师忍不住笑了起来，那个小朋友还以为答对了，也咧开嘴天真地笑了。

以上案例说明儿童表现出好模仿的性格特点。好模仿是儿童突出的性格特点。儿童最喜欢模仿别人的动作和行为。同时也说明，成人不要在儿童面前做出错误示范，不要说反话，否则将产生不良的影响。

（四）易冲动

这是儿童性格中一个非常突出的特点。儿童很容易受外界情境或他人的影响而出现情绪激动、行为变化，或者因自己主观情绪或兴趣的左右而行为冲动。儿童心理与行为受外界刺激和自身主观情绪的支配性很大，而自我控制能力较差。和这一特征相联系的是缺乏深思熟虑。比如，儿童喜爱做事，但做事时急于完成任务，常常比较马虎，粗心大意，不大计较成果的质量。又如，儿童喜欢提问题，但常常从情绪出发，为提问而提问，并非经过认真思考。

儿童又具有坦率、诚实的性格特征。他们的情绪、思想比较外露，喜怒形于色，对人真诚，不虚伪。在此基础上应该引导儿童养成既深思熟虑，又胸怀坦荡的性格。

儿童虽然有许多共同的年龄特征，但是，独特性是个性的基本要素，每个儿童仍有个人的性格特征。比如，同属活泼好动，有的儿童相对好静一些；同属受暗示性强，有的又相对有些主见。

随着年龄增长，性格的典型性将发生变化。年长儿童有许多已经不具有上述特点，例如变得相对沉着稳重、能自制。但是，有些人直至成年，仍然具有易冲动、不善于自制的性格特征，这些已经构成了他个人特有的稳固的性格心理特征。

许多事例反复证明，性格是随外界环境和教育的影响而产生和变化的。因此，必须重视对儿童性格的培养。

三、影响学前儿童性格形成和发展的因素

俗话说“七岁定终身”，儿童的性格和行为习惯在学前时期就基本形成。一个人的性格特征是在先天特点的基础上，通过后天的家庭、学校、社会环境的影响逐渐形成的。

（一）遗传因素

遗传因素是性格形成的自然基础。人的身高、外貌等特征来自遗传，这些特征会因为社会文化和自我意识的作用，影响到儿童的自信心、自尊感等性格特征。性别对儿童性格也有一定的影响。一般说来，男孩的性格具有独立性、自主性，有强烈的竞争意识，敢于冒险；女孩大多具有依赖性、忍耐性，做事有分寸。一些神经系统的遗传特征也会影响特定性格的形成，这种影响表现为起加速作用或起延缓作用。生理成熟的早晚对儿童的性格也有一定的影响。

（二）家庭环境

家庭环境对学前儿童性格形成的影响是巨大的。具体来说，家庭的经济水平，家长的文化程度、教育观念、教育方式、性格，家庭氛围，儿童在家庭中的地位等都是影响儿童性格形成的重要因素。家庭氛围的好坏直接影响儿童的性格形成。家庭成员之间和睦、宁静、愉快的关系营造出来的家庭氛围对儿童性格的形成有积极作用。家庭成员之间关系紧张，互相猜疑、争吵，会对儿童的性格产生消极影响。家长的文化程度不同、教育观念不同对儿童的影响也是巨大的。父母的文化程度对儿童的自制力、灵活性、思维水平、意志力等都有影响。家长对儿童成才的价值观、对儿童发展的规划、对与儿童之间的亲子关系的态度都能很大程度影响儿童的个性。家长不同的教育态度与方式，对儿童的性格特征有明显影响。

▲ 图 11-17　家长与儿童互动

案例

横行霸道的冉冉

4岁的冉冉，由于家庭条件优越，父母溺爱，养成了以自我为中心的习惯。冉冉每天都穿漂亮的新衣服入园，在去幼儿园的路上，冉冉昂首挺胸，从不和老师、小伙伴们打招呼。在班上，冉冉像只横行霸道的小螃蟹，从不把小伙伴放在眼里，小伙伴们经常被他撞得摔跤，嘴巴里还嘟嘟囔囔地责怪小伙伴："她不让我走，她不让我走……"

在和小伙伴一起玩游戏时，冉冉稍有不顺心，就对别人动手。在集体游戏中，把什么玩具都占为己有，人家要拿，他就又打又骂又抓，每天被他抓过的小伙伴都伤心地哇哇大哭。老师批评、教育他也无济于事，他还朝老师翻白眼来示威。

▲ 图11-18　教师与儿童互动

（三）教育环境

幼儿园教师对儿童的影响是显而易见的。教师的性格、对儿童的态度、与儿童之间的关系等在儿童性格的形成过程中起着重要作用。教师的性格是乐观还是悲观的、兴趣是广泛还是缺乏的，都会对儿童产生积极或者消极的影响。而教师对儿童的态度和行为会影响儿童对周围环境的感知，从而影响儿童性格的形成。

拓展阅读

幼儿园里培养的诺贝尔奖获得者

1978年，75位诺贝尔奖获得者在巴黎聚会。人们对于诺贝尔奖获得者非常崇敬，有个记者问其中一位："在您的一生里，您认为最重要的东西是在哪所大学、哪所实验室里学到的呢？"

这位白发苍苍的诺贝尔奖获得者平静地回答："是在幼儿园。"记者感到非常惊奇，又问道："为什么是在幼儿园呢？您认为您在幼儿园里学到了什么呢？"

诺贝尔奖获得者微笑着回答："在幼儿园里，我学会了很多很多。比如，把自己的东西分一半给小伙伴们；不是自己的东西不要拿；东西要放整齐；饭前要洗手；午饭后要休息；做了错事要表示歉意；学习要多思考，要仔细观察大自然。我认为，我学到的全部东西就是这些。"

（四）外界因素

电视里播放的节目、书上的图画、妈妈讲的故事、周围发生的事件等多种因素都影响着儿童的行为习惯和性格的形成。例如，儿童经常看打斗画面的电视，通常变得有攻击性，如果这些行为不能及时得以纠正，儿童就会形成暴躁、攻击性强的性格特点。因此，成人要让儿童多看有益的电视节目和故事，不要让儿童看到那些暴力、血腥的内容。

（五）自我教育

在儿童的成长过程中，自我意识明显影响着性格的形成。从婴幼儿时期开始，儿童的自我内省潜能就得以发展。随着儿童自我意识的发展，自我教育、自我塑造的力量会越来越强。成人要鼓励和指导儿童自我意识的发展，帮助他们在社会生活中正确地分析自己性格的优势和不足，加强自身的性格锻炼和修养，从而形成良好的性格。

思考与练习

1. 学前儿童自我意识的发展主要表现在哪几个方面？

2. 学前儿童气质的类型有哪些？如何根据儿童不同的气质类型对其因材施教？

3. 学前儿童性格有什么特点？影响学前儿童性格形成和发展的因素有哪些？

4. 请尝试对自己的个性的某一方面或个性整体做出评价。

5. 请选定一名儿童作为观察对象进行日常观察，对其进行个性评价，并给出教育建议。

推荐资源

1. 纸质资源：

（1）卡洛琳·爱德华兹著，尹坚勤译：《儿童的一百种语言》，南京师范大学出版社 2014 年版。

（2）沈德立著：《实验儿童心理学：揭开儿童心理与行为之谜》，北京师范大学出版社 2013 年版。

（3）李晓巍，徐璐：《孩子“闹独立”其实是好事》，《中国教育报》2017 年 1 月 15 日。

（4）徐文玉：《浅谈家长如何应对学前儿童的逆反心理》，《科学大众（科学教育）》2011 年第 04 期。

2. 视频资源：

（1）动画片《儿童性格培养》，力豆文创学习乐园制作。

（2）美国家庭喜剧《我们这一天》，格伦·费卡拉（Glenn Ficarra）导演。

第十二章 学前儿童社会性的发展与教育

目标指引

1. 了解社会性的概念，理解社会性对学前儿童心理发展的意义。
2. 掌握儿童依恋的发展特点与类型，帮助儿童建立安全型依恋关系。
3. 掌握儿童同伴关系的发展过程与类型，引导儿童建立友好的同伴关系。
4. 掌握儿童亲社会行为的发生与发展，培养儿童的亲社会行为。
5. 了解儿童攻击性行为的发展过程与类型，减少和控制儿童的攻击性行为。
6. 理解儿童道德的发展阶段，培养儿童良好的道德品质。

内容结构

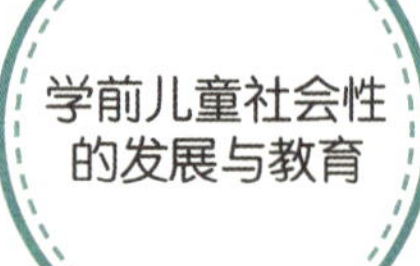

- 社会性概述
  - 社会性的概念
  - 社会性在学前儿童心理发展中的作用
- 学前儿童依恋的发展与教育
  - 依恋的发生与发展
  - 依恋的类型
  - 依恋的影响因素
  - 安全型依恋关系的建立
- 学前儿童同伴关系的发展与教育
  - 同伴关系的发展
  - 同伴关系的类型
  - 同伴关系的影响因素
  - 友好同伴关系的建立
- 学前儿童亲社会行为的发展与教育
  - 亲社会行为的发生与发展
  - 亲社会行为的影响因素
  - 亲社会行为的培养
- 学前儿童攻击性行为的发展与教育
  - 攻击性行为的类型
  - 攻击性行为的发生与发展
  - 攻击性行为的影响因素
  - 攻击性行为的矫正
- 学前儿童道德的发展与教育
  - 道德的发展阶段
  - 良好道德品质的培养

早晨，中班的王老师在幼儿园门口迎接孩子们的到来。提前来到的孩子就在户外场地自由玩耍。欢欢、开心、天天在一起玩跳格子的游戏，三个小朋友玩得很开心。奇奇也来园了，看到别的小朋友正玩得不亦乐乎，跑过去想一起玩。但是，欢欢说：“哼，我们不要和你一起玩。”旁边的开心也说：“你老是打人，我不喜欢你。”听到小朋友的拒绝，奇奇走近正在跳格子的天天旁边，用力一推，把天天推在了地上。摔倒在地的天天“哇哇”大哭起来。

听到哭声，王老师急忙赶过去。这时，奇奇的妈妈也赶了过去。只见奇奇妈妈一把拉过奇奇，扬起手臂动手便打，生气地说：“谁让你打人了？不是告诉你不准打人了吗？”

为什么小朋友不愿意和奇奇一起游戏？为什么奇奇会打人？奇奇妈妈的行为是否正确，为什么？如果你是王老师，接下来你会怎样开展教育工作？要回答这些问题，需要了解学前儿童社会性的发展特点和教育方法。下面，让我们一起来学习学前儿童社会性的相关知识。希望你通过本章内容的学习能够找到答案。

第一节 社会性概述

社会性发展是儿童心理发展的重要组成部分。从呱呱坠地的那一刻起，儿童就生活在一定的社会群体中，并在成长过程中不断地社会化。下面，让我们一起来了解社会性的概念及其在学前儿童心理发展中的作用。

一、社会性的概念

所谓社会性，是个体为了适应社会生活所形成的符合社会规范的心理特征。社会性是社会生活的产物，是在与他人交往过程中形成的，是个体适应社会生活的表现。如果没有与他人进行交往、互动，那么个体就很难发展社会性。比如，狼孩生活在狼群中，即使可以与狼进行互动，但是狼孩不会与人交流，不懂得人类社会中的社会规则。社会性是个体由自然人发展为社会人所必须具备的心理特征，也是人类区别于动物的一个重要特征。

社会性不是与生俱来的，是后天逐渐形成和发展的。对于学前儿童来说，社会性发展就是儿童在与周围环境进行互动的过程中，逐渐掌握社会规范，学习社会技能，获得社会角色，培养社会态度，发展社会行为。比如，在幼儿园中，儿童为了适应幼儿园的班级生活，慢慢学会遵守班级常规、爱护公物、与同伴友好相处等。

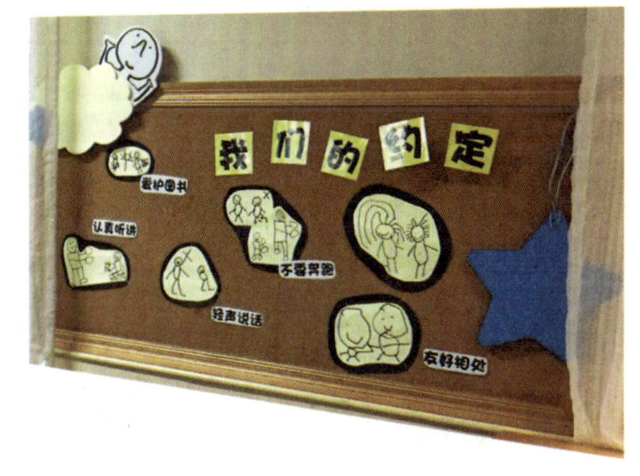

▲ 图 12-1 幼儿园班级规则

社会性发展是儿童在与外界环境相互作用的过程中逐渐实现的。因此，社会性发展是一个动态发展、逐渐建构的过程。随着儿童年龄的增长，其社会性发展也会呈现出不同的特点。比如，初入小班的儿童因为刚刚进入幼儿园，还不懂得在恰当的时间喝水、睡觉；中班的儿童已经适应幼儿园生活，知道户外活动后需要喝水，吃完午饭后需要午睡。

社会性发展主要包括依恋、同伴关系、亲社会行为、攻击性行为、道德等多个方面。这些内容不是机械地组合在一起，而是相互联系、相互作用，有机地构成一个纵横交错的整体。为了清晰地展现每一方面的内容，本章第二节至第六节将分别进行介绍。

二、社会性在学前儿童心理发展中的作用

良好的社会性发展对幼儿身心健康和其他各方面的发展都具有重要影响。

——摘自《3—6 岁儿童学习与发展指南》

（一）社会性发展可以促进学前儿童的生长发育

良好的社会性发展水平可以促进学前儿童的生长发育。例如，当儿童和同伴友好相处时，他会感觉自己是开心、愉快的。这种积极情绪使得儿童的内分泌系统处于平衡状态，身体各器官正常工作，有利于儿童的生长发育。相反，如果儿童的社会性发展水平较低，不能适应幼儿园生活，经常与同伴发生冲突，他会感到闷闷不乐，甚至生气、发火。这种消极情绪不利于儿童的生长发育。

（二）社会性发展可以提高学前儿童的认知发展水平

社会性发展是学前儿童社会交往的产物。学前儿童在社会交往的过程中，需要运用语言、注意力、记忆力等多种认知能力，同时也能促进这些认知能力的进一步提高。比如，两个儿童在一起玩磁力片拼装游戏，一位儿童完成后跟同伴分享自己的玩法，在互动交往中，儿童的语言表达、逻辑思维等都得到了锻炼。

（三）社会性发展可以满足学前儿童社会交往和情感的需求

作为社会中的个体，学前儿童除了基本的生理需求外，还有爱与归属的需求、尊重的需求。爱与归属的需求是指儿童渴望与亲人、朋友建立和谐的关系，希望爱别人，也希望得到别人的爱，并能归属于某个群体，成为其中的一员。尊重的需求是指儿童希望得到他人的尊重、信赖。在与父母、教师、同伴等进行互动的过程中，儿童爱与归属的需求、尊重的需求都可以得到满足。

▲ 图 12-2　儿童与同伴一起游戏

第二节 学前儿童依恋的发展与教育

依恋关系是儿童最早形成的人际关系，是指儿童与抚养者之间形成的强烈、持久、亲密的情感联结。儿童的依恋行为主要表现为：第一，想亲近某人；第二，与某人分离时紧张不安；第三，重聚时感到高兴或轻松；第四，即使没有亲密接触，也喜欢朝向某人，喜欢听他 / 她说话，喜欢和他 / 她互动。① 对于婴幼儿而言，依恋对象主要是母亲，也可以是父亲、祖辈等。

一、依恋的发生与发展

依恋不是与生俱来的，而是婴幼儿在与母亲或其他抚养者互动的过程中慢慢建立起来的。依恋的发展过程可以分为以下四个阶段：

（一）前依恋期（0—3 个月）：无差别的社会反应阶段

在这一阶段，婴儿对人的反应是不加区分、毫无差别的，对所有人的反应几乎相同。他们喜欢所有的人，喜欢听到人的声音，喜欢注视人脸，在听到人声或见到人的面孔后会露出笑容。同时，所有人对婴儿的影响也是一样的，他们与婴儿的接触，如抱抱他、抚摸他、对他微笑、对他温柔地说话，都能使婴儿开心、兴奋，感到愉快、满足。虽然婴儿能辨认出母亲的声音和气味，但是母亲还没有成为婴儿特定的依恋对象，也就是说依恋还没有形成。

（二）依恋关系建立期（3—6 个月）：有差别的社会反应阶段

这一时期，婴儿开始识别熟悉的人，也能够区别一个熟悉的人与另一个熟悉的人。比如，在人群中，婴儿能够找到父母，并认出母亲、父亲。面对熟悉的人，婴儿会开心、微笑、咿咿呀呀，愿意接近；面对陌生人，婴儿会害怕、恐惧，不愿接近。通俗地讲，婴儿已经开始“认人”了，出现了“认生”现象。然而，尽管婴儿能从人群中找出父母，愿意亲近父母，但能忍耐同父母的暂时分离。因此，在这一时期，依恋关系正在建立，但还没有真正形成。

（三）依恋关系明确期（6 个月—2 岁）：特殊的情感联结阶段

在这一阶段，儿童与依恋对象的依恋关系真正形成，明显的依恋行为开始出现。从六七个月开始，儿童特别愿意和母亲在一起，和母亲在一起就很高兴，而当母亲离开时会焦躁不安，表现出分离焦虑，当母亲回来时，又会马上平静下来。此时，如果陌生人出现，儿童则会显得谨慎、恐惧，甚至哭泣、大喊大叫，表现出怯生、无所适从。

① 张明红 . 学前儿童社会教育［M］. 上海：华东师范大学出版社，2008：47.

（四）目标调整的伙伴关系阶段（2岁以后）

在这一阶段，2岁的儿童开始理解母亲的情感、需要、愿望，并能据此调节自己的行为。比如，虽然儿童非常不愿意与母亲分离，但是他们却不得不让母亲离开，因为他们知道母亲有工作要完成，不能不去上班，同时他们也相信母亲下班后一定会回来。下面案例中达达小朋友的行为就符合这一阶段依恋发展的特点。3岁以后，儿童进入幼儿园，逐渐把依恋对象转移到教师、同伴身上。这时，儿童的依恋行为进入高级发展阶段——寻求教师和同伴的注意和赞许的反应阶段（3—6岁）。

案例

家长手记——出门前的抱抱①

儿子达达2岁4个月了，每天早晨只要看到我背包开门，他便开始哭闹。家里老人受不了孩子哭闹，就想出一个对策，早饭后把达达抱到房间里玩一会儿，不让他看到我的离开。对于这个方法，我有些纠结，但最后还是决定不能一走了之，而是在分离前抱抱孩子，向他说明自己要去干什么，为何要离开，何时返回。同时，晚上下班后尽量多陪他。

这样坚持了半个多月后，有一天早晨，我背起提包准备去上班，达达主动跑到我的身边，我顺势将他抱起，他紧紧地搂了一下我的脖子，然后在我的脸上亲了一下，接着，他挣脱开来，从我怀中蹿下，说着："妈妈上班，妈妈上班！"随后自己拿起地上的一辆玩具汽车玩了起来。儿子的表现让我感到十分意外，从头到尾没有一声哭闹，而且还在出门前送给我一个拥抱和亲吻，以这样的方式和我分别。

▲ 图12-3 出门前的抱抱

出门前，妈妈的抱抱和解释成功缓解了达达的哭闹，这是因为达达已经可以理解妈妈需要工作，并且知道妈妈下班后便会回来。作为父母，面对类似情况，同样可以通过一个正式的告别与儿童分离。

二、依恋的类型

依据婴幼儿在"陌生情境"中的反应，安斯沃斯等将婴幼儿的依恋类型分为四种。

① 陈敏倩. 出门前的抱抱［J］. 幼儿教育，2017（Z5）：16.（有改编）

拓展阅读

陌生情境实验

陌生情境实验是目前最流行、通用的测查婴儿依恋类型的方法。在陌生情境中，婴儿、母亲和一个陌生人处于同一个房间中。由于房间（实验室）和陌生人对婴儿来说都是陌生的，所以称为“陌生情境”。该实验设计了以下八种情境，实验者观察每一种情境下婴儿的情绪和行为反应，以判断婴儿的依恋类型。

▲ 图 12-4 陌生情境实验室设置图

表 12-1 陌生情境实验的八种情境

情境	在场人物	持续时间	情境变化	依恋行为
1	母亲、婴儿、实验者	30 秒	实验者把母亲和婴儿带进实验室后离开	
2	母亲、婴儿	3 分钟	母亲坐着看孩子玩玩具	母亲是安全基地
3	母亲、婴儿、陌生人	3 分钟或以上	陌生人进入房间，坐下和母亲交谈	对陌生人的反应
4	婴儿、陌生人	3 分钟或以下	母亲离开，陌生人和孩子交流，如不安就安慰他	分离焦虑
5	母亲、婴儿	3 分钟或以上	母亲回来，和孩子打招呼，安慰孩子，陌生人离开	对团圆的反应
6	婴儿	3 分钟或以下	母亲再次离开	分离焦虑
7	婴儿、陌生人	3 分钟或以下	陌生人进入房间安慰	被陌生人安慰的能力
8	母亲、婴儿	3 分钟或以上	陌生人离开，母亲回来，和孩子打招呼，安慰他，并试图用玩具让孩子高兴	对团圆的反应

（一）安全型依恋

安全型依恋的婴儿与母亲在一起时，能够安静、愉悦地玩玩具，并不总依附母亲，而是积极主动地探索周围的环境。当陌生人进入时，母亲的在场使得婴儿感到安全，因此能在陌生的环境中积极探索，对于陌生人的反应也比较积极。当母亲离开时，婴儿明显表现出紧张、焦虑、苦恼、不安，想寻找母亲回来。当母亲回来时，婴儿会立即亲近母亲，并且很快安静下来继续游戏。约 65% 的婴儿属于这一类型。

（二）焦虑—回避型依恋

这类婴儿对于母亲的存在抱着无所谓的态度，似乎漠不关心。母亲离开时，他们没有反抗，也很少紧张不安；母亲回来时，也往往不予理会，或者只是短暂接近一下便很快走开，表现出忽视及躲避行为。这类婴儿接受陌生人的安慰与接受母亲的安慰没有很大区别。实际上，这种类型的婴儿并没有对母亲形成特别的依恋，有时也把他们称作"无依恋"婴儿。这类婴儿约占10%—15%。

（三）焦虑—反抗型依恋

这类婴儿非常在意母亲在与不在身边。当母亲即将离开时，他们会非常警惕；当母亲离开时，他们情绪激动，极力反抗挣扎，大哭大闹；当母亲回来时，对母亲的态度呈现出矛盾纠结的状态，一方面期待母亲亲近，但当母亲亲近他们时，又表现出反抗与拒绝，有时还会推打母亲，表现出一种愤怒的矛盾心理。但是，他们不会马上离开母亲，而是会时不时地看一下母亲，似乎期待母亲再次亲近他们。这类婴儿对待陌生人相当戒备。这一类型也被称作"矛盾型依恋"，约占15%—20%。

（四）紊乱型依恋

这类婴儿常常表现为：当母亲离开时，他们会跑到门前哭泣；当母亲回来时，他们会迎向母亲，头却突然转向另一个方向，表现出渴望亲近，但又回避、反抗的矛盾行为。有时还表现出怪异的行为，如表情茫然、僵立不动、不知所措。这类婴儿约占5%—10%。

焦虑—回避型、焦虑—反抗型和紊乱型依恋都是不安全型依恋，是消极的、不良的依恋。

三、依恋的影响因素

（一）儿童自身气质特征

儿童自身的气质特点影响了父母尤其是母亲对他们的抚养态度。儿童的气质类型不同，父母与其交往的时间多少也就不同，所形成的依恋关系也会不同。有的儿童生来就喜欢与他人接触，喜欢得到他人的拥抱、亲吻、抚摸，而且特别爱笑，这样的儿童很容易得到父母的喜爱，父母对他们的照顾也会更多，往往会形成安全型依恋；但是，有的儿童不喜欢亲密的身体接触，容易烦躁，爱哭闹，他们则容易受到成人的冷落，很难建立安全型依恋。

（二）母亲的抚养质量

母亲的抚养质量取决于母亲对儿童需求信号的敏感性和反应性。母亲的敏感性是指当儿童发出需求信号时，母亲是否能够敏锐地察觉；反应性是指母亲是否能够准确、及时地满足儿童需求。如果母亲能够立即意识到孩子有需求，并且满足孩子需求，长此以往，母亲和孩子之间可以建立安全型依恋。如果母亲对孩子的需求置之不理，不管不问，那么他就会对母亲丧失安全感与信任感。此外，母亲注视孩子，对孩子微笑，抚摸孩子，亲近孩子，都可以促进安全型依恋关系的形成。

拓展阅读

“母爱剥夺”实验

美国威斯康星大学动物学家哈洛用恒河猴做的“母爱剥夺”实验是心理学界的经典实验。他们将刚出生的幼猴单独关在笼子里，进行人工喂养。笼子里装有两个“代理妈妈”：一个用铁丝编成，身上装有奶瓶；另一个用绒布做成，身上不设奶瓶。实验者观察幼猴与两位代理妈妈的接触时间，结果发现，幼猴饥饿的时候在铁丝妈妈身上吃奶，但当幼猴歇息或恐惧的时候便趴到绒布妈妈身上去。可见，幼猴不仅需要食物，还有一种先天的需要，那便是与母亲亲密的身体接触。哈洛称之为“接触安慰”。从这个实验可以推断，人类婴儿也具有接触抚慰的先天需要。

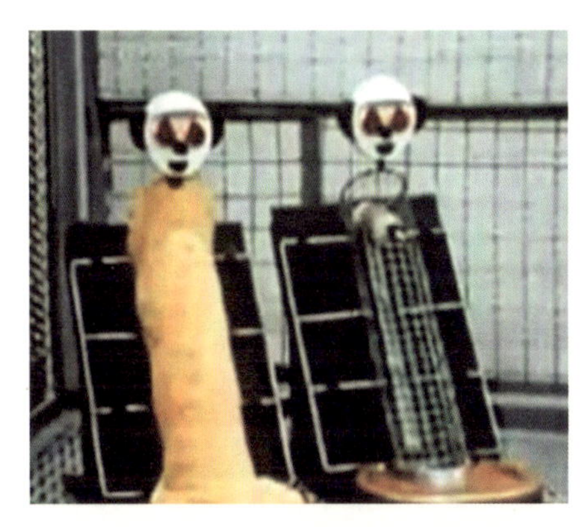

▲ 图12-5 “母爱剥夺”实验

四、安全型依恋关系的建立

（一）父母提高抚养质量，增强儿童的安全感

▲ 图12-6 母子亲密接触有利于孩子形成安全型依恋

安全型依恋关系的形成有赖于父母的精心抚养。较高的抚养质量意味着父母不仅要在物质上满足儿童，还要在精神上满足儿童。也就是说，一方面，父母要及时满足儿童吃饭、穿衣等基本的需要，另一方面要多与儿童接触，增加亲子互动的时间和机会，提高亲子互动的质量。父母亲切的笑脸、温和的话语、亲密的抚摸、肯定的眼神等，能够给儿童带来身体的舒适、心情的愉悦、情感的满足。对于学前儿童来说，亲子间的亲密接触更为重要。当下，不少父母陪伴孩子的时间较少或者陪孩子时亲子互动较少，常玩手机、与他人聊天，这些行为都不利于安全型亲子关系的建立。

拓展阅读

如何建立安全型依恋关系

（1）及时满足儿童各种合理的需要，包括及时满足他们进食的需要，并且采取合理的喂养方式，让儿童在轻松、愉快的环境下进食，而不是强迫他们进食。

（2）多与儿童身体接触，如拥抱、抚摸、亲吻；经常与儿童进行积极的情感交流，如微笑，以温柔愉快的声音与儿童交谈；给他们提供丰富的触觉、视觉、听觉的刺激。

（3）当儿童发出各种社会信号时，能正确理解，给予敏感的反应。成人应该经常关心孩子在做什么，了解他们的愿望和要求。例如，当孩子哭时，养育者能迅速地根据哭声做出判断，孩子是饿了？尿布湿了？想睡觉了？还是希望与人交流？从而采取恰当的行动给予反馈。

（4）保持养育者和儿童稳定的抚养关系，不要经常更换养育者，特别是主要养育者，尤其是不要突然更换。必须更换时一定要给儿童一个适应过程，且养育方式不要发生太大改变，以免引起儿童过分的焦虑。

（5）养育者对自己的养育方式和行为要有一个明确的认识，要尽量保持养育的系统性、连贯性和一致性。对待儿童的方式要保持一致，不要经常变化，否则，儿童会因为无法有效地组织自己的行为而产生不安全或无组织无定向的依恋。

（6）成人主动调节自己的行动以适应儿童的行为节律，而不是把自己的行为习惯强加给儿童，即成人按照儿童身心发展的特点和规律，而不是按照自己的愿望和要求安排儿童的生活。

（二）教师主动亲近儿童，缓解儿童的分离焦虑

儿童入园前，依恋对象主要是父母。进入幼儿园后，儿童依恋对象逐渐从父母转移到教师甚至同伴身上。教师是儿童进入幼儿园后最先接触的成人，是儿童在幼儿园中的“重要他人”。温暖的师幼关系可以缓解儿童的分离焦虑，帮助儿童快速适应幼儿园。作为教师，首先应该主动亲近孩子，增强他们的信任感。比如，主动与孩子打招呼、叫孩子的小名、拉拉孩子的手。其次，依据儿童的气质类型和性格特点，教师需要调整自身的交往行为。在师幼关系建立初期，有些儿童性格内向，比较排斥教师的亲密接触，那么，教师可以通过比较委婉的方式表达对他们的关注，比如先进行语言交流、多对他们微笑、用眼神肯定他们的行为。

▲ 图12-7　教师与幼儿亲密交流

拓展阅读

分离焦虑怎么办①

小班开学，让父母和教师最头疼的事情莫过于幼儿的分离焦虑。看着父母离开，很多幼儿都会又哭又闹。看着幼儿伤心的面孔，父母和教师又心疼又着急。面对幼儿的分离焦虑，父母和教师需要怎么做呢？

1. 家庭教育策略

（1）郑重其事的告别仪式。父母切忌偷偷离开，离开时需要告诉幼儿。

（2）回家后高质量的陪伴。幼儿回家后，父母要多陪伴幼儿，让幼儿知道父母很爱自己。

① 周书香．小班幼儿入园分离焦虑原因分析及应对策略［J］．教育研究，2021，4（1）：62—63.

（3）定时接送，持之以恒。父母准时接幼儿，增强幼儿的安全感。即使入园时幼儿出现哭闹的情况，也要坚持送幼儿入园。

（4）阅读绘本，提前教育。入园前，可以阅读《大卫上学去》、《我妈妈上班去了》、《魔法亲亲》、《幼儿园的一天》等绘本，让幼儿做好心理准备。

2. 幼儿园教育策略

（1）创设温馨的班级环境，如在“娃娃家”投放毛绒玩具，给幼儿温暖、亲切的感觉。

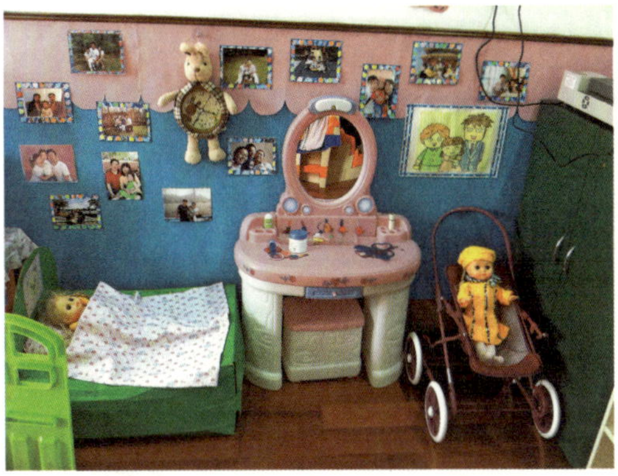

▲ 图12-8 让“娃娃家”有家的感觉

（2）主动亲近幼儿，增加身体接触。教师可以和幼儿聊聊天，谈论幼儿感兴趣的话题，拉拉幼儿的小手，给幼儿一个拥抱。

（3）表扬幼儿的良好表现。当幼儿的分离焦虑有所缓解时，及时表扬幼儿，肯定幼儿的行为。

第三节 学前儿童同伴关系的发展与教育

“找呀找呀找朋友，找到一个好朋友，敬个礼，握握手，你是我的好朋友”，这首《找朋友》朗朗上口，广为流传。随着儿童的长大，儿童与成人的交往慢慢减少，而与同伴之间的互动、交往越来越频繁，日益增多的同伴交往对学前儿童的发展会产生独特和不可替代的重要影响。那么，儿童同伴关系的发展有什么特点？如何形成友好的同伴关系呢？下面，让我们一起来学习儿童同伴关系的发展与教育。

一、同伴关系的发展

同伴关系是年龄相同或相近儿童之间的一种共同活动并相互协作的关系，是同龄人之间或心理发展水平相当的个体之间在交往过程中建立和发展起来的一种人际关系。学前儿童的同伴交往在出生后第一年就开始出现，第二年迅速发展，并且在婴儿期和幼儿期有不同的表现。

（一）0—2.5 岁儿童的同伴关系

婴儿很早就能对同伴的出现做出反应。1 个月左右，婴儿表现出对其他婴儿的兴趣；2 个月左右，婴儿能够注视同伴；3—4 个月时，婴儿之间会相互触摸、观望。但在 6 个月以前，婴儿的这些反应并不具有真正的交往的目的性。6 个月左右时，婴儿开始表现出积极地与同伴玩耍的行为，但可能只是把同伴当作一个会动的玩具。6 个月以后，儿童之间的同伴关系发展可以划分为三个阶段：

第一阶段，以客体为中心阶段（6—12 个月）。该阶段中，儿童同伴关系的特点是更多关注玩具，而不是同伴。即使两个儿童在一起玩耍，偶尔会微笑、触摸，但是不会期待对方做出回应。

第二阶段，简单交往阶段（1—1.5岁）。在该阶段中，儿童能有意引起同伴的关注和反应，并对同伴行为做出反应。比如，一个儿童会把玩具递给另一位儿童，并注视着他，对方可能会微笑或者说话，并接过玩具。从这一阶段起，儿童才开始真正意义上的同伴交往。

▲ 图12-9 简单交往阶段

第三阶段，互补性交往阶段（1.5—2.5岁）。该阶段中，儿童间的交往出现了比较复杂的社交行为，同伴间的互动更多，出现互惠型游戏，如一个儿童躲藏另一个寻找，一个跑另一个追。在游戏中，最显著的特征是互相模仿对方的动作。当然，有时候也会出现打架、争抢、哭闹等消极行为。

（二）2.5—6岁儿童的同伴关系

这一时期，儿童与同伴互动的频率进一步增加，交往的总体水平显著提高。游戏是同伴交往的重要形式。在游戏时，儿童互相协商、讨论游戏规则与角色分配，共同解决游戏中的问题，同伴之间有较多合作和互助的成分。但是，儿童常常没有固定的游戏伙伴，同伴交往比较表面化，情感上的亲密性和稳定性不够。

▲ 图12-10 儿童合作完成任务

帕顿根据儿童在游戏中的社会交往水平将儿童的游戏行为分为六类：无所事事、旁观者行为、独自游戏、平行游戏、联合游戏、合作游戏。3岁左右，儿童的游戏主要是非社会性的，以独自游戏或平行游戏为主。4岁左右，联合性游戏逐渐增多，处于游戏中的社会交往发展的初级阶段。5岁以后，合作性游戏开始发展，同伴交往的主动性和协调性逐渐发展。整体而言，2.5—6岁儿童联合、合作的游戏数量不断上升，而独自游戏、旁观、无所事事的行为数量在下降。

表 12-2 儿童游戏行为分类

发展阶段	行为表现
无所事事	儿童似乎不在游戏，遇到有吸引力的玩具才会玩一玩
旁观者行为	儿童观看其他儿童游戏，但自己并不参与游戏
独自游戏	儿童独自一人摆弄玩具，并不关心其他人的行为
平行游戏	儿童与同伴一起游戏，但各玩各的，很少交谈
联合游戏	儿童与同伴一起游戏，有交谈，但没有共同的游戏目标，没有分工
合作游戏	儿童与同伴一起游戏，有共同的游戏目标，彼此分工、合作，有组织

此外，在这一时期，儿童主要与同性别儿童交往，这种趋势随着年龄的增长更加明显。女孩同伴交往的选择性更加明显，更愿意与女孩玩，玩伴也比较固定；游戏中的交往水平高于男孩，表现出更多的合作游戏行为。

二、同伴关系的类型

“同伴提名法”是研究儿童同伴关系类型最常用的方法。依据同伴对儿童提名的情况，了解儿童在同伴交往中的地位，将儿童的同伴关系划分为四种类型，即受欢迎型、被拒绝型、被忽视型和一般型。

拓展阅读

同伴提名法

实验者在确保儿童熟悉班中其他同伴后，向其提问“你最喜欢班里的哪三个小朋友？”（正提名）“你最不喜欢班里的哪三个小朋友？”（负提名）实验者详细记录儿童的提名情况。如果儿童被提名为“最喜欢的小朋友”，则在正提名上记 1 分；相反，如果被提名为“最不喜欢的小朋友”，则在负提名上记 1 分。综合全班的提名情况，可以获得每个儿童的正、负提名总分。据此可以判断儿童在同伴中的被接纳程度和同伴交往中社会地位的类型。

表 12-3 正负提名分数与同伴关系类型

正提名	负提名	类型
高	低	受欢迎型
低	高	被拒绝型
低	低	被忽视型
中等	中等	一般型

（一）受欢迎型

受欢迎型儿童喜欢与人交往、社交能力强，在交往中积极主动，并表现出友好、积极的交往行为，因而被大多数同伴所接纳、喜爱。他们在同伴中的社交地位较高，具有较强的影响力。从同伴提名得分上看，他们的正提名得分很高，负提名得分很低。

（二）被拒绝型

被拒绝型儿童在交往中也很活跃、主动，喜欢交往，但常常由于缺乏适宜的社交技能和社交策略，多采用一些不友好的交往方式，如强行加入其他小朋友的活动、抢玩具、大声喊叫、推挤别人，攻击性行为较多，友好行为较少，因此，被大多数同伴拒绝、排斥，造成同伴关系紧张，在同伴群体中的社交地位低。从同伴提名得分上看，他们一般正提名得分很低，而负提名得分很高。

（三）被忽视型

被忽视型儿童最明显的特征就是不喜欢交往，常常独处或自己一个人活动，在交往中表现得退缩或畏缩，交往态度是消极的、拘谨的，他们对同伴没有很多友好、合作行为，也没有很多不友好、侵犯行为。因此，没有很多同伴喜欢他们，也没有很多同伴讨厌他们，这类儿童实际上是被同伴忽视的，很少被同伴提及，在同伴交往中没有社会地位。这类儿童的正、负提名得分都很低。

（四）一般型

一般型儿童在与同伴交往中表现一般，既不是特别主动、友好，也不是特别不主动、不友好，交往的主动性、友好性、社交策略都处于中等水平，在同伴交往中的社交地位也一般，被一部分同伴喜欢、接受，同时也受到另外一些同伴的排斥、拒绝。从提名得分上看，这类儿童的正、负提名都有一定的得分，两者都处于居中的水平。

有研究表明，上述四种同伴交往类型在儿童群体中的分布各不相同。其中，受欢迎型儿童占 13.33%，被拒绝型占 14.31%，被忽视型占 19.41%，一般型占 52.95%。从发展的角度看，在 4—6 岁范围内，随儿童年龄增长，受欢迎儿童人数逐渐增多，而被拒绝儿童、被忽视儿童人数逐渐减少。从性别的角度看，以上四种类型的分布存在性别差异。在受欢迎的儿童中，女孩明显多于男孩；在被拒绝的儿童中，男孩明显多于女孩；而在被忽视的儿童中，女孩多于男孩。

三、同伴关系的影响因素

在人际交往中，有的儿童很受欢迎，很多同伴都愿意和他玩，而有的儿童却受到排斥，几乎没有同伴喜欢他。那么，是什么因素影响了儿童的同伴关系呢？

（一）个性特征

儿童的个性特征是影响同伴关系的重要因素。受欢迎的儿童往往不易冲动、活泼、爱说话、胆子较大，表现出更多积极、友好的行为，如：帮助、分享、合作、谦让等；被拒绝的儿童脾气大、易冲动、非常活泼，表现出较多消极、不友好的行为，如：打人、抢玩具、说难听的话、招惹别人。那些性格内向、好静、慢性、不爱说话、胆子较小，没有过多积极行为或消极行为的儿童，在同伴交往中容易被忽视。本章开篇案例中开心说“奇奇老是打人，我不喜欢你”，可以反映出儿童的不友好行为在交往中容易被同伴拒绝。

▲ 图 12-11　儿童总是打人

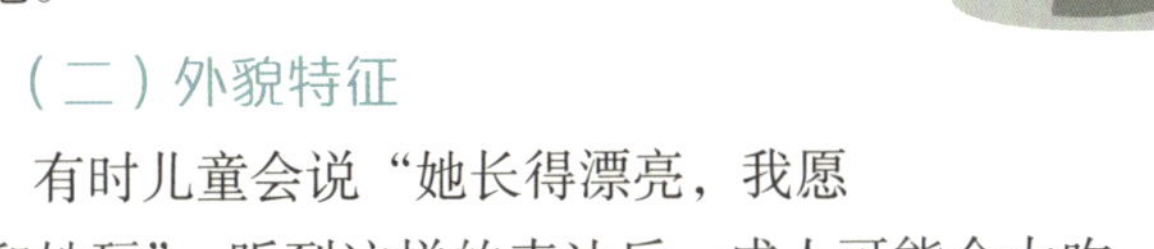

（二）外貌特征

有时儿童会说“她长得漂亮，我愿意和她玩”。听到这样的表达后，成人可能会大吃一惊，怀疑儿童会“以貌取人”。实际上，儿童的外貌特征确实会影响同伴关系。3—5 岁的儿童就能区分漂亮和不漂亮的孩子，而且判断依据与成人相同。在幼儿园里，儿童更喜欢和那些长相漂亮、穿戴干净的儿童一起玩。对于女孩来说，外貌更为重要，越漂亮的女孩越容易被同伴接纳。

（三）社交技能

儿童的社交技能对于其同伴交往具有重要影响。在同伴交往中，当儿童使用有效、适宜的策略时，他的行为才会被同伴认可和接纳。研究表明，受欢迎型儿童使用策略较多，有效性、主动性、独立性、友好性均强；被拒绝型儿童也较多掌握和使用社交策略，独立性、主动性强，但是缺乏有效性；被忽视型儿童掌握、使用社交策略较少，在主动性、独立性、有效性方面均较差，依赖性、退缩性策略较为常见；一般型儿童社交策略使用处于中间水平。

除此之外，儿童的性别、年龄、家庭教育环境、与成人的依恋关系、教师的引导等都会影响儿童的同伴关系。

四、友好同伴关系的建立

同伴关系是儿童社会性发展中的重要组成部分，对儿童身心健康和人生长远发展有着重要影响。成人需重视儿童同伴关系的重要作用，积极创造机会鼓励儿童进行同伴交往，提高他们的同伴交往能力。

（一）为儿童创造同伴交往的机会

良好的同伴关系和交往能力需要在同伴交往中发展与提高。无论是父母还是教师都应该为儿童创设同伴交往的条件，提供同伴交往的机会，让儿童在与同伴互动的过程中建立稳定、和谐的同伴关系。作为父母，可以带儿童到同伴家里做客，也可以邀请同伴到家里做客。此外，还可以

▲ 图 12-12　儿童自发进行追逐游戏

让儿童多与同社区、同班级的儿童接触，鼓励他们与小朋友一起游戏。作为教师，在区域活动、户外活动时要鼓励儿童与同伴一起游戏，还可以设计“好朋友”、“交朋友”等主题活动。

（二）提高儿童社会交往的技能

帮助儿童掌握适宜的社会交往技能，有利于儿童发展良好的同伴关系。在日常生活中，要培养儿童积极良好的同伴交往态度，使儿童喜欢交往、愿意交往、主动交往。此外，可以通过绘本阅读、角色扮演等方式教给儿童一些具体的交往策略、技巧和方式，如怎样邀请同伴参加游戏，如何和同伴协商游戏规则。针对开篇案例中奇奇的行为，王老师可以教会奇奇如何用语言沟通的方式加入同伴的游戏。

拓展阅读

通过阅读绘本增强儿童的同伴交往能力

与儿童同伴交往这一主题有关的绘本很多，成人可以通过绘本阅读、角色扮演等方式激发儿童同伴交往的兴趣，同时教给他们具体的交往策略与技巧。

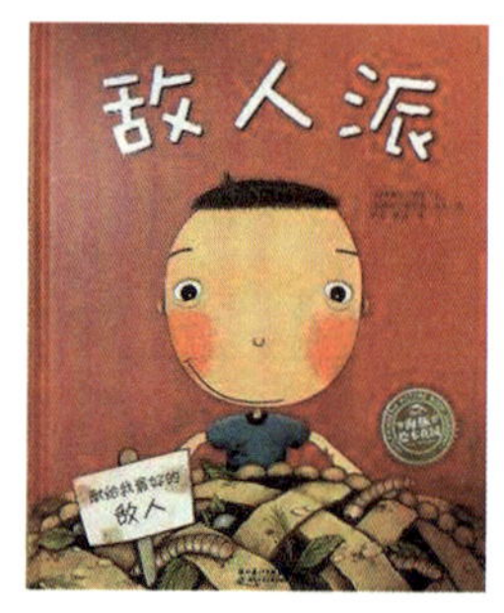

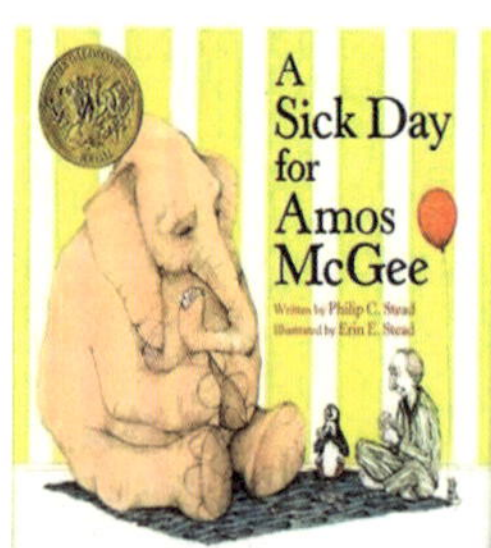

▲ 图 12-13　同伴交往主题的绘本

（三）引导儿童建立适宜的同伴关系

有时候，儿童在同伴交往中可能会出现一些在成人看来“不适宜”的行为和想法。比如，有的儿童过于依赖同伴，想把同伴占为己有，甚至对异性儿童说“我要跟你结婚”。实际上，这与儿童的言语理解、表达还不成熟有关。因此，成人不必大惊小怪，应理解儿童内心真正的想法，并站在他们的角度分析其言行背后的原因，在此基础上，教会儿童正确表达内心想法的方法，引导儿童与同伴建立适宜的关系。

案例

乐乐的“爱情故事”①

不知道从什么时候起，乐乐开始关注每天乐呵呵的男生山山。每天早晨来到幼儿园，乐乐的眼睛会先在教室里巡视一遍，当看到山山时，脸上就笑开了花，跑过去问：“山山，你什么时候来的？我都想你了！”

一天早晨，山山来到幼儿园，对老师说：“老师，你知道乐乐家的电话吗？爸爸说要带我到乐乐家玩。”老师说：“一会儿乐乐来了，你问问她吧！”乐乐来园后，当山山问她电话号码的时候，她的脸上浮现出一抹羞涩。她满脸兴奋地跑过来对老师说：“山山要到我家去玩！”老师笑着说：“是吗？你欢迎山山到你家做客吗？”乐乐使劲点了点头。乐乐和山山成了形影不离的好朋友。每天乐乐来幼儿园都要抱着山山的脖子，把脸贴在山山的脸上紧紧地亲一会儿才放开，乐乐还会带糖果或者是自己画的画给山山。乐乐经常高兴地对老师说：“山山是个大帅哥，我长大了要和他结婚！”老师问：“乐乐，那结婚是什么？”“就是天天在一起玩呗！”乐乐毫不犹豫地回答。“哦，你想和山山结婚就是想和他一起玩，那就是想做非常好的好朋友，对吗？”乐乐用力地点了点头。

儿童口中“结婚”的含义无非就是：我喜欢你，我要和你天天一起玩。这就是儿童表达“喜欢别人”的思维方式。听到乐乐说要和山山“结婚”时，教师以聊天的方式了解到乐乐口中“结婚”的真正含义。教师的行为既尊重了儿童，也有助于引导儿童与同伴建立适宜的同伴关系。因此，当遇到儿童在交往中的不适宜行为时，教师应在尊重、倾听儿童的基础上引导儿童。

第四节 学前儿童亲社会行为的发展与教育

“孔融让梨”、“六尺巷”的故事流传千年，分享、合作、谦让、互助是中国的传统美德。时至今日，这些行为仍是社会弘扬的重要品德。这些帮助或打算帮助他人或群体的行为及行为倾向都属于亲社会行为。亲社会行为是儿童良好个性品德形成的基础，是提高集体意识、建立良好人际关系、形成助人为乐等良好道德品质的重要条件。那么，儿童亲社会行为的发展有什么特点？如何培养儿童的亲社会行为呢？让我们一起来了解。

一、亲社会行为的发生与发展

（一）亲社会行为的发生（2 岁左右）

一般认为，2 岁左右，儿童已经出现了亲社会行为的萌芽。研究发现，13 个月的儿童开始对其他儿童的悲伤表现出友好的反应，如：轻轻抚摸、用言语表示同情等；12—18 个月的儿童开始主动分享玩具，一些婴儿会试着帮助有困难的人，甚至尝试帮助做

① 万晓红．乐乐的“爱情故事”［J］．学前教育，2017（Z1）：89.

▲ 图 12-14 通过拥抱来安抚对方

家务，如：扫地、擦桌子等；21 个月时，儿童开始出现同情，会关心、安慰同伴；2 岁时，儿童已经能感受到他人的悲伤，并试图安慰、帮助他人，看到其他人受伤，会通过拥抱或轻拍来安抚对方。

（二）亲社会行为的发展（3—6 岁）

3 岁以后，儿童的亲社会行为迅速发展，并出现明显的个别差异，发展特点主要体现在：第一，随着年龄的增长，亲社会行为不断增加，形式逐渐丰富化、多样化。第二，亲社会行为的自发性有所增加。3 岁前，儿童的亲社会行为大多是在他人要求下产生的，3 岁后逐渐出现一些自发性行为，如：主动分享、帮助他人等。第三，意识到他人需要帮助的能力逐渐增加，学会换位思考、体验别人的情绪情感。第四，大班儿童的亲社会行为更多指向同一性别的儿童，即大班儿童更愿意帮助、关心同一性别的儿童。

二、亲社会行为的影响因素

（一）认知因素

影响学前儿童亲社会行为的认知因素主要包括：第一，对亲社会行为的认识。当儿童认识到“小朋友之间应该互相帮助”、“帮助他人是好孩子”时，他们就有可能表现出帮助他人的行为。第二，对情境信号的识别。在助人行为中，首先要意识到别人的困境。如果儿童不能察觉到他人的不开心、哭泣、受伤，就不可能表现出帮助、安慰他人的行为。第三，观点采择能力。这是指能够站在他人的角度看待事物、理解别人的观点的能力，也就是所谓的换位思考能力。儿童观点采择能力越高，越能够理解他人，就越愿意分享、帮助他人。比如，较小的儿童看到提重物的人不会主动提供帮助，因为他们还不知道提那么多东西很累。年龄稍大些的儿童就会替他人考虑，他们能够意识到那种负担，也愿意提供帮助。

（二）移情

移情是产生亲社会行为的根本的、内在因素。它是指在人际交往中，当感知到他人的某种情绪时，自己也能体验到相应的情绪。比如，看到其他儿童不小心摔倒后大哭起来，儿童能够知道摔倒后会很疼。但对于学前儿童来说，由于认识上的局限性，容易以自我为中心。比如，小班的儿童知道自己摔倒后很疼，但可能意识不到别人摔倒后也会很疼。因此，帮助儿童从他人的角度思考问题和体验他人的情感，成为发展儿童亲社会行为的重要途径。

（三）日常生活环境

日常生活环境对儿童亲社会行为的影响主要来源于家庭、同伴、大众传播媒介等。

家庭对儿童的影响主要表现在两个方面：第一，父母的榜样作用。如果父母经常帮助他人、尊重长辈、关心弱者，儿童就会通过模仿习得这些亲社会行为。第二，父母的教养方式。民主型家庭支持儿童独立活动，对儿童的行为进行合理的奖赏和引导，有助于儿童发展亲社会行为。

同伴关系也会影响儿童亲社会行为的发展。研究表明，在儿童的安慰、帮助、同情等能力形成和发展的过程中，同龄人起着决定性的作用。

大众传播媒介对儿童亲社会行为也有一定影响。为儿童提供涉及亲社会行为的动画片、绘本、电影等，可以帮助儿童学习和巩固亲社会行为。

三、亲社会行为的培养

（一）培养儿童的移情能力

培养儿童的移情能力就是让儿童学会从别人的立场出发，克服以自我为中心。培养儿童移情能力的具体方法有：听故事、引导理解、角色扮演等。

案例

“两个自私”换“一个自私”①

一个星期天的上午，5岁的小明在家津津有味地看动画片，妈妈的同事带了两个小朋友来玩，两个孩子进来就要求小明换频道看另一个节目，小明不同意。妈妈走过来教育小明要懂得谦让，不能自私，并让他换频道。小明哭了，并问妈妈“为什么要用两个自私‘换’一个自私”。

面对上面案例中小明的反问，妈妈可以这样做：第一，讲述故事。以温和的态度讲讲“孔融让梨”的故事，让小明意识到孔融谦让的行为是值得学习的。第二，引导理解。可以告诉小明两位小朋友是客人，作为主人要尊重客人，否则客人会伤心的。第三，设置情境进行角色扮演。小明扮演客人，妈妈扮演主人，问小明“如果妈妈不给你看电视，你会有什么样的感受？”通过转换角色让小明理解两位客人小朋友的心理。当然，儿童移情能力的培养并非一蹴而就的，需要成人持之以恒的教育与引导。

（二）为儿童提供亲社会行为的榜样

依据班杜拉的社会学习理论，观察、模仿是儿童获得行为的重要途径。学前儿童观察、模仿能力强，成人的言行举止、周围的环境显著影响儿童的行为养成。因此，为儿童提供亲社会行为的榜样是培养其亲社会行为的最基本方法。父母、教师、同伴、大众传媒中的角色等都可以成为儿童习得亲社会行为的榜样。作为父母或教师，需要以身作则，用自己的亲社会行为教会儿童如何帮助他人、与人合作。此外，父母和教师还可以在同伴群体、电视节目或绘本中为儿童寻找分享、合作、助人等良好行为的榜样。

① 侯莉敏．儿童社会性教育的基本条件［J］．学前教育研究，2007（10）：30—33.

（三）及时强化儿童的亲社会行为

儿童的亲社会行为极其不稳定，有时是自觉的，有时是不自觉的。为了培养儿童的亲社会行为，需要对其给予及时强化，肯定儿童助人、分享、合作等行为表现，帮助他们形成稳定的亲社会行为。比如，教师对儿童说："你刚才做得很棒！你主动帮助其他人叠被子，是一个乐于助人的好孩子。"儿童听到教师的赞扬后，会更加肯定自己帮助他人的行为，意识到自己的行为是正确的。因此，如果遇到相似的情境，儿童很可能还会帮助他人。除了言语上的鼓励外，成人还可以适当地运用物质奖励强化儿童的亲社会行为。值得注意的是，对儿童亲社会行为的强化需要及时，否则强化效果不佳。这是因为儿童记忆水平不高，如果强化不及时，他们可能已经忘记了自己的行为。

第五节 学前儿童攻击性行为的发展与教育

在幼儿园，有时会遇到"小霸王"，他们一言不合就动手，以"武力"称霸幼儿园，表现出较多的攻击性行为。攻击性行为是指任何有目的地伤害他人的行为。对于学前儿童而言，他们的攻击性行为的发展特点和影响因素是什么？如何减少攻击性行为呢？我们一起来学习。

一、攻击性行为的类型

依据不同的划分标准，学前儿童的攻击性行为可以划分为不同类型。

（一）身体动作攻击和言语攻击

从行为的方式来看，可以分为身体动作攻击和言语攻击。身体动作攻击是指借助身体动作表现的攻击性行为，如：打、推、抢、踢、掐、咬等；言语攻击是指借助言语表达表现的攻击性行为，如：言语威胁、辱骂、嘲笑、诽谤、说闲话和坏话等。一个儿童对另一个儿童说"你真笨！"然后再踢他一脚的行为就是言语攻击和身体动作攻击的体现。

▲ 图12-15 辱骂同伴

（二）直接攻击和间接攻击

从行为的表现形式来看，可以分为直接攻击和间接攻击。直接攻击包括直接用身体或者言语伤害对方，如直接打对方或恐吓对方。间接攻击是借助第三方实施攻击。在幼儿期主要表现为：第一，儿童向第三方说对方的坏话，如"他特别坏，都不给我玩具玩"；第二，教唆第三方打对方，如"他把我的玩具弄坏了，我们一起打他吧”；第三，孤立排斥对方，如“我们不要和他玩，他总是打人”。

（三）工具性攻击和敌意性攻击

从行为的目的来看，可以分为工具性攻击和敌意性攻击。工具性攻击是指为了获取物品、空间等而做出的抢夺、推拉等行为。比如，儿童为了争抢玩具动手打人。敌意性攻击是指最终目的是伤害、报复他人（可以是身体的或口头的），包含更多情感伤害色彩。值得注意的是，同一种攻击性行为可能既属于敌意性攻击，又属于工具性攻击。比如，儿童故意推搡、捶打另一个儿童，这属于敌意性攻击，但如果这个儿童还抢走了对方的玩具，那么这种行为也是工具性攻击。

二、攻击性行为的发生与发展

（一）攻击性行为的发生

尽管幼小的婴儿也会生气、愤怒，生气时偶尔也会打人，但往往是无目标或目的的，不具有攻击性。当儿童可以和其他孩子一起玩耍时，他们就会表现出攻击性，如撞、踢、拽，或是抓、咬其他孩子。1—2 岁是儿童对自己拥有物体、控制自己活动、与同伴交往感兴趣的时期，如果与同伴在游戏中发生矛盾，就会以攻击性行为作为反击。另外，2 岁时，儿童个性化得到发展，母子间也会发生冲突。

（二）攻击性行为的发展

从攻击性行为的方式来看，3 岁前的儿童更多采用身体动作攻击，3 岁后的儿童身体动作攻击减少，言语攻击增多。这是因为儿童言语技能提高，使得他们能从使用身体动作策略转向言语策略，而且还与成人期望的变化有关。大多数父母和教师不再容忍年龄较大的儿童做出身体动作攻击，但容易忽视他们的言语攻击。

从攻击行为的目的来看，从 2 岁到 4 岁，儿童表现的攻击性行为大多数是工具性的，主要是因为争夺玩具和材料及游戏场地产生的。随着年龄的增长，儿童的攻击性行为向敌意性攻击转变。比如，大班儿童为了玩具而争吵，发展到故意对同伴说难听的话，或有意骂人、打人。在整个学前期，儿童工具性攻击逐渐减少，敌意性攻击逐渐增多。

表 12-4　2—8 岁儿童攻击方式和频率的发展变化

攻击性行为	2—4 岁	4—8 岁
身体动作攻击	达到顶峰	下降
言语攻击	在 2 岁时比较罕见	随着儿童言语技能的提高而增加
攻击目的	大部分是工具性攻击	大部分是敌意性攻击
攻击时机	大多发生在与父母争吵之后	大多发生在与同伴争吵之后

三、攻击性行为的影响因素

（一）儿童自身因素

1. 生理因素

激素是影响攻击性行为的一个主要生理因素。血浆睾丸激素水平较高的男孩不仅更缺乏耐心、容易激动，而且当他们处于易激动或引起冲突的环境时，更容易表现出攻击性行为。

2. 社会信息加工能力

儿童对他人行为动机的理解影响儿童的攻击性行为。也就是说，如果儿童认为对方的行为存在敌意，那么就有可能表现出攻击性行为。这些儿童一般观察和判断能力差，难以准确理解他人的意图，常误解他人的行为动机。例如，其他儿童不小心打到自己，有攻击倾向的儿童会将这种行为理解为是有意的，便会大打出手。

3. 自控能力

儿童自控能力（包括对情绪情感、行为的控制）的发展情况也会影响攻击性行为的表现。研究发现，自控行为水平低的儿童攻击性行为水平往往较高，自控行为水平高的儿童攻击性行为水平低。比如，有的儿童因为没有玩具玩很生气，便一气之下推倒他人抢玩具。

（二）社会环境因素

1. 强化

当儿童表现出攻击性行为时，如果成人不加以制止，听之任之，就等于默许、强化了儿童的攻击性行为，相当于暗示儿童“攻击性行为是被允许的”。除此之外，攻击性行为的成功也会起到强化作用。如果一个儿童成功地用攻击性行为抢到了玩具，那么以后他还会继续用这种方式来获得玩具，这无意间强化了他的攻击性行为。

2. 榜样的示范

在家庭和幼儿园中，对周围人攻击性行为的注意、观察、学习、模仿是儿童获得攻击性行为的重要途径。在家庭中，父母的惩罚行为正是儿童攻击他人的“榜样示范”。本章开篇案例中，奇奇妈妈用体罚的方式来制止奇奇的攻击性行为。虽然这么做的目的是好的，但这也在用实际行动告诉奇奇：“打人可以让别人听自己的。”除父母外，同伴也是儿童模仿攻击性行为的对象。如果儿童看到另一个儿童通过抢夺获得了游戏场地并且没有受到惩罚，那么他就可能模仿这种行为。

3. 大众传播媒介

儿童认知能力有限，模仿能力强，容易受到大众传播媒介中暴力情节的影响。观看电视节目是儿童接受大众媒介影响的重要途径，电视节目中的暴力行为会增加儿童以后的攻击性行为。过多的电视暴力会影响儿童的态度，使他们将暴力看作一种解决人际冲突的可接受的和有效的途径。比如，儿童看到动画人物通过打骂制服了敌人，那么他们就会认为打骂他人是可以解决问题的，就会习得这种行为。

四、攻击性行为的矫正

（一）创设良好的家庭环境

家庭是儿童生活的重要场所。父母的养育观念、教养行为以及家庭环境等都会对儿童的行为产生影响。为预防和减少儿童的攻击性行为，父母需要营造良好的家庭环境：首先，尊重儿童，增加亲子互动。过于严苛的家庭管教方式、紧张的亲子关系、缺乏温暖的家庭可能诱发儿童的攻击性行为。其次，避免体罚或打骂儿童。父母需要通过合理的方式教育孩子，切勿体罚、打骂孩子，避免变相地给孩子树立攻击性行为的“榜样”。开篇案例中，奇奇妈妈的行为就是错误的。再次，避免儿童接触暴力。在家庭中，应尽量避免让儿童接触暴力电视节目、图书、故事等，即使儿童接触了，也要及时告诉儿童暴力行为是错误的。

▲ 图12-16　告诉儿童正确的行为方式

（二）创设良好的幼儿园环境

良好的幼儿园环境可以有效减少或避免学前儿童攻击性行为的发生。第一，合理安排活动空间。研究发现，活动场地中儿童人数过多会导致较多的攻击性行为。因此，在幼儿园中，划分区域活动、限制区域活动人数、规定班级户外活动场地等都保障了儿童适宜、充足的活动空间，可以减少儿童攻击性行为的发生。第二，适当增加玩具。玩具数量不足可能会引发儿童间的争抢，导致攻击性行为的发生。适当增加玩具数量，可以避免儿童因争抢玩具而发生攻击性行为。第三，引导轮流玩。由于幼儿园场地有限，在合理安排活动空间、适当增加玩具时，还可制定轮流玩的游戏规则，引导儿童学会谦让。

▲ 图12-17　某班级活动区规则

（三）引导学前儿童调节消极情绪

愤怒、挫折等情绪对于自控力较弱的学前儿童来说是引发攻击性行为的导火索。学前儿童的消极情绪积聚得越多，越可能表现出攻击性行为。如果过分压抑消极情绪，虽然可以暂时让儿童平静，但被压抑的情绪不会消失，不利于儿童的身心健康。因此，应引导儿童学会合理地调节消极情绪，减少冲动。具体而言，以下方式可以帮助儿童进行情绪调节：第一，语言倾诉。成人可以告诉儿童“如果你生气了，你可以告诉我”。当儿童倾诉时，成人需要态度温和，尽力安慰儿童，还可以给他一个拥抱。第二，设置情绪宣泄角。家庭或幼儿园可以设置情绪宣泄区域，并在其中投放沙袋、玩

(a)

(b)

▲ 图12-18 通过画画表达消极情绪

偶等物品。如果儿童情绪激动，可以让他们及时表达并宣泄自己的情绪。此外，还可以通过运动、听音乐、画画等多种方式调节情绪。

（四）帮助学前儿童掌握社交技能

学前儿童的知识经验积累较少，社交技能水平较低，因此当同伴间发生冲突时，常常以攻击的方式解决冲突。

案例

开心虎的“不开心”①

开心是一个喜欢阅读的大班小男孩。一次在阅读区，开心和他的好朋友悠悠、露露正在讨论孟加拉虎的故事。因为一个口误，孟加拉虎被开心说成了“拉拉虎”。大家都被逗乐了，开心自己也笑了。悠悠调皮地说：“怎么还有‘拉拉虎’，那有没有‘开心虎’？”开心大声解释道：“没有拉拉虎，那是——孟加拉虎！”

之后，悠悠和露露一见到开心，便一起唱着：“拉拉虎，拉拉虎，还有一个开心虎！”刚开始开心也会被逗笑，但几次过后便有些不高兴了。接下来的两天，班里有更多小朋友也学着唱起来，开心开始愤怒了。他抡起拳头打了一个小朋友，然后自己抱着头趴在桌子上哭了。

“何老师，开心打人了！”“何老师，开心哭了！”一时间，大家也都不知所措。在了解了大概情况后，我和全班小朋友一起来直面冲突、解决问题。

我向孩子们说明了刚才发生的事情经过，让大家了解了问题发生的原因。同时，待开心情绪稳定后，请他走到集体面前。

老师：“我知道你现在还有些难受，可以告诉大家你为什么哭吗？”

开心：“我不喜欢。”

老师：“可以清楚地告诉大家你不喜欢什么吗？”

---

① 何蓉娜．“开心虎”的不开心［J］．早期教育（教育教学版），2018（2）：52—53.

开心："我不喜欢他们说拉拉虎，开心虎……"

老师："你说的他们，指的是谁？"

开心："我的好朋友，还有其他小朋友。"

此时，开心的好朋友悠悠和露露似乎有话要说。我也请她们来到了集体面前。

老师："悠悠、露露，你们为什么要这样称呼自己的朋友呢？"

悠悠："我觉得这样叫很好玩啊，可以让他更快乐。"

露露："是啊，我也会给悠悠起小名，悠悠也会给我起小名，我们觉得很好玩。"

老师："那你们觉得开心也会很喜欢吗？"

悠悠："嗯，我们叫他的时候他会笑。"

露露："还会追着我们跑。"

老师："那为什么今天他哭了？开心，你喜欢好朋友这样叫你吗？"

开心："不喜欢。"

老师："那你有没有告诉她们你的想法和感受呢？"

开心："没有。"

老师："所以悠悠和露露其实并不知道你不喜欢，她们以为你会像她们一样，觉得这样很有趣呢。现在，大家都清楚了彼此心中的想法，我相信悠悠、露露，还有班里更多的小朋友以后都不会这样称呼你了。不过，刚才你用拳头打别人的行为是不对的，不要做伤害朋友的事，要学会用语言去沟通，去解决问题。"

之后，悠悠和露露向开心道歉，开心也向刚才被他伤害的小朋友道歉，几个人相互拥抱，大家和解。

在案例中，开心因为不知道如何应对同伴的逗笑采取了打人的方式。面对这种情景，成人的引导与教育尤为重要。首先，可以通过角色扮演、绘本阅读、引导理解等方法让儿童知道打人、推人、抢夺等行为是不正确的。其次，可以引导儿童通过语言或寻求成人帮助等方式合理解决冲突，学会和同伴商量，多使用"请"、"对不起"、"谢谢"等礼貌用语。

值得指出的是，3 岁以上的儿童慢慢开始懂得什么是对的、什么是错的。但是，帮助儿童矫正攻击性行为不是一朝一夕就能成功的。成人在教育儿童时要保持耐心，可以采用讲故事、角色扮演、换位思考等多种方法进行教育。如果儿童的攻击行为依然难以改正，成人不妨采取一些强度适宜的惩罚措施，如：没收心爱的玩具、短时间罚站反思、不带儿童去游乐园等。

第六节 学前儿童道德的发展与教育

《幼儿园工作规程》指出，幼儿园的任务是"实施德、智、体、美等方面全面发展的教育"。"德"位于首位，那么什么是"德"呢？在教育学、心理学领域中，"德"就是道德。道德是一种社会心理现象，是指个体按照社会道德准则行动时所表现出来的稳定的心理特征或倾向。如果儿童遵守纪律、关心班集体、团结同伴，我们就认为儿童具有良好的道德品质。

一、道德的发展阶段

（一）皮亚杰的儿童道德认知发展研究

皮亚杰主要采用对偶故事法，考察儿童对规则、公平、是非概念的道德推理过程。一般，皮亚杰会给儿童讲几个故事，在故事中往往涉及道德决策的判断：

故事1：一个叫约翰的小男孩在他的房间里。家里人叫他去吃饭，他走进餐厅，但门背后有一把椅子，椅子上有一个放着十五个杯子的托盘。约翰并不知道门背后有这些东西。他推门进去，门撞倒了托盘，结果十五个杯子都被撞碎了。

故事2：有一个叫亨利的小男孩。一天，他母亲外出了，他想从碗橱里拿出一些果酱。他爬到一把椅子上，并伸手去拿。由于放果酱的地方太高，他的手够不着，在试图取果酱时，他碰倒了一个杯子，结果杯子倒下来打碎了。

当确认儿童听懂故事后，皮亚杰问他们两个问题：

（1）这两个男孩的过错是否相同？

（2）这两个孩子中，哪一个过失更大？为什么？

皮亚杰依据儿童的回答，提出儿童的道德发展是一个从低级到高级、从他律到自律的逐渐发展的、有阶段的连续过程。其中，学前儿童主要处于前道德判断阶段和他律道德阶段。

1. 前道德判断阶段（2—5岁）

此时儿童尚没有道德的概念，还不能把自己与外界区分开来，往往将自己与外界混为一谈。规则对儿童来说不具有约束力，他们不能把规则当成一种义务去遵守。儿童的行为直接受结果的支配。皮亚杰把这一阶段称作道德的自我中心主义，是一种无所谓道德。

2. 他律道德阶段（5—7岁）

“他律”意思是“受另一个人的管辖”，是指按照外在的标准判断事物的好坏。当进入了他律道德阶段，儿童就形成了对规则的尊重。这一时期的儿童认为规则能够由警察、父母、教师等这样的权威人物来制定。他们认为，规则是固定的、不可改变、需要绝对服从的。儿童和妈妈一起过马路，他会说：“妈妈，现在是红灯，老师说只有绿灯亮了才能走。”即使急救车闯红灯，儿童也会认为这是不被允许的事情。皮亚杰把儿童绝对服从规则的倾向称为道德实在论，他认为，成人的约束和滥用权力对儿童的道德发展极其有害。

在约翰和亨利的故事中，儿童多认为约翰更淘气，因为他打破了更多的杯子。可见，儿童在进行道德判断时，更多关注行为所造成的物质损失。而年龄稍大的儿童则能注意行为的动机和意图。

3. 自律道德阶段（10岁以后）

在这一阶段，是非判断的主要根据是行为者的动机，而不是行为本身的客观后果。这个阶段的儿童开始意识到，社会规则是主观制定的，可以改变、重新制定。为了满足人的需要，规则也可以违反。因而，儿童认为急救车为救人而闯红灯是可以理解的。在这一阶段，儿童的道德判断已经开始摆脱了外在的约束，以是否公平作为判断行为好坏的依据，皮亚杰把这称为道德相对论。

在约翰和亨利的故事中，10岁儿童会一致地说，亨利比约翰要坏得多，因为亨利偷吃果酱是坏的动机，约翰是去吃饭时打碎15只杯子不是坏的动机。在决定如何惩罚时，他们通常赞成回报的惩罚。也就是说，处理违规行为时，要使惩罚与“罪行”相符，使破坏规则者能够理解违规行为的意义，以后不再重犯。儿童会认为，有意打碎杯子的儿童应该用自己的零用钱来赔偿，而不是简单地接受打屁股的惩罚。

（二）科尔伯格的儿童道德发展阶段

科尔伯格采用自编的一系列两难故事来测量儿童的道德推理过程，基于72名6岁、7岁、10岁、13岁以及16岁儿童的回答，科尔伯格提出了道德发展的三个水平六个阶段。

拓展阅读

海因兹偷药

欧洲有一位妇女患了一种特殊的疾病，这种病只有本镇上一个药剂师最近发明的镭可以医治。药剂师制造这种药要花很多钱，而他索价还要高出成本的10倍。病人的丈夫海因兹到处借钱，试过各种合法的途径，但他一共才借到2 000美元，只够药费的一半。海因兹不得已，只好告诉药剂师，说他的妻子快死了，请求药剂师便宜一点卖给他，或允许他赊账。但药剂师拒绝了。海因兹非常绝望，无奈之下他撬开药店的门，为他妻子偷来了药。

当儿童听懂故事后，科尔伯格问他们一系列问题，如“海因兹应该去偷药吗？”“他是否会被判刑？”等。

▲ 图12-19　心中的天平

1. 水平一：前习俗水平（4—10岁）

在该阶段中，儿童所遵守的道德标准源于外部，遵循权威制定的规则，其目的是逃避惩罚或获得奖励。

（1）阶段一：惩罚与服从定向阶段。儿童由于害怕惩罚而服从规则。如果某种行为没有受到惩罚，那么儿童会认为这种行为是适当的。比如，儿童会说“我要好好吃饭，要不然妈妈就会批评我”。在回答海因兹该不该偷药时，判断的标准是海因兹会不会被惩罚。反对海因兹偷药行为的儿童认为，海因兹不应该偷药，因为他会成为罪犯。赞成海因兹偷药的儿童认为，海因兹偷药是因为没有钱，如果他的妻子死了，他会被调查。

（2）阶段二：天真的享乐主义阶段。儿童遵守规则是因为想要得到他人的奖赏或者满足个人需求。比如，儿童会说“我要按时完成作业，这样我就可以早一点出去玩”。儿童不再把规则看成是绝对的、固定不变的东西。他们已认识到任何问题都是多方面的，主要看人们怎样看待。在海因兹偷药的例子中，赞同的儿童认为，如果海因兹不想妻子去世就应该偷药；反对的儿童认为，药商没有错，因为做生意就是为了赚钱。

2. 水平二：习俗水平（10—13 岁）

在该阶段中，儿童把遵守社会规则当成是重要的，但并不是以维护自我利益为目的。

（1）阶段三：“好孩子”定向阶段。儿童进行道德判断时努力寻求别人认可，凡是成人赞赏的，自己就认为是对的。儿童认为海因兹应该偷药的理由是“因为海因兹想要挽救一个人的生命”、“爱他的妻子”、“已经走投无路了才去偷的”；不该偷药的理由是“做贼会使自己的家庭名声扫地，给自己的家人（包括妻子）带来麻烦和耻辱”。而药商“一心想赚钱”、“只关心自己的利益而不管别人的生命”，所以是“坏的”、“贪婪的”。

（2）阶段四：“维护社会秩序的道德”阶段。这个阶段的儿童注重维护社会秩序，认为每个人应当承担社会的义务和职责。所谓正确的行为就是尽到个人的职责，尊重权威，维护普遍的社会秩序。这个阶段的儿童一方面认为海因兹偷药救妻子合情合理，因为他爱妻子，又处于绝望的困境中，但另一方面又认为维护法律的尊严是十分重要的，偷别人的东西是犯法的。该阶段的儿童已经看到了法律所起的社会作用。

3. 水平三：后习俗水平（13 岁—青春期）

在该阶段中，儿童的道德水平已经开始成熟，能够使用社会承认的公正原则判断是非。

（1）阶段五：社会契约定向阶段。儿童意识到，社会规范是为了维持社会秩序并经大众同意而建立的，只要达成共识，社会规范是可以改变的。在回答海因兹是否应该偷药的问题时，给出的理由是丈夫没有偷药救妻子的义务，这不是正常的夫妻关系契约的组成部分。海因兹已经为救妻子的性命尽了全力，无论如何都不该采取偷的办法解决问题，但他还是去偷药了，这是一种超出职责之外的好行为。法律禁止人偷药，却没有考虑到为救人性命而偷东西这种情况。海因兹不得不偷药救命，如果有什么不对的话，需要改正的是现行的法律，稀有药品应该按照公平原则加以调控。

（2）阶段六：以良心为个人原则的道德阶段。这一阶段，儿童的道德判断以个人的伦理观念为基础。个人伦理观念用于道德判断具有一致性和普遍性。体现在海因兹偷药的问题上，这一阶段的儿童会认为为救人性命去偷药是值得的。对于任何一个有道德理性的人来说，人的生命最可贵，生命的价值提供了唯一可能的、无条件的道德义务的源泉。

科尔伯格认为，道德发展阶段的顺序是固定不变的，但是并不是所有的人都在同样的年龄达到同样的发展阶段，事实上有许多人永远无法达到道德判断的最高水平。

二、良好道德品质的培养

（一）依据儿童道德发展阶段，进行有针对性的道德教育

依据皮亚杰和科尔伯格的道德发展理论可以知道，儿童的道德发展具有阶段性。具体而言，小、中、大班儿童年龄存在差异，儿童的道德品质教育也应该因年级而异。在进行道德教育时，教师和父母可以参考以下内容。

1. 整体内容

（1）能努力做好力所能及的事，不怕困难，有初步的责任感。

（2）乐意与人交往，学习互助、合作和分享，有同情心。

（3）做事有信心，能有始有终地做完一件事。

2. 各阶段内容

（1）小班。

引导儿童学会把用过的玩具、用品放回原处，培养儿童初步的责任感。

（2）中班。

① 帮助儿童学会从行为的各个方面评价自己及小伙伴，充分培养儿童的自信心。

② 鼓励儿童大胆承认错误，培养儿童诚实、勇敢的品质及对挫折的心理耐受力。

③ 引导儿童学习与同伴友好游戏，学会谦让、分享与合作。

（3）大班。

① 培养儿童克服困难、抗挫折、勇敢、诚实的品质。

② 培养儿童的自尊心、自信心和同情心。

③ 培养儿童不断学习的愿望和能力。

④ 引导儿童主动帮助父母做事，关心父母，如做一些辅助性的工作，父母生病了能进行简单的照料等，培养儿童对家庭的责任感。

⑤ 引导儿童主动帮助教师，帮助同伴，为集体做好事，培养集体意识。

⑥ 进一步巩固儿童的公德意识，遵守社会公德，并阻止他人的不良行为，培养儿童的社会责任感。

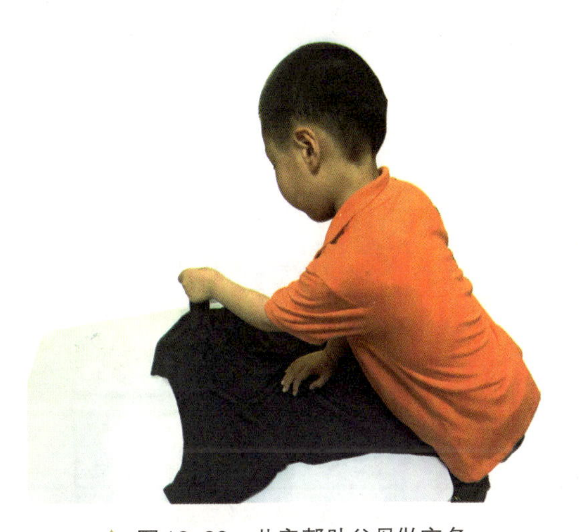

▲ 图 12-20　儿童帮助父母做家务

（二）通过游戏开展道德教育

儿童的认知水平较低，但道德观念是抽象的、综合的，因此，仅通过说教、讲解的方式很难让儿童形成良好的道德品质。对儿童而言，游戏是其主要的、喜欢的活动。因此，儿童道德教育不能只是简单地告诉儿童该做什么、不该做什么，还应该在游戏活动中让儿童体验应该怎样做，以具体的活动、真实的情感感受，让儿童学习各种社会规范、行为准则，获得良好的道德品质。

案例

不该你说就不说①

黄老师让孩子围在一个水池周围，水池里放着各种各样的水果，黄老师告诉小朋友，今天我们做个游戏，用毛巾蒙上眼睛，摸水池里的水果，并说出水果名称。

游戏开始了，黄老师用毛巾蒙上了可可的眼睛，让她摸水池里的水果，并且说出水果的名称。正当可可摸到水果要说出水果的名称时，旁边的美美替她说出来了。黄老师说："既然你说得快，那就把你的眼睛蒙上吧。"可是，当美美摸水果正要说出名称时，其他小朋友又替她说了，老师又用毛巾把说话的孩子的眼睛蒙上。如此，每个孩子都有蒙眼睛、摸水果、说水果名称时有人替他说了的体验。

黄老师便组织小朋友说一说："当你正要说出水果名称时，别人替你说了，你觉得怎样？"小朋友异口同声地说："真烦，都被别人说了。"黄老师进一步启发幼儿："那你们说应该怎么办呢？"小朋友说："不该你说就不说。"黄老师说："那好吧，我们大家按照这个规则，再重新做这个游戏。"在第二次的游戏中，有的小朋友忍不住又说了，大家就又讨论怎么办，有的提议，要说时用手捂着嘴。于是又重新做这个游戏。经过一段时间后，小朋友们就都掌握了这个规则。

黄老师通过游戏让儿童学会了不要随意打断别人的发言。在游戏中，儿童真正体验了被别人打断的感受，正是这种真实的感受让儿童学会不打断别人。可见，游戏是培养儿童良好道德品质的重要途径。

（三）将道德教育贯穿于日常生活中

道德教育内容广泛，涉及社会生活的方方面面，因此可以将道德教育融入日常生活中，让儿童在潜移默化中养成良好的道德品质。将道德教育贯穿于日常生活，最重要的是需要注意道德教育的随机性。在幼儿园中，教师需要把握教育时机，在一日生活中培养儿童的道德品质。比如，儿童如厕时，引导儿童排队，莫拥挤；儿童用餐时，提醒儿童珍惜粮食，不要浪费；自由活动时，鼓励儿童团结合作；借阅图书时，制定"借阅公约"。在家庭中，父母也可以随时随地地培养儿童的道德品质。比如，带儿童去公园、动物园、植物园游玩，增加他们对大自然的热爱；坐公交时，教会儿童文明乘车，不要大声喧哗；过马路时，教育儿童遵守交通规则；公共场合，引导儿童爱护公物，不乱扔垃圾。在具体的情境中，儿童慢慢习得道德行为，长此以往便可以形成良好的道德品质。

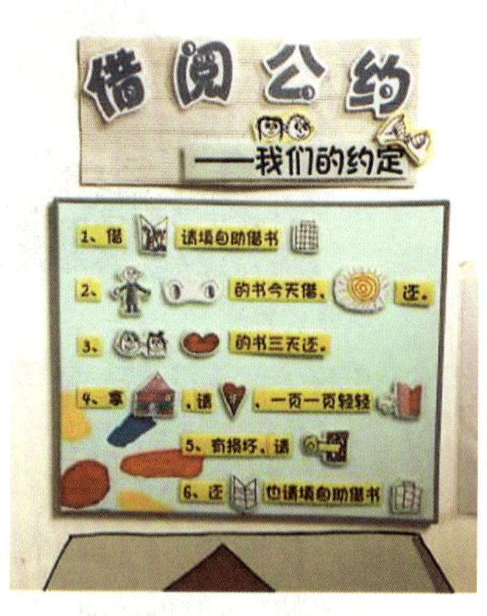

▲ 图12-21　借阅公约

① 杨丽珠，邹晓燕．提高幼儿品德教育的有效性［J］．学前教育研究，2004（9）：5—8.

案例

如何培养孩子的环保意识

习近平总书记指出“绿水青山就是金山银山”。环保意识需从小培养。教师可以利用儿童道德感发展的关键时期，通过多种活动开展环保教育。

第一，利用游戏开展环保教育。教师可以在班级开展“我是环保小卫士”的游戏，每天请一位儿童担任“环保卫士”，对班级中的各个场所进行卫生检查，这样能激发孩子的参与热情，也能给他们带来一定的成就感。

第二，通过实践活动开展环保教育。例如，教师可以开展“变废为宝”的实践活动，让孩子在课余时间搜集废纸盒、塑料瓶等物品，然后充分发挥自身的想象力和创造力，利用这些物品制作存钱罐、收纳盒、笔筒等生活小物件，实现资源的再利用。①

思考与练习

1. 什么是社会性?
2. 社会性在学前儿童心理发展中有怎样的作用?
3. 依恋的发展过程是怎样的? 有哪些类型?
4. 怎样帮助学前儿童发展良好的同伴关系?
5. 为培养学前儿童的亲社会行为，应该怎么做?
6. 攻击性行为有哪些类型? 如何矫正学前儿童的攻击性行为?
7. 道德发展有哪些阶段? 如何培养学前儿童良好的道德品质?
8. 结合本章节内容，针对奇奇与妈妈的行为，为王老师提出适宜的教育建议。

推荐资源

1. 纸质资源:

(1) 王梦柯，李晓巍:《怎样让宝贝放妈妈去上班》,《中国教育报》2016 年 10 月 23 日。

(2) 王燕:《同伴交往中被拒绝幼儿的个案分析与干预》,《早期教育(教科研版)》2017 年第 09 期。

(3) 范文翼，周萌:《矫治幼儿攻击性行为的个案研究》,《幼儿教育》2014 年第 12 期。

(4) 王锦红:《浅议如何将德育教育渗透到幼儿一日生活中》,《好家长》2018 年第 06 期。

2. 视频资源:

电影《再见了，我们的幼儿园》，水田伸生导演。

---

① 郭小凤. 浅谈幼儿园如何做好对幼儿的环保意识培养［J］. 智库时代. 2021, 3：1—2.

第十三章

环境与学前儿童发展

目标指引

1. 理解家庭环境对学前儿童发展的影响。
2. 理解托幼机构与学前儿童发展的关系。
3. 理解社区对学前儿童发展的影响。
4. 理解电视和网络对学前儿童发展的影响。

内容结构

- 环境与学前儿童发展
  - 家庭与学前儿童发展
    - 家庭对学前儿童心理发展的作用
    - 家庭环境与学前儿童发展
  - 托幼机构与学前儿童发展
    - 托幼机构结构性质量与学前儿童发展
    - 托幼机构过程性质量与学前儿童发展
  - 社区与学前儿童发展
    - 社区教育与学前儿童发展
    - 社区环境与学前儿童发展
  - 现代传媒与学前儿童发展
    - 电视与学前儿童发展
    - 网络与学前儿童发展

高尔顿是遗传决定论的代表人物，他把遗传的作用夸大到了极致，而华生是环境决定论的代表人物，他认为儿童发展完全受后天环境的影响。事实上，儿童的发展是遗传和环境相互作用的结果，遗传为儿童的发展提供了可能性，而环境则最终决定儿童发展的现实性。国家颁布的有关幼儿园"小学化"专项治理的相关政策，其目的也是希望为儿童构建良好的教育生态环境，促进儿童综合素养的提升。本章将依次探讨家庭、教育机构、社区以及现代传媒这些与儿童发展紧密相关的环境因素与学前儿童发展的关系。

第一节 家庭与学前儿童发展

家庭是由家庭全体成员及成员间的互动关系组成的一个动态的、相互影响的系统，是儿童出生后生活成长的第一个社会环境，也是儿童早期阶段接触的最主要的环境。家庭对于学前儿童的认知、社会性和情绪发展均起着重要作用。

一、家庭对学前儿童心理发展的作用

（一）家庭能够促进学前儿童的认知发展

在学前儿童的认知发展上，儿童通过与父母的互动，学习了大量日常生活知识与经验，锻炼了感知、记忆、注意、想象以及思维等多种能力，并在好奇心和求知欲的驱使下形成了稳定的学习兴趣。例如，父母和儿童在家庭中共同阅读绘本故事，儿童由此习得多样的知识经验，在阅读中不断感知、注意、观察、思考、想象，并且逐渐对阅读产生浓厚的兴趣。

案例

声东击西①

毛豆特喜欢和爸爸捉迷藏，因为爸爸总会藏到一个意想不到的地方。为了让毛豆找到做侦探的感觉，爸爸可是费了不少脑筋。比如，把鞋脱了，放在床的下方，然后把床上的被子弄得拱起一团，好像里面藏了一个人的样子。毛豆以为爸爸就藏在床上的被子里，但是掀开一看，空无一人。他蹑手蹑脚地走到一个轻微抖动的窗帘前，拉开一看："哇，原来爸爸藏在这里呀！"爸爸绘声绘色地说："这一招叫'声东击西'，是36计中的一计——把鞋子脱在显而易见的位置，是为了迷惑敌人，转移敌人的注意力，让敌人以为他一定藏在床上。"毛豆很快就学会了这一招数，还对此进行了"升级"。他把自己的帽子或衣服用衣架撑着，而自己却藏到了一个秘密的地方，害得爸爸半天都没找到。

① 唐凡茹．2—6岁，有趣的幼儿心理学［M］．北京：中国纺织出版社，2016：12.

（二）家庭能够促进学前儿童的社会性发展

家庭是儿童社会化的第一课堂，在儿童早期生活中最重要的关系即亲子关系中，儿童的社会性得到了极大的发展。首先，在亲子交往中父母传授给学前儿童大量的社会知识、社会规则和道德规范，比如要使用礼貌用语、要遵守交通规则等。其次，在亲子交往中父母为儿童提供了充分的社会交往实践的机会，如通过成人之间的交往为儿童创造同伴交往的机会。再次，父母的言行举止和潜在的价值观起着示范作用，被儿童观察和模仿。早期亲子交往的经验会影响儿童的同伴交往，甚至会影响其成年以后的人际交往态度和行为。

▲ 图13-1 教导儿童遵守交通规则

案例

正面管教

浩浩是一个调皮的男孩，常常和周围的小朋友发生冲突。这次，浩浩又因为和小朋友抢玩具，把人家弄哭了。

浩浩妈妈以往遇到这种情况，总是用命令的口气大声制止："别抢了！回家看我怎么收拾你！"但是这种方法效果并不好，下次遇到类似的情况浩浩还是经常与小朋友发生冲突。

在了解到正面管教之后，浩浩妈妈换了一种方式和孩子交流。她启发浩浩："你打算怎样和小朋友解决这个问题呢？"让她吃惊的是，浩浩想了很多办法：跟小朋友说对不起；和他握握手；第二天给他买好吃的；把玩具车让他玩一玩；想玩前先跟他说"让我玩一下好不好"……并且在第二天，浩浩真的拿上他的玩具车与那个小朋友分享，还向他说了对不起。

浩浩妈妈采用正面管教的方式，引导浩浩学习如何进行同伴交往。

（三）家庭能够促进学前儿童的情绪发展

研究表明，在学前儿童情绪的稳定和健康发展上，父母的陪伴和家庭的支持可以帮助儿童更加从容、坦然、坚定地完成发展任务。父母对儿童表现出来的关心、鼓励、接纳有助于儿童积极、愉快情绪情感的获得和发展，并且有助于儿童形成善良、有同情心、关爱他人的良好品格。

家庭是社会的基本细胞，是人生的第一所学校。不论时代发生多大变化，不论生活格局发生多大变化，我们都要重视家庭建设，注重家庭、注重家教、注重家风。

——习近平

二、家庭环境与学前儿童发展

家庭环境是指家庭中影响儿童发展的全部因素，包括硬环境和软环境。家庭硬环境是指玩具、图书等物质环境；家庭软环境是家庭生活中人与人之间相互联系沟通时所形成的一种气氛，包括情感、行为、语言等亲子交往因素。家庭环境对儿童发展的影响是深远而持久的，接下来将主要围绕家庭软环境分别介绍父母的教养方式、家庭氛围以及家庭结构等家庭环境因素对儿童发展的影响。

（一）父母的教养方式

当孩子犯错误时，有的父母不问缘由直接打骂，有的父母会先倾听孩子讲述原因，进而制定合理的规则来规范孩子的行为，有的父母一味容忍孩子犯错误，有的父母根本不关注孩子是否犯错误而采取放任的态度。可见，不同的父母在养育孩子时采取不同的策略和行为，研究者称之为教养方式。

父母教养方式是父母在养育孩子的过程中所表现出来的相对稳定的行为倾向，是父母教育观念和教育行为的综合。研究者提出两个维度用以衡量父母的教养方式。一个维度是父母对儿童表现出的温情和反应性，即情感反应。高情感反应的父母对子女明显表现出柔情和关爱，低情感反应的父母对子女不关心甚至表现出敌意。另一个维度是父母对子女的支配程度，即控制性。高控制性的父母会制定规则，让子女遵从，低控制性的父母对子女没有什么要求。

研究者基于以上两个维度，区分出四种教养方式，分别为权威型、专制型、放纵型和忽视型，如表 13-1 所示。

表 13-1　四种父母教养方式类型

控制性	情感反应	
	高情感反应	低情感反应
高控制性	权威型	专制型
低控制性	放纵型	忽视型

（资料来源：Maccoby & Martin，1983 年）

1. 权威型

当孩子犯错误时，父母会先倾听孩子讲述原因，进而制定合理的规则规范子女的行为，这种教养方式属于权威型的教养方式。权威型父母对子女的情感反应较高，经常对子女的需求做出回应，同时设定明确的规则，对孩子进行适当的控制，会尊重他们的自主性，亲子沟通交流较多。在权威型教养方式中成长的孩子比较独立、自信、友善，善于与他人合作，社交能力强，自我调控得当，学习成绩较好。

案例

罚站的约定①

我的儿子3岁多的时候，进入了第一个叛逆期，开始有了更多的自主意识，他从“无意地做一件事”到了“有目的地做一件事”，而且一定要“把这件事做完美”。儿子平时是个懂事、讲理、很自制的孩子，可是做事情稍有不如意时，就大发脾气、大喊大叫，一直重复做，直到自己满意为止。之前我们一直是采取好言规劝的方式，但不管说多少次他都还要坚持，下回依然如此。于是，我们开始跟他商量：遇到困难要请求帮助，遇到难处要慢慢去解决，不能着急，更不能发脾气。如果再犯就罚站，几岁罚站几分钟，乱跑乱动再加5分钟。大家都同意了，并在纸上签上自己的名字，还专门买了罚站铃铛。开始几次，他都哭得很厉害，不停地说我以后不敢了。可是既然是约定，就一定要坚持，没有规矩不成方圆。等罚站结束后，我会抱抱他，和他聊一聊为什么会罚站，以后应该怎么做。我还不断地通过各种故事告诉他，不管是谁，做错了事就要受到相应的惩罚，要为自己做的事情承担责任。现在儿子快6岁了，一直以来都能遵守我们的约定，发脾气的次数越来越少，能主动承认错误，当然我们也允许孩子情绪不好的时候适当地发泄。

2. 专制型

当孩子犯错误时，父母不问缘由直接打骂，这种教养方式属于专制型的教养方式。专制型父母对子女的情感反应低，控制程度高，表现出严格、冷漠的特点，他们给孩子制定规则和期望，要求孩子一味地服从和遵守，不尊重孩子的自主性，亲子沟通交流较少。在专制型教养方式中成长的孩子更加依赖他人，自卑退缩，社会交往能力弱，自尊水平低。

案例

不用你帮忙

青青发现自己的袜子脏了，端上一盆水，准备自己洗。妈妈看见后，忙说：“还是我来洗吧，要不你把衣服全弄湿了！”晚饭后，青青想帮助妈妈收拾碗筷，妈妈也急忙制止。

拓展阅读

《中华人民共和国家庭教育促进法》

《中华人民共和国家庭教育促进法》于2022年1月1日起正式实施。这是为了发扬中华民族重视家庭教育的优良传统，引导全社会注重家庭、家教和家风，增进家庭幸福与社会和谐，培养德智体美劳全面发展的社会主义建设者和接班人而制定的法律。

① 康莉. 罚站33分钟［J］. 山西教育（幼教），2014（4）：48.

3. 放纵型

当孩子犯错误时，父母对孩子的错误视而不见，一味地包容，这种教养方式属于放纵型教养方式。放纵型的父母对子女的情感反应高，但很少对其进行控制，他们对孩子的行为基本没有要求和限制，子女的自主性非常高。这种教养方式下的儿童很可能出现两个极端，一种是创造力很强，比较主动和活跃；一种是比较放纵，容易冲动，攻击性也较强，社交能力较弱。

▲ 图13-2　溺爱孩子

案例

溺　　爱

悦悦的妈妈在40岁的时候才生下悦悦，夫妻俩把她视为掌上明珠，非常疼爱她，她要什么就买什么，可以说是百依百顺。悦悦上幼儿园后，老师向其父母反映：悦悦经常抢其他孩子的玩具，而且还在其他女孩衣服上乱涂乱画。但是，悦悦的父母反而说是其他孩子不好。

现在，班上的其他小朋友都不喜欢她，没人愿意和她交往。

4. 忽视型

当孩子犯错误时，父母对孩子是否犯错漠不关心，这种教养方式属于忽视型的教养方式。忽视型父母对子女的情感反应和控制程度都比较低，对孩子采取放任自流的态度。忽视型教养方式在四种教养方式中带来的消极后果最为持久。在这种教养方式下，儿童一旦受到刺激，则可能出现极具破坏性的行为或暴力冲动。

案例

一直看手机的爸爸

和爸爸来到了亲子园后，乐乐进入娃娃家开始游戏。他拿着玩具苹果说："爸爸，给你吃苹果。"但是爸爸正在一旁看手机，没有听到乐乐的话。过了一会儿，乐乐指着一个玩具问："爸爸，这个怎么玩呀？"爸爸依然在看手机，没有反应。又过了一会，乐乐走到爸爸身边，站了几秒钟，爸爸还是没反应。

直到游戏时间结束，爸爸一直在看手机，乐乐好像也习惯了，不再主动与爸爸交流。

（二）家庭氛围

家庭氛围是指儿童所处的家庭环境的气氛与情调，它客观存在于每个家庭中。有的家庭成员彼此之间感情融洽，互敬互爱，使儿童处在轻松、温馨、民主、自由的气氛中，有助于儿童的情感、社会性和认知等多方面的发展。有的家庭成员之间相互争吵、言行粗鲁、对子女缺少关爱，使儿童长期处在高压、蛮横、独裁的气氛中，导致儿童出现各种情绪和行为问题，形成不良个性。

案例

亲子共读①

几年前我买回了一本《父与子》，儿子一下就被那丰富有趣、生动传神的画面吸引住了，我开始每天与儿子共同享受阅读《父与子》带来的快乐。有时是我讲给他听，有时是他兴致勃勃地拿给我看、讲给我听，书中儿子与父亲的每一次经历都让我俩忍俊不禁。自此，儿子就喜欢上了绘本。

亲子共读所营造的良好的家庭氛围增进了亲子关系，帮助儿童养成了良好的阅读习惯。

▲ 图13-3 亲子共读

（三）家庭结构

家庭结构是家庭成员的构成及其相互作用、相互影响的状态以及由这种状态形成的相对稳定的联系模式。在不同的家庭结构中，由于不同家庭成员的组合关系和组合方式不同，导致家庭氛围、家庭教养方式、家庭成员的关系存在差异，从而影响儿童的发展。接下来将从扩展家庭、离婚家庭以及家庭中的子女数量方面，探讨家庭结构对儿童发展的影响。

1. 扩展家庭

我国目前家庭的主要结构有两种类型：一种是核心家庭，即两代人的家庭；一种是扩展型家庭，即三代（或四代）家庭。研究者比较了两代人家庭和三代人家庭儿童个性发展的差异，结果发现，两代人家庭的儿童个性发展水平高于三代人家庭。这些个性品质包括独立性、自制力、敢为性、合群性、聪慧性、情绪特征、自尊心、文明礼貌及行为习惯等。

在当今中国，随着社会经济的发展，工作和生活的压力使得越来越多的父母在生育孩子后，与孩子的祖父母生活在一起，因此祖父母在儿童的养育中起着重要作用。祖

① 秦杰．儿子与漫画［J］．山西教育（幼教），2015（2）：21.

辈养育对孙辈的发展既有积极影响，又有消极影响。其中，积极影响体现在祖辈相比于忙于工作的父辈有充足的时间陪伴孩子，而且祖辈有丰富的抚养和教育孩子的实践经验，能够从容处理孩子成长中的各种问题。消极的影响体现在祖辈普遍存在重养育轻教育、重智育轻德育、重满足孙辈需求轻管束的倾向，祖辈往往对孙辈过度溺爱，加之他们存在知识、观念等多方面的不足和局限，使得祖辈教养下的孙辈容易表现出自我中心的倾向，出现情绪问题和人际交往障碍。而且，祖辈和父辈由于社会阅历、受教育程度、生活方式等方面的差异，在育儿观念上往往相互冲突，导致孩子无所适从，在行为规范的形成上迷失方向。因此，面对祖辈养育的态度应该是，努力让祖辈和父辈养育形成教育合力，共同促进儿童发展。

▲ 图13-4　祖辈养育现象普遍

案例

隔代教养

女儿在3岁的时候由姥姥、姥爷照顾。老人的细心呵护和无比疼爱解决了我的后顾之忧。可是最近我发现，他们对孩子的爱好像有点过度。

女儿要买零食，我不许，姥姥却风风火火地过来："到这儿来，姥姥带了钱，想吃什么都可以。"女儿伸出脚："妈妈，给我穿鞋！"我说："要学会自己穿鞋，知道吗？"这时，姥爷又急忙过来："妈妈忙，姥爷帮你穿！"每次无理要求被我拒绝时，小家伙总可以在姥姥和姥爷那儿得到满足。

2. 离婚家庭

近年来，我国离婚人数持续上升，根据国家统计局和民政部门的统计，1980年我国离婚对数为34.1万对，1990年为79.9万对，2000年为121万对，2010年为246.8万对，2016年为415.8万对。其中，大约67%的离异家庭涉及孩子。

离婚伴随着父母之间的激烈冲突，与家庭成员分离的痛苦，进而影响儿童的心理发展。阿马托（Amato）和凯什（Keith）对大量考察单亲家庭结构对儿童发展影响的研究结果进行了整合，发现离婚家庭的孩子在学业成绩、行为、情绪调节、自我概念和亲子关系等方面均低于完整家庭的孩子。[①] 父母离异会造成父亲教育或母亲教育的

① Paul R. Amato, Bruce Keith. Parental divorce and the well-being of children: A meta-analysis［J］. Psychological Bulletin, 1991, 110.

缺失，容易对儿童的人际关系和心理发展产生消极影响。一般认为，缺乏母爱的儿童缺少同情心，性格孤僻、粗暴；缺少父爱的儿童情感脆弱，性格懦弱、内向。离异家庭的儿童常常表现出爱哭、情绪低落、容易烦躁、不爱交际、自卑、冷漠等不良的个性特点。

案例

爸爸不要我们了

琪琪是我们班只喜欢玩娃娃家游戏的孩子。进入娃娃家后，她常常边抱着娃娃边带着哭腔说："宝宝，爸爸不要我们了！以后咱娘俩一起过……"我们后来了解到，琪琪的父母离婚了。离婚后妈妈常说一些"爸爸不要我们娘俩了……"之类的话。这种无助的感觉传递给孩子，让孩子变得自卑、内向、胡思乱想，久而久之，孩子的性格愈发忧郁。

遇到琪琪这类孩子，教师应先同家长取得联系，了解家庭中的具体情况，与家长深入沟通，让他们知道自己的言行对孩子产生了哪些影响。同时，教师也要不厌其烦地与孩子交流，与他们玩耍聊天，打开他们的话匣子，让自己成为他们倾诉的对象，这样他们才会慢慢走出封闭忧郁的怪圈。

那么，应该如何减少离婚对儿童的消极影响呢？谢弗（Shaffer）认为，如果离婚后父母双方能够在抚养儿童的问题上达成协议，相互支持，那么儿童会发展得较好。因此，离异家庭父母双方都要对儿童负责，对儿童保持一致的教养态度。①

案例

两个一样的家②

小M，女孩，6岁，大班，5岁时父母离异。妈妈告诉她虽然自己与爸爸离婚了，但爸爸妈妈都会继续爱她、照顾她。有一天，她主动对老师说："我爸爸妈妈原来在一起，后来因为他们俩性格超级不合，所以就分开了，现在不在一起了。"小M每周一、三、五由妈妈带，每周二、四、六由爸爸带，平时在幼儿园会问其他小朋友："你爸爸妈妈离婚了吗？因为我的爸爸妈妈离婚了，我爸爸一个家，妈妈一个家。"小M说这件事时，表情很平静，没有情绪上的波动。

3. 家庭中的子女数量

在我国，由于计划生育政策的实施，独生子女非常常见。很多人认为独生子女是"小皇帝"、"小太阳"，娇生惯养，具有自我中心、自控能力差等缺点，但是大部分对独

① David R. Shaffer，Katherine Kipp. 发展心理学：儿童与青少年［M］. 北京：中国轻工业出版社，2009.

② 刘玉红，秦东方. 家庭离异对学前儿童身心影响的个案研究［J］. 陕西学前师范学院学报，2017，33（7）：66—69.

生子女和非独生子女的对比研究表明，独生子女与非独生子女的差异不显著；当存在差异的时候，则往往是独生子女占优势。

随着计划生育政策的调整，三孩政策的实施，多子女家庭在我国越来越常见。与独生子女家庭不同，非独生子女家庭兄弟姐妹之间的关系是复杂的。一方面，兄弟姐妹之间可能形成竞争冲突的关系。当弟弟或妹妹出生时，第一个孩子常常感到忧伤，他们可能变得孤僻，心理会产生失落感并且嫉妒父母对弟弟或妹妹的关爱，出现更多的自私行为。但是，如果父母保持对孩子需要的及时回应，第一个孩子的消极情绪是可以避免的。

案例

妈妈被抢走了①

我在朋友圈晒妹妹的照片，丛丛看到了我手机上亲朋好友对妹妹的祝福，一个人躲在自己的房间里哭了很久。丛丛说："我要哭，妹妹把我的妈妈抢走了，爸爸妈妈不爱我了。"尽管我们已有一定的思想准备，考虑到了丛丛的感受，但孩子内心巨大的失落感还是不可避免地出现了。从妹妹出生到5个月大，丛丛一直在既高兴又嫉妒的矛盾中徘徊。高兴的是，自己有了个妹妹，有事没事很喜欢抱抱、逗逗妹妹，也特别骄傲自己有个妹妹。但嫉妒的情形也经常出现，比如，我们称呼妹妹"小乖乖"时，丛丛就会带着醋意问："妈妈，你有几个小乖乖啊？"给妹妹买尿不湿时，丛丛会问："我小时候用的尿不湿和妹妹现在用的谁贵谁好啊？"有时候我们要借用丛丛的物品，她就会捍卫地说："这是别人送给我的呀。"

▲ 图13-5 姐姐与妹妹

另一方面，弟弟或妹妹出生的好处在于哥哥或姐姐可以帮助父母照料弟弟妹妹，成为弟弟妹妹的玩伴，和弟弟妹妹相互学习，相互支持。即使兄弟姐妹之间相互争吵，儿童也能在互动中体验如何表达和管理情绪，如何解决矛盾冲突，从而为今后的社会交往奠定良好的基础。

案例

我和我的淘弟弟②

弟弟因为想看电视不想睡觉。我说："姐姐哄你睡好不好？"一会儿弟弟就睡着了，我也睡着了。

---

① 马华. 学着做姐姐［J］. 幼儿教育，2017（14）：13.

② 杜为. 我和我的淘弟弟［J］. 山西教育（幼教），2017（4）：20—21.

我和弟弟一起洗脚，他拿起我的拖鞋玩，我说拖鞋脏不能玩，他非要玩。结果我俩在抢的时候都哭了。后来弟弟将拖鞋还给我啦，弟弟要跑，我说："擦了脚再走。"最后我们咯咯大笑。

一天，爸爸妈妈带我和弟弟去公园，弟弟看见旋转木马想坐，我也想坐，我们一起坐了旋转木马，真好玩。

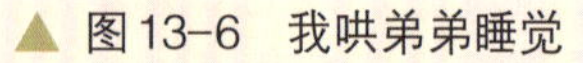

▲ 图13-6　我哄弟弟睡觉

▲ 图13-7　我和弟弟洗脚

▲ 图13-8　我和弟弟玩旋转木马

总之，家庭是一个复杂的系统，儿童在这个系统中，在与父母、祖辈和兄弟姐妹等的互动中成长与发展。

第二节 托幼机构与学前儿童发展

托幼机构是指对学前儿童进行保育和教育的机构，是除家庭以外学前儿童接触最多的社会环境，对于儿童发展的影响是深远而持久的。英国的 EPPE（Effective Provision of Pre-school Education）项目对托幼机构的保育和教育如何影响儿童发展进行研究发现，托幼机构对儿童的认知和社会性发展具有重大的积极影响，而且儿童上托幼机构的时间越长，这种积极影响就越大。[①] 托幼机构是如何影响儿童发展的呢？研究表明，托幼机构主要通过其教育质量影响儿童发展，包括结构性质量和过程性质量。

一、托幼机构结构性质量与学前儿童发展

托幼机构的结构性质量主要是指托幼机构内的一些可具体规范和控制的变量，具体包括师幼比与班级规模、教师受教育程度和所受训练以及教育行政管理。

（一）师幼比与班级规模

师幼比是指一名教师与他／她所负责照顾的儿童人数之比，是影响托幼机构教育质量的重要指标。研究表明，较高的师幼比使得教师能够做出积极的保教行为，关注儿童

① 凯西·西尔瓦．学前教育的价值：关于学前教育有效性的追踪研究［M］．北京：教育科学出版社，2011.

各方面的发展，保障儿童的安全，同时有更多的时间和机会与每个儿童互动。较低的师幼比使得教师出现更多的控制行为和消极懈怠行为，从而不利于儿童发展。

除了师幼比以外，还应该考虑班级规模。首先，班级规模影响儿童基本的安全，班级规模越小，儿童感染疾病的可能性越小。其次，班级规模影响儿童的生活和学习质量，较小的班级规模使得教师能够对儿童进行个别化的指导和支持，师幼互动的频率更高，进而促进儿童各方面的发展。

（二）教师受教育程度和所受训练

教师的受教育程度与儿童发展密切相关。研究表明，教师的受教育程度越高，与儿童的互动频率和质量就越高，对儿童的关注度更高，对儿童的需求更敏感，更多地激励和指导儿童主动参与活动，更少采用忽视、惩罚和严厉批评等手段，从而为儿童提供高质量的保教活动，促进其认知、情绪、社会性等方面更好地发展。

▲ 图 13-9　教师研究教玩具

除了教师职前接受的教育，在职培训是提高幼教队伍整体素质的重要途径。教师在职培训内容多样，一方面是对教师专业知识和技能的训练，如培养教师掌握卫生保健知识、提高教育活动的设计能力等；另一方面是对师德的训练，如开展人格素养、团队精神以及品德行为的师德训练。教师通过小组研讨、案例分析、课例研究、听专家讲座等多种形式接受的专业训练能够直接促进教师专业发展，进而使儿童从中受益。

（三）教育行政管理

托幼机构内部的教育行政管理也是托幼机构质量评定的一个指标。它一般包括：园长资格、责任；对员工的业务指导；年度工作评价；幼儿园运作的书面计划、制度；员工工作和福利；各种记录；经济预算和保险；儿童情况的保密等。我国一项研究发现，托幼机构的教育行政管理会直接影响教师的教育观念、教师组织活动的方式以及与儿童的互动，从而对儿童的发展产生影响。

另外，上级指导也在一定程度上影响着儿童发展。上级指导是指上一级的教育行政部门对托幼机构的管理与指导，包括对托幼机构的注册审查工作，对教育活动的指导以及参与机构决策和课程决策过程等。有研究发现，虽然上级指导对城市儿童的发展影响不大，但上级行政部门参与农村幼儿园课程的决策与农村儿童认知发展有很强的正相关。

二、托幼机构过程性质量与学前儿童发展

托幼机构的过程性质量是指发展适宜性活动的提供，以及在机构内为儿童提供的温暖的、培育式的、敏感的、高质量的保教。它主要包括与儿童的生活和学习经验有更直

接联系的变量，如：师幼互动、学习环境、课程、家长参与等。研究发现，作为托幼机构质量评价中最重要的部分，教育质量的过程性变量对儿童发展的影响比结构性因素更大。

（一）师幼互动

师幼互动是指教师和儿童的相互作用，具体包括对儿童的尊重、慈爱和善、倾听儿童的意见、鼓励儿童表达和交流、平等对待、鼓励独立、正面引导和对不同的儿童做出不同的反应等。

师幼互动贯穿于儿童一日生活的各个环节，是儿童教育实践的核心因素，教育过程中预设的教育理念、教育计划、教育方案只有通过师幼互动才能变成现实。师幼互动在儿童生活中的作用不容忽视，首先，积极的师幼互动关系有助于儿童形成健康的自我概念，培养儿童的自信心。其次，师幼互动关系影响儿童认知能力和语言表达能力的发展。再次，和谐的师幼互动关系将促进儿童社会交往能力的发展。

案例

转　变①

我们中班有一个叫周周的宝贝，他讲话不太流利，活动中不认真听讲，排队不好好排，和同伴交流时不是拳打就是脚踢，稍不注意就到院内玩滑梯，经常有小朋友、家长告他的状。久而久之，周周成了小朋友、家长眼中的“坏孩子”。一天，课间操刚结束，我让孩子们在户外活动一会儿，自己去了办公室。没过多久，玲玲小朋友便急匆匆地来找我，说：“老师，周周拿着小椅子打小朋友了。”我一听，急忙跑回教室，只见妮妮站在桌子上，周周手拿小椅子，靠在妮妮踩的那张桌子跟前，小手还不停地指指妮妮，指指小椅子。这个情形我一看便明白了：大家这次误会他了，他是怕妮妮从桌上摔下来，让她赶紧踩着小椅子下来。这一次，我在全班孩子面前“狠狠”地表扬了他，周周脸上露出了特别灿烂的笑容。从这以后，我更加关注周周，主动和他交流，对他微笑。我惊奇地发现，他在遇到困难时爱钻研，智力游戏玩得特棒。慢慢地，我对他的看法发生了很大的转变，经常为他的一点小进步在全班幼儿面前表扬他。久而久之，周周也活泼、开朗了许多。

▲ 图13-10　周周“打”小朋友

① 梁晓瑞．为什么举椅子［J］．山西教育（幼教），2014（5）：55.（有改动）

在高质量的师幼互动中，教师能够在了解个体差异的基础上尊重和包容儿童，满足儿童多样化的需求，突出儿童的主体地位，与儿童有更多的情感交流，善于鼓励和引导儿童，进而建立相互接纳和信任的师幼关系。

（二）学习环境

学习环境是影响教育质量和儿童发展的因素之一。学习环境包括室内外空间的大小、空间安排与利用、设施装备以及供儿童操作玩耍的游戏材料等，这些要素都与儿童发展密切相关。

▲ 图13-11　幼儿园活动室

托幼机构的活动室要宽敞明亮，通风良好，温度适中，地面不打滑，房屋建筑装修材料中不含有害物质，而且室内空间的安排既要提供丰富、适宜的活动区，又要提供集体活动的空间。区域活动要设置角色游戏区、建构区、美工区、阅读区、益智区等多种区域满足儿童的游戏需求，同时根据各个区域的特点确定区域位置和大小，为儿童创造良好的学习环境。

游戏材料要丰富多样且符合儿童的年龄特点，便于他们开展各种类型的游戏活动；材料数量要适宜，便于儿童独立取放，并能经常更换，且要保障材料的安全卫生。

对于托幼机构的室外空间，除了有面积的规定以外，还要求有足够数量的、符合儿童年龄特点的器具装备，在保障安全的基础上，满足儿童多样化的运动需求。由于室外运动器具的高度是造成伤害事故的一个重要因素，儿童的伤害很多是从高处摔下造成的，因此，托幼机构要降低器械的高度、铺设弹性地面，从而降低室外场地的伤害事故发生率。室外器具的运行保养情况应有定期的检查制度，为儿童创造良好安全的户外运动环境。

（三）课程

托幼机构课程是一组系统的，有利于儿童全面、和谐发展的经验，是将教育思想、教育理论转化为实践的中介或桥梁。

▲ 图13-12　创设安全的户外运动环境

对托幼机构课程的评价包括课程计划、课程内容、组织与实施等几个方面，这些方面都与儿童发展密切相关。教师的课程计划不仅要根据儿童的发展水平和情况来制定，还要能根据儿童的发展做出灵活的调整。而课程内容的设计要考虑能否在具体的、生动的活动中，在儿童积极的操作、探索、体验等过程中被有效地接受，是否包含各个领域的活动内容，如：

小肌肉和大肌肉动作、积木、角色游戏、美工、音乐、科学、数学活动等。关于课程的组织与实施方面，高质量的教育实践的特点是教师根据儿童的兴趣和需要，定期制定教学计划和活动，在实施后对教育活动进行反思和改进。

（四）家长参与

家长参与是指在对儿童的教育过程中，为了让儿童更好地成长，家长和教师达成了密切的合作关系，对学校的各项事务都给予大力支持并主动参与进去。它包括教师与家长的双向交流（如家访、开家长会等）；教师对家长的育儿指导；家长对教育活动的了解和参与（如家长开放日）；家长知晓或参与幼儿园的重要决策等。

▲ 图13-13 家长为儿童表演节目

家长参与可以促进托幼机构与家长的双向互动，形成教育合力，为儿童构建和谐一致的教育环境。一方面，教师通过自身的专业素养为家长育儿提供指导，使得家长以科学的教育理念教育儿童；另一方面，家长将自身的专业知识和资源带入学校，能够丰富儿童和教师的知识经验，促进儿童的认知发展。而且积极的家长参与既能直接促进良好的亲子关系的建立，以及子女的学习适应、学业成绩的提升，又能在一定程度上提高家长的教养效能感及家长参与的持久性。

案例

片段1①

有一次，烨烨提出了“透明的水是干净的”观点，引起了争论。谅谅说：“我不同意你的观点，透明的水不一定干净，里面可能有许多细菌。”冰冰也不赞同。这事让在医院工作的金晶妈妈知道了，她带来了两瓶水。这两瓶水虽然看上去一样，但通过高倍显微镜可以清楚地看到其中一瓶水中有许多细菌。金晶妈妈还和孩子们进行了“为什么不能喝生水”的讨论，孩子们最终理解了谅谅的观点。

片段2

在孩子们提出“怎样让污水变成清水”的问题后，我们得到了子昂爸爸的帮助——到污水处理厂参观。在参观过程中，孩子们提出了一连串问题，他都一一给予解答。孩子们对污水处理中的曝气池特别感兴趣，池中冒出的无数泡泡令孩子们疑惑不解：“这些颜色像巧克力的小泡泡到底是什么？”子昂爸爸介绍说：“它能给池中好的细菌提供

① 陈娣，徐蕾．家长参与的力量［J］．幼儿教育，2002（6）：9.

氧气，使它们在污水中继续生存，最终吃掉坏细菌。”孩子们第一次听说细菌有好坏之分，非常惊讶。冰冰说：“我真想研究研究好的细菌，它到底是什么样的呢？”有个孩子惊讶地发现路旁的树叶有些发黑，就提出了疑问。子昂爸爸与孩子们讨论了这个问题，原来树叶是受污水的污染而变成黑色的。

总体而言，高质量的托幼机构应当具有以下特点：第一，较高的师幼比；第二，受教育程度高的教师；第三，高效的教育行政管理；第四，高质量的师幼互动；第五，适宜的学习环境；第六，以儿童为本的课程；第七，高程度的家长参与。这些要素结合起来才能实现党的二十大所提出的“办好人民满意的教育”，共同促进儿童发展。

第三节 社区与学前儿童发展

社区指都市或农村中被限定在一个区域或地域范围内的人们所结成的社会区域共同体。社区对儿童的影响是潜移默化的，社区对学前儿童发展的影响主要体现在社区教育与社区环境上。

一、社区教育与学前儿童发展

社区教育是指在一个地区内，以社区内的学校（包括幼儿园）为中心，借助学校的以及该社区中其他文化机构的人力、物力向社区内的全体居民进行文化知识、科学技术和道德修养的广泛教育活动。与学前儿童发展相关的社区教育主要有两种形式，一种是以社区为中心开展的教育，一种是以托幼机构为中心开展的教育。

在以社区为中心开展教育方面，社区成立社区教育委员会，因地制宜建立儿童游戏组、家庭活动站、亲子活动中心、大带小游乐园等，开展多种多样的非正规学前教育，促进了学前儿童的发展。

案例

社区中的文娱活动

目前，我国一些社区的做法对优化隔代教育起到了很好的辅助作用，值得借鉴。这些社区会根据不同节日和季节组织丰富多彩的文娱活动。比如：端午节组织亲子划龙舟活动；儿童节组织亲子趣味运动会活动；重阳节组织“合家欢”登高比赛；中秋节组织“亲子赏月”活动；暑寒假组织亲子书画征文比赛、歌咏比赛等等。有益的活动替代了孩子们无趣甚至有害的活动，社区与家庭一起形成了科学养育的合力，有效促进了儿童的发展。

在以托幼机构为中心开展的教育上，一方面，托幼机构充分利用社区资源开展儿童教育，争取社区专业人员的支持和参与。例如，请妇幼保健院的医生给儿童讲解保健知识，利用社区物质设施资源（如：动物园、超市、博物馆、公园等）开展活动，在重阳节组织大班儿童到社区托老所和老人一起联欢。另一方面，托幼机构与社区合作，参与社区教育工作。例如，以社区家长学校为阵地，向儿童家长宣传科学的育儿知识。

案例

田野中的乐趣①

在我们幼儿园周围的田野里，蕴含着丰富的教育教学资源。我们组织幼儿挖花生、摘花生、剥花生，这样不仅能让幼儿体会到劳动的快乐，还能知道怎样珍惜劳动的成果。我们把采来的各种劳动果实摆放在自然角里，让幼儿观察、比较、识别、分类，区分干果和水果。并对我和孩子们收集的各种种子、树叶、植物的茎叶进行了巧妙的利用：用桐树的花做花环，用花托串项链、做小蛇，花托还可放在操作区里点数；用长短不同的麦秆编制草帽、坐垫等；孩子们用高粱秆做眼镜、灯笼，编二胡等；通过大胆想象、自由创作，幼儿用稻秆粘贴成农民朋友家的房屋，用各种瓜果籽表现农家小院里的小鸡、小猪等。我们还鼓励幼儿收集更多的材料，把这些材料投放到各个活动角并加以利用，如：数学角（用花生数数、运算）；美工角（用稻草做稻草裙，拼搭图形）；体育角（将玉米棒作为投掷物）；自然角（观察种子的发芽及生长过程）。他们还用红薯、土豆、萝卜等装饰各种小动物、小玩具；利用我们捡来的树叶、植物皮、果核、种子做贴画，利用这些自然气息浓厚的活动材料，孩子们玩得不亦乐乎。

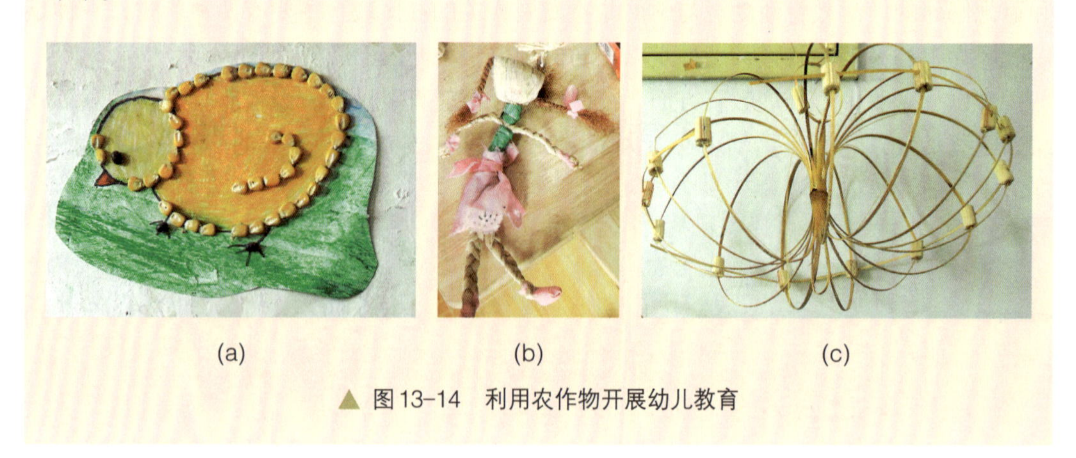

(a) (b) (c)

▲ 图13-14 利用农作物开展幼儿教育

① 董琳．巧用乡土资源 开展区域活动［J］．山西教育（幼教），2015（12）：62—64.

二、社区环境与学前儿童发展

社区环境是指社区主体赖以生存及社区活动得以产生的自然条件、社会条件、人文条件和经济条件的总和。研究表明，社区的经济状况、人文环境、社区实体的文化均会影响学前儿童的发展。

社区的经济状况会影响儿童的发展。国外有研究表明，一些低收入家庭由担保人担保，从政府为低收入者所建的住房中搬出，被随机分配到不同富裕程度的社区中。与仍居住在贫民区的同伴相比，这些搬进其他社区的儿童在身心健康、学业成绩上取得了很大进步。

社区的人文环境会对儿童产生潜移默化的影响。社区中的每个人的言行举止、思想品质以及人与人之间的关系构成了社区的人文环境。和谐融洽的邻里关系、积极向上的精神氛围，有利于儿童的健康成长；而邻里关系紧张、社区频繁发生家庭暴力、不良风气盛行，会被儿童模仿，儿童有可能会出现各种问题行为。

案例

老顽童

我们小区内的孩子都特别喜欢李大爷这个老顽童，见到他便一拥而上，围着他嘻嘻哈哈。一天我领着女儿在路上碰到李大爷，李大爷给了女儿一袋小零食，但是女儿没向他说谢谢。他弯下腰对我女儿说："孩子，你丢了一个东西！"女儿低头四处寻找，却什么也没找到。他笑嘻嘻地说："丢了礼貌呀。李爷爷给了你好吃的，你不跟爷爷说谢谢吗？"女儿怯怯地说了声："谢谢爷爷。"他微笑着说："不客气。"然后把女儿举过头顶，转了一圈，逗得女儿笑个不停。

社区实体的文化也影响着儿童的发展。纪念馆、博物馆、少年宫、影剧院、公园、图书馆、科技馆、海洋馆、艺术馆、体育馆等文化娱乐设施能够为儿童提供丰富的文化资源。家长带孩子走近这些文化娱乐场所，能够开阔孩子的眼界，对他们进行道德、知识、审美、体育等方面的教育，从而促进儿童的全面发展。

总而言之，社区是儿童生活的重要场所，对儿童发展的影响不容忽视，要通过社区儿童教育、社区公共设施建设、社区精神文化建设等多种途径为儿童创造良好的社区环境，促进儿童的成长与发展。

▲ 图 13-15 社区中的自然博物馆

第四节 现代传媒与学前儿童发展

随着科技的飞速发展，现代传媒（如：电视、网络）自诞生之日便借助科技力量不断创新改变，并逐步走进了学前儿童的生活，在学前儿童的成长发展中扮演着越来越重要的角色。电视和网络对于儿童的认知发展、情感培养、个性塑造、社会性发展等方面都产生着潜移默化的影响。接下来，我们将依次探讨电视、网络对学前儿童发展的影响。

一、电视与学前儿童发展

作为非常普及的大众传播媒介，电视已经成为学前儿童生活的重要组成部分。据统计，一个儿童从 3 岁到大学毕业，在电视机前共花了 16 000 多个小时。研究表明，电视对学前儿童的发展既有积极影响，又有消极影响。

（一）电视对学前儿童发展的积极影响

1. 电视能直观形象地教给儿童丰富的知识经验

▲ 图 13-16 儿童电视教给儿童丰富的知识经验

电视节目主要包括新闻类节目、娱乐类节目、教育类节目以及服务类节目。观看新闻类节目，儿童能够了解国家大事；观看娱乐类节目尤其是儿童喜闻乐见的动画片，儿童能够积累丰富的故事经验；观看教育类的节目尤其是专门的儿童教育节目（如：《智慧树》、《芝麻街》），儿童能够习得关于社会交往、人文社科、自然科学等多方面的知识经验；而观看服务类的节目，儿童能够习得生活常识。电视节目直观、具体、生动、形象，儿童易于理解和接受，在日积月累的观看中，儿童能够掌握丰富的知识经验。

拓展阅读

儿童教育节目的成功之道[①]

美国儿童教育节目《芝麻街》1969 年首播，至今已捧回近百项电视艾美奖。这部首次具有明确教育目的的电视节目自播出后受到儿童观众的喜爱。据统计，全球每周有超过 600 万的学前儿童收看《芝麻街》。这个节目综合运用了木偶、动画和真人表演等各种表现手法，向儿童教授基础阅读、算术、颜色、字母和数字等基本知识，有时还教一些基本的生

① 沈捷. 成长良师与贴心玩伴的角色融合——探析《芝麻街》等美国著名儿童教育节目的成功之道［J］. 视听界，2007（1）：86—89.

活常识。有关研究显示，收看《芝麻街》的学前儿童在字母表、数字、身体部位、形状和分类等知识方面较其他儿童有优势，最突出的是字母认读——恰恰是《芝麻街》里最强调的部分。研究还表明，《芝麻街》甚至对学前儿童日后在学校里的学业表现都有积极影响。有项研究追踪一批《芝麻街》儿童观众入学后的表现，任课教师评价这批孩子在阅读能力、词汇量、数学技能、对上学的态度和适应性、与同伴相处方面均优于其他学生。

2. 电视可以通过直观可视的艺术形象提高儿童的审美素养

电视节目有多种艺术表现形式，包括音乐、舞蹈、杂技、魔术、绘画、摄影等，均具有审美价值，儿童能从中感受美、欣赏美、享受美，从而提高审美素养。例如，通过观看海洋动物的纪录片感受自然的壮美。

3. 电视有助于儿童亲社会行为的增加

电视对儿童亲社会行为的影响有两方面：一方面体现在儿童教育类节目会专门设计关于亲社会行为的内容供儿童学习，如怎样遵守交通规则、如何与人合作等，儿童从中习得社会交往规则和技能，从而增加亲社会行为。另一方面体现在通过观看电视节目中的亲社会行为，如合作、助人等，儿童进行模仿，从而表现出亲社会行为。

（二）电视对学前儿童发展的消极影响

1. 看电视过多不利于儿童的身体健康

首先，看电视过多易导致儿童视力下降。儿童特别喜欢看频繁闪动、颜色刺激丰富的电视屏幕，但是他们的视觉调节功能还未发育完善，对于强光的直接刺激，视觉难以有效地调节和适应。因此，过多看电视可能导致儿童产生近视、散光等眼睛损伤和视力下降。

其次，看电视过多易造成儿童肥胖。由于电视节目繁多，有的儿童坐在电视机前一坐就是几个小时，甚至边看电视边吃零食，久而久之会导致肥胖。另外，有些家长会让儿童边看电视边吃饭，觉得这样儿童会比较老实，自己还能有时间做家务或做其他事情。儿童的心思往往在电视上，不知不觉吃得过饱，也容易导致肥胖。

最后，看电视过多（每天 2 小时以上）会受到 X 线辐射的危害，杀伤白血球或者抑制白血球的生长，降低儿童抵抗力。

2. 电视不利于儿童的认知发展

首先，看电视过多不利于儿童的思维发展。看电视是被动接受信息的过程，因为图像直观、清晰、易理解，过多看电视会削弱儿童对信息初步处理的认知过程，不利于儿童思考力的养成与提高。而且，过多看电视会占据从事其他需要积极思维和高度注意力的活动时间，如阅读活动、益智游戏活动等。

听和看[①]

科学家把孩子分成两组，一组孩子是听老师讲白雪公主的故事，一组是看白雪公主的动画片。之后让两组孩子画出心目中的白雪公主。听故事的孩子，画出的白雪公主各

① 韦陀．电视动画片与儿童教育［J］．中国电视，1996（6）：43—45.

不相同，而且，孩子们会根据想象，赋予白雪公主不同的形象、装束和表情；看动画片的孩子，画出的白雪公主几乎一模一样，因为他们看到的都是一样的。过些天让这两组孩子再画白雪公主。听故事的孩子，这次画的和上次的又不一样，因为他们又有了新的想象；而看过动画片的孩子，画的和上次还是一样的。

其次，看电视影响儿童的语言表达能力。一项研究发现，在 8—16 个月大的儿童中，看过婴幼儿电视节目《小小爱因斯坦》、《芝麻街》的儿童反而比没有看过这类节目的儿童在语言测试中的分数要显著更低。研究人员进一步指出，电视每打开 1 个小时，电视机前婴幼儿从大人那里听到的词汇量将减少 500—1 000 个。相关调查结果也表明，2 岁以下的婴幼儿看电视的时间越长，语言表达能力越弱。

再次，看电视不能帮助儿童培养有意注意。由于看电视是比较有趣的事情，儿童的注意力是被吸引的，不需要主动集中注意力，因而儿童可以注意很长时间，这种注意属于无意注意。然而，听课、做作业这类事情则不如动画片有趣，需要儿童主动支配自己的意识，使其专注到当前事情上，这种注意属于有意注意。因此，看电视不能培养儿童的有意注意。虽然看电视不会直接导致注意力不集中，但儿童习惯了变化万千的声音和色彩的刺激后，就不易静下心来专注地做事。而且，爱看电视的儿童有时会感到心神烦躁，处于超活动状态之中。

3. 电视不利于儿童的社会性发展

首先，暴力节目会造成儿童暴力行为的增加。在商业利益驱使下，有些电视节目或动画片带有暴力倾向的画面。由于儿童喜爱模仿且模仿能力强，不能很好地区分现实与想象，且明辨是非的能力差，当看到有暴力倾向的电视节目时，很容易模仿电视中的暴力行为，不利于儿童的健康成长。

其次，沉迷于电视的儿童在生活中也会变得缺乏主动性，对电视的过度关注会让他们忽略玩具、同伴和成人，对周围的人和事物漠不关心，导致社会交往能力差。

综上所述，电视对学前儿童发展的影响是由电视节目的性质、儿童观看电视节目的时间长短所决定的，因此控制电视对学前儿童的消极影响应考虑这些因素。

（三）克服电视对学前儿童消极影响的措施

1. 限制儿童看电视的时间和节目类型

成人要根据儿童的年龄特点和理解能力，帮助他们确定观看电视的时间和节目类型。儿童观看电视的时间每天最好不要超过 1 小时，且要帮助儿童形成良好的观看电视的习惯，如坐姿要端正，不能离电视过近等。成人要有意识地选取适合儿童年龄特点且能促进儿童各方面发展的节目类型。

2. 多与儿童谈论电视节目的内容

成人和儿童一起观看电视能达到更好的效果，在观看过程中成人和儿童一起讨论节目内容，或者是针对节目中出现的人物、事物、景物、事件给儿童讲解，或者是倾听儿童就节目发表的看法，或者是成人提问让儿童思考回答，无论是讨论什么内容，都能增进成人和儿童的互动，培养儿童的思维和语言表达能力，避免被动接受信息。

案例

没有买卖就没有杀害①

毛豆在电视上看到广告里有一个巨人哥哥说："没有买卖就没有杀害。"毛豆觉得这句话就像一个外星人说的，神秘又充满刺激。毛豆好奇地问："妈妈，买卖是什么意思呀？"妈妈打比方说："买卖啊，就是比如妈妈去买菜，妈妈给了卖菜的两元钱，卖菜的给了妈妈一斤萝卜，妈妈的行为就是买，卖菜的行为就是卖。懂了吗？"毛豆还是不太明白，"可是妈妈，卖菜的并没有害你啊，为什么说没有买卖就没有杀害呢？"妈妈耐心地解释道："这个意思是说啊，不好的买卖会带来杀害。比如说有人要买鱼翅，就会有人去杀鲨鱼，但是这种买卖会伤害到鲨鱼啊！"毛豆恍然大悟道："哦，妈妈，我知道了。如果有人要买大象的鼻子，就会有人去杀大象，这就叫'没有买卖就没有杀害'！"妈妈竖起大拇指赞道："哇，毛豆，你的理解能力可真不赖啊！"

3. 扩大生活中的现实经验

成人应该引导儿童参与丰富多样的游戏活动，丰富儿童的生活，从而摆脱对电视的依赖。比如，成人和儿童一起阅读绘本故事，体验阅读的乐趣；成人根据儿童的兴趣为儿童提供益智材料、建构材料、美工材料、科学材料，鼓励儿童体验操作材料的乐趣；成人为儿童创造同伴交往的机会，使儿童体验同伴交往的乐趣；成人带儿童进行各种户外活动，如参观博物馆、海洋馆、公园、登山等，丰富儿童的实践经验。儿童根据自身的兴趣进行各种活动，就不容易依赖电视了。

我不要出去

涵涵每天从幼儿园放学后就跟着姥姥回到七楼的家中，坐在沙发上看动画片，一坐就是一两个小时。星期天，姥姥提议下楼去玩一会儿。涵涵拒绝说："我不去，外面没意思，在家看动画片挺好玩的。"看到她不情愿下楼的样子，姥姥很发愁。

针对孩子的这一状况，家里人商量后决定利用暑假时间让涵涵和姥姥一起回一趟老家，看一看老家的山山水水，接触一下老家的小朋友们，培养孩子对大自然的热爱，并提高她的社会交往能力。

暑假结束后，涵涵时常和妈妈提起在老家时与小姐妹玩捉迷藏、过家家、跳绳、跨栏等好玩的游戏，和哥哥一起去登山、捉蝉、摘葡萄的情景。之后当妈妈或家人要和她下楼去玩时，她能很快地准备好并马上出发，而且还提议去哪里玩更有意思。

① 唐凡茹. 2—6岁，有趣的幼儿心理学［M］. 北京：中国纺织出版社，2016：12.

4. 成人自身也需要成为好的电视观众

当儿童在场时，成人不应看暴力节目或其他不适合儿童看的节目。另外，成人要成为儿童的榜样，应有选择地看电视，而不只是在各个频道之间盲目切换。

二、网络与学前儿童发展

互联网在全球范围内迅猛普及，学前儿童在丰富的网络世界交友、游戏、学习，他们伴随着网络成长，网络对学前儿童产生了深刻的影响，其中既有积极影响，也有消极影响。

（一）网络对学前儿童发展的积极影响

1. 有利于儿童早期智力开发

网络上有形形色色、内容丰富的学习资源，如：智力游戏、益智教育节目、电子读物等，适当地加以利用能够促进儿童的智力开发。

2. 可以开阔儿童的视野，获得大量的知识经验

互联网能够拓宽儿童学习知识的来源，让儿童足不出户就可以开拓视野，获得大量的知识经验。例如，在现实世界中，我们去南极、月球的可能性不大，但在互联网构建的虚拟世界中，儿童能够了解南极和月球的情形。儿童可以通过信息检索，找到大量的信息资源，提高自身的文化素养。

3. 可以借助虚拟空间，广泛开展对外交流

当代社会，网络上的交流平台（如：微信、微博、电子邮件、论坛等）已成为主要的人际交往渠道。儿童在网络上交流、讨论、倾诉、请教，从而结识更多的朋友，可以培养儿童的社会交往能力，满足儿童人际交往的需要。

（二）网络对学前儿童发展的消极影响

1. 阻碍儿童思维能力的发展

儿童长时间接触电脑与网络，互联网上的大量信息一闪而过，未经过深度加工，容易形成零碎的符号式的机械思维，使儿童的认知流于肤浅，不利于儿童逻辑思维的发展。

2. 导致儿童网络成瘾

网络上的新鲜事物层出不穷，迎合了儿童的好奇心理，因此会对儿童产生巨大的吸引力。而且虚拟和现实具有巨大的反差，现实生活中有种种压力，因此会导致儿童逃避现实，迷恋网络游戏和网上娱乐，影响儿童的身心健康。

3. 导致儿童道德观念混乱

儿童正处于道德认知发展的关键时期，所接受的思想会影响他们的道德观念。在商业利益的驱使下，儿童很容易受到一些不健康的网站内容的腐蚀，在现实生活中盲目模仿、追求，导致儿童道德观念混乱，甚至走上违法犯罪的道路。

4. 导致儿童脱离现实生活，不利于儿童社会适应

在网络环境中，“人—机”式的交往使得现实的人与人之间的交往机会逐渐减少。

长此以往，容易出现“人机热”而“人际冷”的局面。可见，网络环境的虚拟性可能造成儿童在现实中的交往能力下降，这在一定程度上导致了儿童人际关系的冷漠化。同时，互联网的虚拟性容易对缺乏社会阅历的儿童产生误导，使得儿童在现实生活中的社会适应能力降低。

（三）克服网络对学前儿童消极影响的措施

生活在当今社会的儿童，与网络一起成长，对儿童上网采取打压抑制的方法根本不能遏止儿童上网的热情，成人如果强制不许儿童上网，儿童不仅容易产生逆反心理，而且会给网络罩上一层神秘的面纱，使得网络对儿童的诱惑力更大，效果会适得其反。因此，面对儿童的上网行为，成人应与时俱进，正确引导。

1. 指导儿童正确使用网络

成人要教给儿童操作手机、平板电脑、计算机和网络的方法，与儿童一起上网，给儿童推荐有益的学习和游戏资源，向儿童讲述不健康的网络信息对儿童的危害，使儿童逐渐明辨是非，充分利用网络资源，同时避免网络的消极影响。

2. 正确引导，严格控制

成人要尽量让儿童在家上网，且上网的时候最好由成人陪伴。成人与儿童要一起制定上网计划，限制上网的时间。在一般情况下，3 岁儿童宜控制在 10 分钟以内；4—5 岁儿童宜控制在 20 分钟以内；6—8 岁儿童宜控制在 30 分钟以内。成人要帮助儿童选择上网的内容，下载拦截不健康网站的软件。

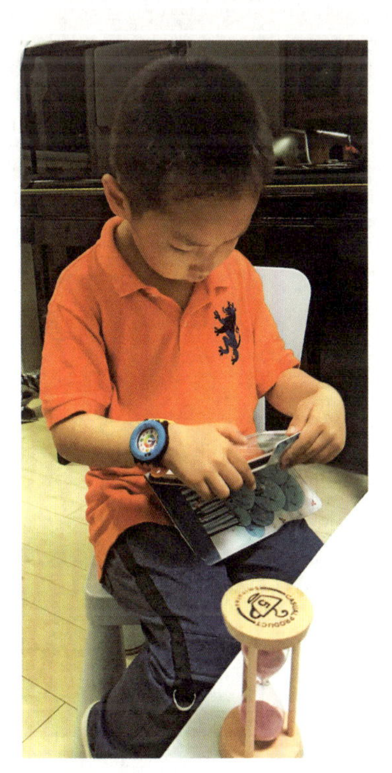

▲ 图 13–17　利用沙漏来控制儿童的上网时间

3. 丰富儿童生活，培养兴趣

儿童依赖网络，甚至网络成瘾，与儿童生活单调空虚有一定的关系。成人要为儿童创造丰富的生活，培养兴趣爱好，摆脱对网络的依赖。成人要为儿童提供丰富的活动资源，如：益智材料、绘画材料、乐器、建构材料、图书等，充实儿童的生活，同时带领儿童走出家门，去参观旅游、走亲访友、户外锻炼，开拓儿童的视野。

4. 抽出时间，与孩子同乐

成人要抽出时间，陪伴儿童，与儿童一起游戏，以科学的教育理念陪伴儿童成长。成人的陪伴能够增进亲子关系，让儿童体验到现实生活的丰富多彩。

案例

新钓鱼游戏①

儿子贪玩，经常在电脑上玩钓鱼游戏，在屡次阻止无效之后，我选择做了他的钓鱼盟友，通过观察他爱玩的游戏，我创造了一个另类的钓鱼游戏。我做了几张卡片，每张卡片上都写有一些文字（诸如“做自我介绍”、“讲一个小故事”、“学一种小动物声音”、“演示穿上衣”、“说说你的愿望”、“请说出你的住址电话”、“火灾电话”、“医院标识”等内容），上面贴一张白纸（这是鱼鳞），卡片上弄个别针便成了“鱼”，筷子上用线吊了个磁铁制成了特制鱼竿，餐桌则义不容辞地当了“鱼塘”。

有一次，钓鱼主角是他，去掉鱼鳞，卡题为“家里有蚊子该怎么办”。他的回答是把蚊帐放下来，我们肯定了他的说法。随后，爸爸补充道：“也可以涂点风油精，风油精能发出特别的味道，蚊子闻到就不会咬人了。”儿子反问道：“那蚊子如果捏着鼻子，闻不见咋办？”这把我们全家都逗乐了。

我创造的另类的钓鱼游戏不仅能帮助孩子锻炼多方面的能力，还能增长他们的知识。因为“鱼苗”的种类可随意添加、更换，想要涉及自理能力还是自我保护能力，是标识认知还是阅读培养，这些都可以，只有想不到的没有做不到的。

思考与练习

1. 简述家庭对学前儿童发展的作用?
2. 说明父母教养方式、家庭氛围、家庭结构对学前儿童发展的影响?
3. 论述托幼机构的过程性质量对学前儿童发展的影响?
4. 请结合实际情况，论述社区与学前儿童发展的关系?
5. 论述电视对学前儿童发展的影响? 如何对儿童进行正确引导?

推荐资源

1. 纸质资源：

（1）蒋佩蓉：《佩蓉的妈妈经》，人民邮电出版社 2012 年版。

（2）陆文祥，李晓巍：《屏幕正在养成“问题儿童”吗？——基于屏幕暴露与学前儿童问题行为关系的元分析》，《学前教育研究》2022 年第 6 期。

2. 视频资源：

（1）电视剧《熊爸熊孩子》，麦贯之导演。

（2）纪录片《婴儿日记》，劳伦特·弗拉帕特（Laurent Frapat）导演。

（3）真人秀节目《Super Nanny》，乔·弗罗斯特（Jo Frost）主持。

① 米改红．我的淘气“宝”[J]．山西教育（幼教），2014（8）：32.